10	11	12	13	14	15	16	17	18
								₂He 4.0 ヘリウム
			₅B 11 ホウ素	₆C 12 炭素	₇N 14 窒素	₈O 16 酸素	₉F 19 フッ素	₁₀Ne 20 ネオン
			₁₃Al 27 アルミニウム	₁₄Si 28 ケイ素	₁₅P 31 リン	₁₆S 32 硫黄	₁₇Cl 35.5 塩素	₁₈Ar 40 アルゴン
₂₈Ni 59 ニッケル	₂₉Cu 63.5 銅	₃₀Zn 65.4 亜鉛	₃₁Ga 70 ガリウム	₃₂Ge 73 ゲルマニウム	₃₃As 75 ヒ素	₃₄Se 79 セレン	₃₅Br 80 臭素	₃₆Kr 84 クリプトン
₄₆Pd 106 パラジウム	₄₇Ag 108 銀	₄₈Cd 112 カドミウム	₄₉In 115 インジウム	₅₀Sn 119 スズ	₅₁Sb 122 アンチモン	₅₂Te 128 テルル	₅₃I 127 ヨウ素	₅₄Xe 131 キセノン
₇₈Pt 195 白金	₇₉Au 197 金	₈₀Hg 201 水銀	₈₁Tl 204 タリウム	₈₂Pb 207 鉛	₈₃Bi 209 ビスマス	₈₄Po (210) ポロニウム	₈₅At (210) アスタチン	₈₆Rn (222) ラドン
₁₁₀Ds (281) ダームスタチウム	₁₁₁Rg (280) レントゲニウム	₁₁₂Cn (285) コペルニシウム					ハロゲン	希ガス

（注）計算問題で原子量が必要な場合は，上の周期表の値を用いること。

無機化学＋有機化学①
CONTENTS

本書の見方……………………………………………………… 2
授業のはじめに………………………………………………… 4

無機化学

第1講　非金属元素(1) ……………………………… 7　　年　月　日
　単元1　ハロゲン元素とその化合物　化/Ⅰ …… 8
　単元2　硫黄とその化合物　化/Ⅰ ……………… 22

第2講　非金属元素(2) ……………………………… 41　　年　月　日
　単元1　気体の製法と検出法　化/Ⅰ …………… 42
　単元2　気体の乾燥剤　化/Ⅰ …………………… 54
　単元3　窒素とその化合物，リンとその化合物　化/Ⅰ　60
　単元4　炭素，ケイ素とその化合物　化/Ⅰ …… 67

第3講　金属元素(1) ………………………………… 73　　年　月　日
　単元1　アルカリ金属とアルカリ土類金属　化/Ⅰ　74
　単元2　両性元素　化/Ⅰ ………………………… 89
　単元3　金属のイオン化傾向　化/Ⅰ …………… 95

第4講　金属元素(2) ………………………………… 101　　年　月　日
　単元1　遷移元素　化/Ⅰ ………………………… 102
　単元2　金属イオンの反応と分離　化/Ⅰ ……… 113

※単元にある記号は次のように対応しています。
　新課程：化…化学　　旧課程：Ⅰ…化学Ⅰ
　化 は化学基礎の発展問題を含みます。

有機化学①

第5講　有機化学の基礎 ……………… 129　　年　月　日
　単元1　有機化合物の初歩　化/I ……… 130
　単元2　有機化合物の命名法　化/I …… 150

第6講　異性体・不飽和炭化水素 ……… 163　　年　月　日
　単元1　異性体の種類　化/I …………… 164
　単元2　不飽和炭化水素　化/I ………… 182

第7講　元素分析・脂肪族化合物(1) …… 191　　年　月　日
　単元1　有機化合物の元素分析　化/I … 192
　単元2　アルコール　化/I ……………… 199

第8講　脂肪族化合物(2) ……………… 221　　年　月　日
　単元1　アルデヒドの性質　化/I ……… 222
　単元2　エステルの構造式推定　化/I … 235

第9講　油脂・芳香族化合物(1) ………… 245　　年　月　日
　単元1　油脂　化/I ……………………… 246
　単元2　芳香族化合物　化/I …………… 255
　単元3　フェノール類　化/I …………… 263

第10講　芳香族化合物(2) ……………… 277　　年　月　日
　単元1　芳香族アミン　化/I …………… 278
　単元2　芳香族化合物の分離　化/I …… 288

「演習問題で力をつける」INDEX ……………………………………………… 297
「岡野流　必須ポイント」,「要点のまとめ」INDEX ………………………… 298
重要な異性体の構造式 …………………………………………………………… 300
酸化剤,還元剤の半反応式 ………………………………………………………… 302
主な官能基 ………………………………………………………………………… 303
索　　引 …………………………………………………………………………… 304
アドバイス ………………………………………………………………………… 310
最重要化学公式一覧 ……………………………………………………………… 312

本書の見方

本書では4つの講義で「無機化学」を,そして6つの講義で「有機化学」の基本から標準レベルを学んでいきます。各講は複数の単元にわかれています。また,演習問題と例題が18あり,知識を定着することができます。わかりやすく,ていねいな授業なので,化学が苦手な人も確実に力をつけることができます。

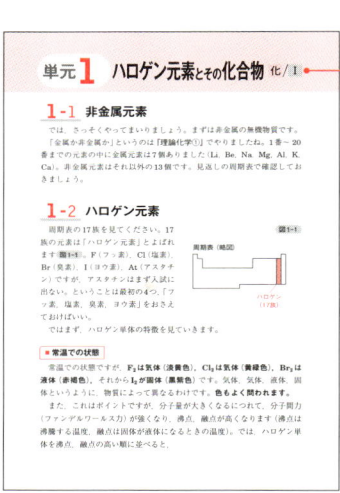

化 / Ⅰ

各単元の横にある記号は,次のように対応しています。
 新課程:化…化学
 旧課程:Ⅰ…化学Ⅰ
 化 は化学基礎の発展問題を含みます。

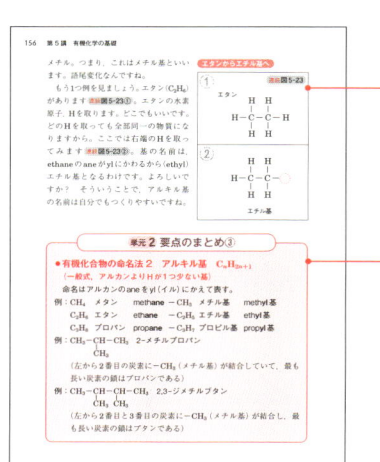

連続図

化学の現象をわかりやすく連続的に表した図です。図を番号順に追うことで,イメージをつかむことができます。

要点のまとめ

各単元の要点がシンプルにまとまっています。ここを見ることで要点がしっかり確認できます。

> **!重要★★★**
> ホントに重要なところに絞って，岡野流で取り上げています。絶対大事なところです。

> **イメージで記憶しよう!**
> 化学の現象をイメージで記憶する秘伝の技です。

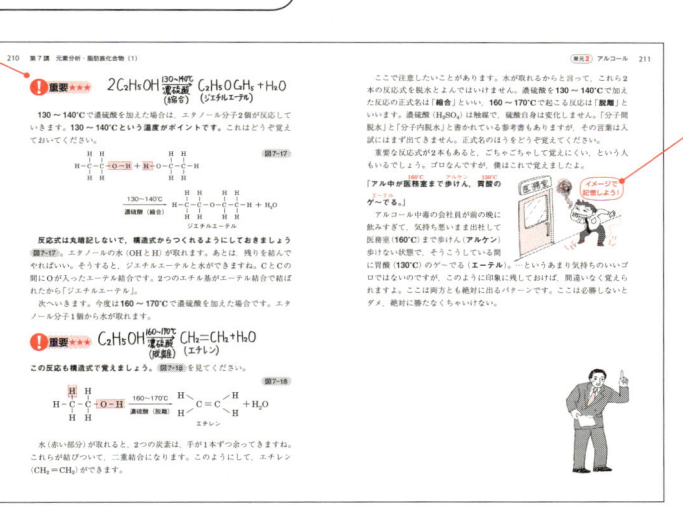

> **演習問題で力をつける**
> 学んだことを演習で，確認することができます。岡野流のポイントが満載です。

> **岡野の着目ポイント**
> 問題を解くうえで，着目するべきポイントが書いてあります。

> **岡野のこう解く**
> 問題を要領よく解くための解法が書いてあります。

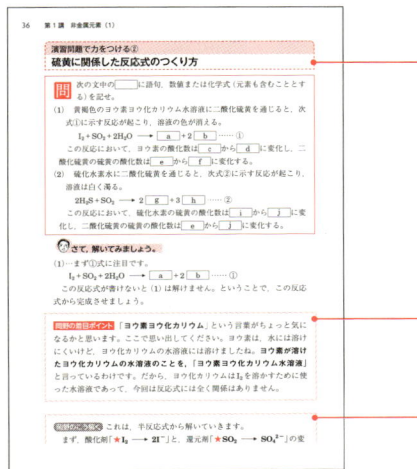

授業のはじめに

化学の学習は「バランスよく」が大事

　高校の化学は**「理論化学」**,**「無機化学」**,**「有機化学」**の3分野から成り立っています。「理論化学」は計算が主な分野です。一方,「無機化学」と「有機化学」は理解して覚える内容が多い分野です。

　「無機化学」は炭素原子を含まない物質を扱った内容であり,「有機化学」は炭素原子を含む化合物を扱った内容です。

　化学を学習するときは,これら3分野をバランスよく勉強することで,入試の合格点である60〜70点(センター試験であれば80〜90点)を目指していきます。**きちんと整理しながら理解し,頭の中に入れていけば,化学がどんどん面白くなってくることでしょう。**

わかりやすい授業

　本書は,**化学が苦手な人でも,初歩からしっかり学べるよう,講義形式で,ていねいに解説しています。**文系・理系を問わず,受験生はもちろん,高1,2年生のみなさんの「なぜ」「どうして」という疑問に,できるだけお答えしていけるように執筆しました。

本書「無機化学＋有機化学①」の特徴

「無機化学」と「有機化学」は物質の性質，構造，製法などを理解する分野です。

　本書で取り上げる内容は，無機分野では非金属元素と金属元素の全般，有機分野では基礎から始まり，異性体，炭化水素の分類，元素分析，酸素を含む脂肪族化合物，芳香族化合物，油脂などです。

　これらの分野は，理論分野にくらべて暗記しなくてはいけない箇所も多く出てきます。とりわけ無機分野では，多く出てくると思ってください。有機分野は理屈がわかれば暗記は少なくてすみます。覚えるべき部分はゴロを交えてできるだけシンプルに説明していきますので，暗記が苦手な人でも大丈夫。私と一緒にがんばっていきましょう。

　本書の執筆では，大坪譲・吉沢早織の両氏に，編集作業では渡邉悦司氏に終始お世話になりました。感謝の意を表します。

2013年5月吉日　　　　　　　　　　　岡野 雅司

本書は,『岡野の化学をはじめからていねいに(無機・有機化学編)』(東進ブックス)を元に加筆・修正を加え,新課程(化学基礎・化学)対応の新版としてリニューアルしたものです。

第 1 講

非金属元素(1)

単元 1 ハロゲン元素とその化合物 化/Ⅰ

単元 2 硫黄とその化合物 化/Ⅰ

第 1 講のポイント

　今日からは無機化学の分野をやってまいります。化学でいう**「無機」**とは，**「炭素を含まない」**という意味です。この分野の勉強は，はっきり言って覚えることが中心ですが，僕が岡野流でポイントをまとめていきますから，理解しながら整理していけば大丈夫です。

　ハロゲンや硫黄，それらの化合物の特徴は何か？　反応式は丸暗記ではなく，岡野流で自分でつくれるようになりましょう。

単元 1　ハロゲン元素とその化合物　化/Ⅰ

1-1　非金属元素

では，さっそくやってまいりましょう。まずは非金属の無機物質です。

「金属か非金属か」というのは『理論化学①』でやりましたね。1番～20番までの元素の中に金属元素は7個ありました（Li, Be, Na, Mg, Al, K, Ca）。非金属元素はそれ以外の13個です。見返しの周期表で確認しておきましょう。

1-2　ハロゲン元素

周期表の17族を見てください。17族の元素は「ハロゲン元素」とよばれます 図1-1 。F（フッ素），Cl（塩素），Br（臭素），I（ヨウ素），At（アスタチン）ですが，アスタチンはまず入試に出ない。ということは最初の4つ，「フッ素，塩素，臭素，ヨウ素」をおさえておけばいい。

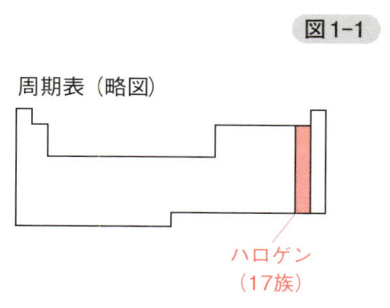

図1-1

周期表（略図）

ハロゲン（17族）

ではまず，ハロゲン単体の特徴を見ていきます。

■ 常温での状態

常温での状態ですが，**F_2は気体（淡黄色），Cl_2は気体（黄緑色），Br_2は液体（赤褐色）**，それから**I_2が固体（黒紫色）**です。気体，気体，液体，固体というように，物質によって異なるわけです。**色もよく問われます。**

また，これはポイントですが，分子量が大きくなるにつれて，分子間力（ファンデルワールス力）が強くなり，沸点，融点が高くなります（沸点は沸騰する温度，融点は固体が液体になるときの温度）。では，ハロゲン単体を沸点，融点の高い順に並べると，

$$\text{高} \quad I_2 > Br_2 > Cl_2 > F_2 \quad \text{低}$$

今,みなさん横に並んで座っているとします。お互い隣どうしの人と引っ張り合っているか? って考えたときに,別にそんな力は感じられないですよね。ところが相手が地球であればどうか? 例えば2階の窓から外のほうに歩いていこうとすると,地面(地球)に引っ張られてドスンと落っこっちゃいますね。これは万有引力がはたらいているからなんです。

分子間力はこれと似ていて,万有引力の約6倍の力をもち,質量が小さいものどうしだと弱い力ですが,質量が大きいものどうしだと強い力で引っ張り合う。強い力で引っ張り合って結びついているから,切るためにはそれだけ大きなエネルギー,高い温度が必要になるわけです。

よろしいですね。「$I_2 > Br_2 > Cl_2 > F_2$」,**この順番は結構出てくるので覚えておきましょう。**

■ 酸化力(化合力)

では,次に酸化力(化合力),すなわち相手と結合する力です。

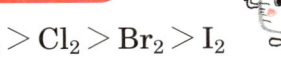

ハロゲンの陰イオンになりやすさ

酸化力(化合力)　　$F_2 > Cl_2 > Br_2 > I_2$
＝(陰イオンになりやすさ)

この順番です。これは原子番号の小さい順番でもあります。で,僕は酸化力とか化合力という言い方があまり好きじゃないので,だれもがパッと見てすぐわかるように,岡野流で「**陰イオンになりやすさ**」という言葉を入れました。ただし,この言い方ができるのは,ハロゲンのときだけです。

一番陰イオンになりやすいのはF_2,それからCl_2,Br_2,I_2,という順番だということ。どうぞこの順番を覚えてください。で,覚え方として,

$$F_2 > Cl_2 > Br_2 > I_2 \lrcorner\ At_2$$
ふっ　くら　ブラウス　私に　あってる

と覚えます！ At（あってる）の部分はあまり出題されないのですが，その他の順番はこのようにインパクトをつけて覚えておきましょう。大事な理由はこういうことです。

■ 反応は起こる？ 起こらない？

例えば2KIというのがあって，これをCl_2と反応させようとしたとき，反応が起こるかどうかという問題が出てくるんです。2KIは水に溶けてK^+とI^-というイオンに分かれています。そしてCl_2が加わりました。

$$\overset{K^+\ I^-}{2KI} + Cl_2 \rightarrow$$

ちょっと見ていきましょう。まず，I_2とCl_2のどっちが陰イオンになりやすいか？ 陰イオンになりやすいのはCl_2ですよね。**そのCl_2が陰イオンになってなくて，なりにくいほうのI_2が陰イオンI^-になってしまっている。**だからこれは化学変化が起こらなくてはいけません。

$$\overset{K^+\ I^-}{2KI} + Cl_2 \rightarrow 2KCl + I_2\text{(赤褐色)}$$

よろしいですね。次を見てみましょう。

$$\overset{K^+\ Cl^-}{2KCl} + Br_2 \rightarrow$$

2KClとBr_2の関係です。 Cl_2とBr_2，どちらが陰イオンになりやすいかというと，Cl_2のほうが陰イオンになりやすいですね。**なりやすいほうが陰イオンCl^-になっていて，なりにくいBr_2がなっていない。だから，これで満足している**んです。別に変化を起こす必要はない。よって，

$$\overset{K^+\ Cl^-}{2KCl} + Br_2 \rightarrow \text{反応は起こらない}$$

陰イオンになりやすさを知っておけば，反応式を暗記する必要はありませんね。

■ うがい薬の色

さて，いつも質問されることがあります。さきほど「I_2（赤褐色）」と書きました。「あれっ，赤褐色はおかしいよ。I_2は黒紫色じゃないの？」とよく言われるんだけれども，黒紫色は固体の状態です。これは水溶液なんです。

のどがおかしくなったとき，色がついているうがい薬を使いますよね。あれは実はI_2の色なんです。固体では黒紫色だったのが，水に溶けて赤褐色になったのです。あれが原液の場合は濃い色でしょう。だから，この赤褐色というのは，水で薄めた水溶液の色だということで間違いじゃないんです。

■ フッ素と水の反応

では次にいきます。

重要★★★　　$2F_2 + 2H_2O \longrightarrow 4HF + O_2 \uparrow$

フッ素は水と激しく反応する。**これは入試でよく書かされる式**です。↑は気体が発生することを表す記号です。かならず付けなくてはいけないというわけではないのですが，わかりやすくするために，ここでは付けました。水素が発生するということはよくあるんだけれども，酸素が発生するのは大変珍しく，特徴的なんです。ですから，これは覚えてください。

■ 塩素は水に溶けて…

次です。

重要★★★　　$Cl_2 + H_2O \rightleftarrows HCl + HClO$　（H^+, ClO^-（次亜塩素酸イオン））

この式も頻出です。塩素は水に溶け，塩化水素と酸化力の強い次亜塩素酸（HClO）を生じる。ClO^-を「**次亜塩素酸イオン**」といいます。**この反応式も書けるようにしておきましょう。**ちなみに，「塩化水素」といいましたが，水に溶けているので「塩酸」でも構いません。また，Cl_2は一部だけが水に溶けるので，反応式の矢印は $\rightleftarrows$ にする書き方が正式ですが，ただの $\longrightarrow$ で書いてもよいでしょう。

そして，ClO^-は強い酸化力をもっていて，HClOには**漂白作用，殺菌作用**があります。

■ ヨウ素は水に溶けにくいが…

ヨウ素（I_2）は本当に水に溶けない。だけど，ヨウ化カリウム（KI）溶液にはよく溶け，黄褐色の液体になります。**水には溶けないけれども，KI 溶液には溶ける**，この事実を知っておいてください。

■ ヨウ素はデンプンと反応して…

ヨウ素はデンプンと反応して青色になります。青色，または青紫色でもいいです。「**ヨウ素デンプン反応**」といいます。ご飯粒をちょっと取ってきて，よくもんでうがい薬をたらしてやると，ちゃんと青くなります。

■ 臭素は水に少し溶けて…

臭素（Br_2）に関しては入試にはそんなに出ませんが，軽めにおさえましょう。Br_2 は水に少し溶け，臭素水になります。では，ここまでをまとめましょう。

単元 1 要点のまとめ①

●ハロゲン元素（17族）　F, Cl, Br, I, At（アスタチン）
●ハロゲン単体

① 常温での状態　　F_2　気体（淡黄色）　　　Cl_2　気体（黄緑色）
　　　　　　　　　Br_2　液体（赤褐色）　　　I_2　固体（黒紫色）

　分子量が大きくなるにつれて分子間力が強くなり，沸点，融点は高くなる。
　　$I_2 > Br_2 > Cl_2 > F_2$

② **酸化力（化合力）**　$F_2 > Cl_2 > Br_2 > I_2$　＝（**陰イオンになりやすさ**）

　例：$2KI + Cl_2 \longrightarrow 2KCl + I_2$（赤褐色）

　　　$2KCl + Br_2 \longrightarrow$ 反応は起こらない。

③ F_2 は水と激しく反応する。　$2F_2 + 2H_2O \longrightarrow 4HF + O_2 \uparrow$

④ Cl_2 は水に溶け，塩化水素と酸化力の強い次亜塩素酸を生じる。
　　$Cl_2 + H_2O \rightleftarrows HCl + HClO$

⑤ I_2 は水に溶けにくいが，KI 溶液にはよく溶け，黄褐色の液体になる。

⑥ I_2 はデンプンと反応して，青色となる（ヨウ素デンプン反応）。

⑦ Br_2 は水に少し溶けて，臭素水となる。

1-3 ハロゲン化水素

　今度は「ハロゲン化水素」です。これは水素との化合物で，HFとかHCl，HBr，HIです。これらは常温常圧（1.01×10^5Pa（パスカル）で，だいたい25℃前後）で，**すべて気体で無色です。**また，いずれも水に溶けやすく，水溶液は酸性です。覚えやすいですね。様々な状態，色のあったハロゲン単体とはきっちり区別しておきましょう。

■ 酸性の強さ

　次に，ハロゲン化水素の水溶液について，酸性の強さを考えてみましょう。

$$\underset{弱酸}{HF} \ll \underset{\text{―――強酸―――}}{HCl < HBr < HI}$$

　HF（フッ化水素酸）だけが弱酸なんです。しかも，不等号2つでかなり弱い。HClからは強い酸で，HCl＜HBr＜HIと全部強酸なんです。でも驚きですよね。HCl（塩酸）は，すごく強い酸だって言うじゃないですか。だけど，それよりも，もっと強いのがHBr（臭化水素酸）で，さらにもっと強いのがHI（ヨウ化水素酸）なんです。ということで，この順番を覚えてください。

■ 沸点

　つづいて沸点について，高い順に並べてみます。

　　HF＞HI＞HBr＞HCl

　これは，**HFが水素結合という強い結合をもつため，最も沸点が高い。**その他は分子量が大きいほど高い。「単元1　要点のまとめ①」の「ハロゲン単体①」に，分子量と沸点の関係がありましたね。

　本来は，分子量の大きい順に並べるとHI，HBr，HCl，HFとなりますが，HFが例外で水素結合をもつから，

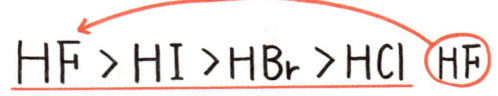

このように，一番前にHFが出ていったとイメージできれば，この順番は書けますね（水素結合については『理論化学①』第3講単元3を参照）。

■ フッ化水素はガラスを腐食する

では，次も非常に重要な特徴です。

HF（フッ化水素）はガラスを腐食します。ガラスを侵すということ。これには2つの式があって，それでよく難しく感じられるんですね。要するに，HFとガラスの主成分であるSiO_2（二酸化ケイ素）との反応です。

$$4HF + SiO_2 \longrightarrow SiF_4\uparrow + 2H_2O \quad \cdots\cdots ①$$

HFとSiO_2が反応して，SiF_4（四フッ化ケイ素）と水が生成されます。これは気体の場合なんです。つまり，ガラスに気体のHFを吹き込んだときに，反応を起こしてSiO_2が溶け，気体のSiF_4が水をともなって発生するんです。

ところが水溶液のHFになったら，次のように反応します。

$$6HF + SiO_2 \longrightarrow H_2SiF_6 + 2H_2O \quad \cdots\cdots ②$$

↓
フッ化水素酸

水溶液になったHFは，「フッ化水素酸」といいます。①式の純粋なHFはただのフッ化水素です。ちなみに，HClの場合，気体は塩化水素で，水溶液は塩酸といいました（『理論化学①』第5講単元1を参照）。言葉がその都度，ちょっと変わってくるので注意しておきましょう。また，H_2SiF_6はヘキサフルオロケイ酸といいますが，この名前は全く覚える必要はありません。

要するに，①式は気体状態で反応させた場合，②式はフッ化水素酸という水溶液の状態で溶かした場合。だからH_2SiF_6という物質が水の中に溶けているということなんです。

では，②式は，①式とどこが違うか？ 実は左辺に6倍のHFと書いたけれども，**①式に2個HFがさらに加わっています**ね。そこで，右辺にも2個HFを加えます。どこに加わるかというとSiF_4に加わります。 SiF_4

がH_2SiF_6になります。あとは変わりません。だからバラバラに覚えると何だか難しく感じるけど，**①式さえ覚えておけば，②式は簡単につくれます**ね。

では，ハロゲン化水素について，まとめておきましょう。

単元1 要点のまとめ②

●**ハロゲン化水素**

①常温常圧ですべて気体で，無色である。

②酸性の強さ　　$HF \ll HCl < HBr < HI$
　　　　　　　　弱酸　└──強　酸──┘

③沸点…**HFは水素結合をもつため最も高い**。その他は分子量が大きいほど高い。

　　$HF > HI > HBr > HCl$

④HFはガラスを腐食する。

　　　　「気体のとき」　　$4HF + SiO_2 \longrightarrow SiF_4\uparrow + 2H_2O$
　　　　　　　　　　　　（フッ化水素）

　または，「水溶液のとき」　$6HF + SiO_2 \longrightarrow H_2SiF_6 + 2H_2O$
　　　　　　　　　　　　（フッ化水素酸）

1-4 水素との反応

次に、ハロゲンの単体が水素とどういうふうに反応するか。これもよく出るところです。最初にまとめておきます。

単元1 要点のまとめ③

●ハロゲン単体の水素との反応

① $F_2 + H_2 \longrightarrow 2HF$　　低温、暗所で爆発的に反応する。
◎② $Cl_2 + H_2 \longrightarrow 2HCl$　　日光の直射で爆発的に反応する。
③ $Br_2 + H_2 \longrightarrow 2HBr$　　日光の直射で徐々に反応する。
④ $I_2 + H_2 \longrightarrow 2HI$　　高温、加熱で一部反応する。

さきほど、ハロゲン単体について原子番号の小さいものほど、化合力が強い（陰イオンになりやすい）と説明しました。水素との反応も、一番フッ素（F_2）が反応しやすい。①「低温、暗所で爆発的に反応」します。光が当たらず、冷たいところでも爆発的に反応します。

②が最もよく出題されます。塩素（Cl_2）の場合は、②「日光の直射で爆発的に反応」します。光を当てたとき、はじめて爆発的に反応するのは塩素なんです。4つの物質を区別するポイントとして、「**光を当てると**」と書かれたときには、「**塩素のことを言っているぞ**」と判断するわけです。

③は軽く触れておきます。臭素（Br_2）の場合は、③「日光の直射で徐々に反応」する。ヨウ素（I_2）は、④「高温、加熱で一部反応」です。反応性がだんだん弱くなっているのがわかりますね。

1-5 ハロゲン化物

最後に、ハロゲンの化合物について見ていきましょう。

■ハロゲン化銀

ハロゲン化物イオンはF^-、Cl^-、Br^-、I^-といった具合に、全部−1価

のイオンです。これらが銀イオン（Ag⁺）と結びつきます。

ハロゲン化銀 $\begin{cases} \textbf{AgF だけ水溶性（無色）} & \textbf{AgCl↓（白色）} \\ \textbf{AgBr↓（淡黄色）} & \textbf{AgI↓（黄色）} \end{cases}$

↓は沈殿という意味で，これらは全部大事です。AgFだけが水に溶けます。その他，AgCl（白色），AgBr（淡黄色），AgI（黄色）はほとんど溶けません。どうぞ色と合わせて覚えてください。AgClから順に**白いものがだんだん黄ばんでくるイメージ**です。

■ 水には溶けないけれど

AgCl, AgBr, AgIは水には溶けないけれども，$Na_2S_2O_3$（チオ硫酸ナトリウム）溶液や，KCN（シアン化カリウム）溶液には溶けます。AgClと$Na_2S_2O_3$との反応の場合，

重要★★★ $AgCl + 2Na_2S_2O_3 \text{（チオ硫酸ナトリウム）} \longrightarrow [Ag(S_2O_3)_2]^{3-} \text{（ビス〔チオスルファト〕銀(I)酸イオン）} + 4Na^+ + Cl^-$

となります。この反応式は，難問として入試で書かされることがあります。ビス〔チオスルファト〕銀（I）酸イオンという少し見慣れないイオンが出てきましたが，錯イオンというものを第4講でやりますので，軽く覚えておきましょう。

■ AgClはアンモニア水に溶ける

AgClの白色沈殿は水には溶けませんが，アンモニア水には溶けます。その反応式です。これもおさえておきましょう。

重要★★★ $AgCl + 2NH_3 \longrightarrow [Ag(NH_3)_2]^+ \text{（ジアンミン銀(I)イオン）} + Cl^-$

■ ホタル石の反応

さて，ハロゲンとCa^{2+}（カルシウムイオン）との化合物をハロゲン化カルシウムといいますが，そのうち，CaF_2だけは水に溶けにくい（$CaCl_2$, $CaBr_2$, CaI_2は水に溶ける）。CaF_2を別名「**ホタル石**」といいます。水に

は溶けにくいのですが、CaF_2 に硫酸を加えると、溶けてフッ化水素が発生します。

> **重要★★★**　$CaF_2 + H_2SO_4 \longrightarrow CaSO_4 + 2HF \uparrow$

これもやっぱり入試で書かされます。ただし、ホタル石が CaF_2 だということさえわかっていれば大丈夫。$CaSO_4 + 2HF \uparrow$ は簡単に書けるんです。イオンに注目すると、

$$\underset{Ca^{2+},\ 2F^-}{CaF_2} + \underset{2H^+,\ SO_4^{2-}}{H_2SO_4} \longrightarrow CaSO_4 + 2HF \uparrow$$

このように、＋と－を組み換えればいいだけです。よろしいですね。

単元1 要点のまとめ④

● **ハロゲン化物**

① ハロゲン化銀　　AgF だけ水溶性（無色）　　$AgCl \downarrow$（白色）
　　　　　　　　　$AgBr \downarrow$（淡黄色）　　　$AgI \downarrow$（黄色）

② $AgCl$, $AgBr$, AgI は $Na_2S_2O_3$ 溶液、KCN 溶液に溶ける。
　　$AgCl + 2Na_2S_2O_3 \longrightarrow [Ag(S_2O_3)_2]^{3-} + 4Na^+ + Cl^-$
　　　　　（チオ硫酸ナトリウム）　　　（ビス〔チオスルファト〕銀(I)酸イオン）

③ $AgCl$ はアンモニア水に溶ける。
　　$AgCl + 2NH_3 \longrightarrow [Ag(NH_3)_2]^+ + Cl^-$
　　　　　　　　　　　　　　（ジアンミン銀(I)イオン）

④ ハロゲン化カルシウムのうち CaF_2 だけは水に溶けにくいが、硫酸に溶ける。（ホタル石の成分）
　　$CaF_2 + H_2SO_4 \longrightarrow CaSO_4 + 2HF \uparrow$

以上がハロゲンに関する内容です。では、演習問題にいきましょう。

単元1 ハロゲン元素とその化合物

演習問題で力をつける①
ハロゲンの特徴をつかもう！

問 次の文章を読んで、下の各問いに答えよ。

塩素，臭素，フッ素，ヨウ素のハロゲンの単体のうち，常温・常圧において気体は原子番号の小さい順に ① と ② ，液体は ③ ，固体は ④ である。それぞれの単体は有色であり，塩素は a 色，臭素は b 色，ヨウ素は c 色である。また，これらの単体のうち最も反応性が激しいものは ⑤ である。

フッ素，塩素，臭素，ヨウ素の水素化合物のうち，沸点が最も高いものは ⑥ である。また，その水溶液が弱酸性を示すものは ⑦ だけであり，他の水素化物の水溶液は強酸性を示す。なお， ⑧ はガラスを侵すので，ポリエチレン製の容器に保存しなければならない。

(1) 文中の ① 〜 ⑧ にあてはまる物質を化学式で記し， a 〜 c にあてはまる色を記せ。

(2) ヨウ化カリウム水溶液に塩素を加えるときに起こる反応を化学反応式で記せ。

(3) 塩化銀の沈殿にアンモニア水を加えると沈殿は溶解する。このときの変化を化学反応式で記せ。

さて、解いてみましょう。

(1)…問題文に「**化学式**」で記せとあります。**名称**で書いてしまったらバツですよ。ここは注意しましょう。

まずは原子番号の小さい順に，

F_2 …… ① の【答え】
Cl_2 …… ② の【答え】

ハロゲン単体のうち，気体は上の2つです。 ③ は液体， ④ は固体なので，

Br_2 …… ③ の【答え】
I_2 …… ④ の【答え】

> **岡野の着目ポイント** さきほど言ったように，気体，気体，液体，固体というところを覚えておくといいわけです。問題文を見ると「塩素，臭素，フッ素，ヨウ素」と書いてあって，原子番号順に並んでいないんですよ。わざわざ混乱させるように問題がつくられているんですね。

色も大切です。塩素は黄緑色，臭素は赤褐色，ヨウ素は黒紫色です。
　　黄緑 …… [a] の【答え】
　　赤褐 …… [b] の【答え】
　　黒紫 …… [c] の【答え】
「また，これらの単体のうち最も反応性が激しいもの」ですが，これは **1-2** でやった「酸化力（化合力）」の強さ（陰イオンになりやすさ）のことを言っているわけですから，
　　F_2 …… [5] の【答え】

> **岡野の着目ポイント**「フッ素，塩素，臭素，ヨウ素の水素化合物のうち，沸点が最も高いもの」です。普通は分子量が一番大きいものを選べばいいのですが，例外的に **HFが水素結合をもつ**ために沸点が一番高くなるというのがありましたね。

　　HF …… [6] の【答え】
「また，その水溶液が弱酸性を示すものは」どれか？ 他のハロゲン化水素の水溶液は強酸性ですが，1つだけ弱酸性でした。それは何か？
　　HF …… [7] の【答え】
「ガラスを侵す」ので，ポリエチレン製の容器に保存するのも，
　　HF …… [8] の【答え】
です。ちなみに，水溶液の場合のガラスを侵す反応式は，
　　$6HF + SiO_2 \longrightarrow H_2SiF_6 + 2H_2O$
でした。これはぜひ，書けるようにしておきましょう。

> **岡野の着目ポイント** (2)…「ヨウ化カリウム水溶液に塩素を加えるときに起こる反応を化学反応式」で書きます。ヨウ化カリウム（**KI**）は水の中

単元1 ハロゲン元素とその化合物　21

に溶けるとK$^+$とI$^-$というイオンに分かれています。そうすると，陰イオンになりやすい順番はF$_2$＞Cl$_2$＞Br$_2$＞I$_2$なので，Cl$_2$のほうがI$_2$より陰イオンになりやすい。にもかかわらず，Cl$_2$は陰イオンになってなくて，ヨウ素が陰イオンI$^-$になっている。そこで，入れかわりが起きて反応が起こるわけです。

$$2KI + Cl_2 \longrightarrow 2KCl + I_2$$ ……(2)の【答え】

(3)…「塩化銀の沈殿にアンモニア水を加えると沈殿は溶解する。このときの変化を化学反応式で記せ」ということです。

$$AgCl + 2NH_3 \longrightarrow [Ag(NH_3)_2]^+ + Cl^-$$ ───[式A]

岡野のこう解く　塩化銀とアンモニアが反応すると，アンモニア分子が2つ銀イオンにくっついてしまうんですね。**でも，今回の問題は「化学反応式」と書いてあるんだから，イオンの形ではなくて化合物の形にしなくてはいけないんじゃないかと思われるでしょう。**そこで，次のように直します。

$$AgCl + 2NH_3 \longrightarrow [Ag(NH_3)_2]Cl$$ ……(3)の【答え】

ただし，これは[式A]でも正解です。というのは，実際にはイオンに分かれているわけですから[式A]の書き方のほうが，より本来の形を表しているのです。

『理論化学①』第7講単元2で酸化還元の半反応式をやったときには，「イオン反応式」と「化学反応式」の区別が大事だったんですが，今回の場合は，化学で使っている反応式を全部，化学反応式だと考えてしまって構いません。ただ，「イオン反応式」と「化学反応式」の区別にこだわる採点者もいらっしゃるかもしれないので，注意しておきました。

単元 2 硫黄とその化合物 化/I

次は，16族の「硫黄」とその化合物について学習していきましょう。

2-1 硫黄の同素体

硫黄には「斜方硫黄，単斜硫黄，ゴム状硫黄」といった同素体が存在します。同素体をもつ単体は "**S（硫黄），C（炭素），O（酸素），P（リン）＝スコップ**" と覚えるんでしたね。『理論化学①』第1講でやりました。

> **単元 2 要点のまとめ①**
>
> ●**硫黄の同素体**
>   斜方硫黄，単斜硫黄，ゴム状硫黄

2-2 硫酸の性質

■ **硫酸（希硫酸）は2価の強酸**

次にいきます。今度は硫黄の化合物の中で，「硫酸」を取り上げ，その性質を見てみましょう。

硫酸，特に希硫酸は水が多い硫酸で「**2価の強酸**」。濃硫酸は「**不揮発性**」の酸です。「不揮発性」というのは，「蒸気になりにくい」という意味です。また，熱濃硫酸は濃硫酸を加熱したときで，このときは「**酸化力をもつ酸**」として知られています。

その他，濃硫酸は「**脱水作用**」（水を取ってしまう作用）や「**吸湿作用**」（乾燥剤としての役割）を示します。

これだけではイメージがつかめないでしょう。大丈夫，具体的に反応式を見ていきますよ。

　$FeS + H_2SO_4 \longrightarrow FeSO_4 + H_2S$
（弱酸の塩＋強酸　⇄　強酸の塩＋弱酸）

　この反応式は硫化水素（H_2S）の発生法としてよく出てきます。はい，ここで「弱酸の塩」とか「強酸の塩」とか，「塩（えん）」という言葉が出ています。**塩とは何か？**

　酸の水素原子が金属原子やアンモニウムイオンと一部あるいは全部が置き換わった化合物を塩といいました（『理論化学①』第6講単元3）。

　例えば，塩酸（HCl）があって，この酸の水素原子（H）をナトリウム（Na）という金属に置き換える。そうすると$NaCl$になりますね。酸の水素原子が金属に置き換わったから，これは塩なんです。とりわけこれを"食べられる塩"ということで"食塩"といいます。

　次は硫酸（H_2SO_4）の酸の水素原子（H）が金属に置き換わるとします。2個のHのうち1個がナトリウム（Na）という金属に置き換わると，硫酸水素ナトリウム（$NaHSO_4$）という塩になります。

　アドバイス　$NaHSO_4$は特殊な塩で，これだけは強酸（H_2SO_4）と強塩基（$NaOH$）からできているにもかかわらず酸性を示します。

　また，硫酸（H_2SO_4）の水素原子（H）が，全部カルシウム（Ca）という金属に置き換わると，硫酸カルシウム（$CaSO_4$）という塩になります。これは石膏（せっこう）の原料です。

ということで，これらは全部塩です。このことがさきほどの希硫酸が2価の強酸だと説明で使われます。ちょっと反応式を書いてみましょうか。

$$\underset{(弱酸の塩\ +\ 強酸}{\overset{H_2S}{FeS} + H_2SO_4} \longrightarrow \underset{\rightleftarrows\ \ 強酸の塩\ +\ 弱酸)}{\overset{H_2SO_4}{FeSO_4} + H_2S}$$

$\boxed{\begin{array}{l}H_2S\cdots 弱酸 \\ H_2SO_4\cdots 強酸\end{array}}$

　この反応式は必ず一方通行で,逆反応は成り立ちません。さて,H_2S がなぜ弱酸だということが言えるのか? 強いか弱いかは電離のしやすさで決まります。例えば,希硫酸中では H_2SO_4 は100個の分子があったら,ほぼ100個ともイオンに分かれていく。ところが H_2S というのは,だいたい100個分子があったとして,1個未満しかイオンに分かれていかない。ということで,硫化水素は弱酸なのです($H_2S \rightleftarrows 2H^+ + S^{2-}$)。

　いいですか,よく勘違いされるんですけど,**弱酸の塩というのは,"弱酸性の塩"という意味ではありません! これは"弱酸からできた塩"という意味なんです**。だから FeS は,H_2S という弱酸からできた塩なんです。酸の H 原子2つが Fe という金属に置き換わったわけです。

　弱酸からできた塩と,それより強い酸が反応すると,強酸の塩と弱酸ができます。強酸の塩($FeSO_4$)のもとの酸は H_2SO_4 です。硫酸が硫化水素より強酸だということは,この式と共におさえておきましょう。

アドバイス ここで,濃硫酸の酸性の度合いはといいますと,弱酸なんです。濃硫酸中には水が少ないため,イオンに分かれにくくなっているからです。

■ 反応式を予測する

　もう1つ例を挙げましょう。

$$\underset{(弱酸の塩\ +\ 強酸\ \ \ \rightleftarrows\ \ \ 強酸の塩\ +\ 弱酸)}{FeS + 2HCl \longrightarrow FeCl_2 + H_2S}$$

　さきほどの式の H_2SO_4 が 2HCl に置き換わったものです。ただ,**「弱酸の塩と強酸は反応を起こし,強酸の塩と弱酸になる」,このことを知っていれば,実験しなくても反応が起こるか起こらないかがわかるんですよ。**

　だから,「H_2SO_4 と同じ強酸ならば,HCl を加えても反応が起きるだろう」と予測ができる。確かに起きるんです。こういう予測が化学の目的の1つでもあるわけです。

■ 揮発性と不揮発性

次にいきます。まずは、これをちょっと見てください。

$$\underset{\substack{\text{揮発性の}\\\text{酸の塩}}}{\overset{\frown{HCl}}{NaCl}} + \underset{\substack{\text{不揮発性}\\\text{の酸}}}{H_2SO_4} \rightleftarrows \underset{\substack{\text{不揮発性の}\\\text{酸の塩}}}{\overset{\frown{H_2SO_4}}{NaHSO_4}} + \underset{\substack{\text{揮発性}\\\text{の酸}}}{HCl}$$

★ 揮発性の酸　　★ 不揮発性の酸
　HCl, HNO₃, HF　　H₂SO₄

これもかならず一方向しか反応しません。

ここで、揮発性の酸と不揮発性の酸に何があるかということは覚えておきましょう。**揮発性の酸は3つあります。HCl, HNO₃, HFです。**HFはあまり出ないので、軽く知っておけばいいです。**不揮発性の酸は、H₂SO₄だけ覚えておけばいいでしょう。**よろしいですね。

さて、揮発性の酸ってどういうものでしょう？　例えばここに希塩酸があって、それが今、机の上にこぼれました！　どうすればいいか？　しばらく黙って見ていればいいんです。そうすると水が蒸発するでしょう。塩化水素は常温常圧で気体だから、これも蒸発して気体として飛んでいってしまいます。基本的にはしばらく置いておけば、希塩酸はなくなってしまうわけです。

■ 硫酸は不揮発性

でも硫酸の場合はどうなるか？　希硫酸が机の上にこぼれたら、「まあ大丈夫だろう」なんて思っちゃダメ！　これは危ないんです。というのは、水だけどんどん蒸発していって、H₂SO₄分子は蒸気になっていかないからです。だからだんだん濃い硫酸、濃硫酸（濃度90％以上の硫酸）に変わっていく。こういうふうな酸のことを不揮発性の酸と言っています。よろしいですね。

そうするとNaClは、もとの酸がHClだから、揮発性の酸からできている塩なんです。それと不揮発性の酸H₂SO₄が反応すると、不揮発性の酸の一部が金属のNaに置き換わり、NaHSO₄（塩）と揮発性の酸HClができる。NaHSO₄は不揮発性の酸（H₂SO₄）からできた塩だということがおわ

かりいただけますね。これが反応機構なんです。この反応は，硫酸が不揮発性の酸だということを利用した例です。

■ 熱濃硫酸は酸化力のある酸

次は，熱濃硫酸が酸化力のある酸ということを利用した反応です。

重要★★★ $Cu + 2H_2SO_4 \longrightarrow CuSO_4 + SO_2 + 2H_2O$

銅と硫酸の関係で，銅がイオンになるとき還元剤としてはたらくんです。ん，よくわからない？　大丈夫，じっくり見ていきましょう。ではまず，『理論化学①』第7講単元2でやった「酸化剤，還元剤の半反応式」を思い出してください。

金属が還元剤としてはたらく例と，その半反応式です。

重要★★★ ☆ $\boxed{Cu \longrightarrow Cu^{2+}}$ （還元剤）

$Cu \longrightarrow Cu^{2+} + 2e^-$ ——㋑

そして，熱濃硫酸の場合は酸化剤としてはたらきます。
希硫酸には酸化剤としての性質はありません。

重要★★★ ☆ $\boxed{熱濃 H_2SO_4 \longrightarrow SO_2}$ （酸化剤）

$H_2SO_4 + 2H^+ + 2e^- \longrightarrow SO_2 + 2H_2O$ ——㋺

半反応式は自分でつくれるように，よく復習しておいてくださいね。
次に，この㋑と㋺の式から，e^- を消去して1本の式に直します。
㋑式と㋺式を1本の式にまとめると（e^- を消去する），

㋑＋㋺
$$
\begin{array}{r}
Cu \longrightarrow Cu^{2+} + 2e^- \\
+)\ H_2SO_4 + 2H^+ + 2e^- \longrightarrow SO_2 + 2H_2O \\
\hline
Cu + H_2SO_4 + 2H^+ \longrightarrow Cu^{2+} + SO_2 + 2H_2O
\end{array}
$$

この1本に直した式を「イオン反応式」といいます。さらにこれを化学反応式にしなければならない。左辺に $Cu + H_2SO_4 + 2H^+$ とありますが，H^+ に注目してください。この反応の操作は銅に熱濃硫酸を加えるものなので，H^+ を硫酸にしないといけない。勝手に Cl^- を加えて塩酸にしちゃ

ったり，NO_3^- を加えて硝酸にしてはいけません！　だから，**硫酸イオン SO_4^{2-} を両辺に1個ずつ加えます。**

$$Cu + H_2SO_4 + \underline{2H^+} \longrightarrow \underline{Cu^{2+}} + SO_2 + 2H_2O$$
$$SO_4^{2-}SO_4^{2-}$$

そうすると，

$$Cu + 2H_2SO_4 \longrightarrow CuSO_4 + SO_2 + 2H_2O$$

この反応式になるわけです。これは銅が普通の酸には溶けなくて，硫酸のような酸化力の強い酸には溶けるという例なんです。

■ 脱水作用

次に脱水作用です。$C_{12}H_{22}O_{11}$ はショ糖（スクロース）といいますが，濃硫酸はこのショ糖から水を取る作用があります。

重要★★★　$C_{12}H_{22}O_{11} \xrightarrow[H_2SO_4]{炭化} \overset{(黒色)}{12C} + 11H_2O$

炭素がむき出しになりますから，黒色になります。黒い"炭に化けた"と書いて「**炭化**」といいます。そして，このように分子から水が取れてしまうことを「**脱水**」といいます。

■ 吸湿作用

濃硫酸には乾燥剤としての性質，すなわち吸湿作用もあります。湿ったせんべいとか，のりを乾燥させることはまずないでしょうが，もし濃硫酸と同じ部屋に置いておくと湿気を取ることができます。

■ 硫酸の製法

硫酸をつくる前段階として，昔は次のような製法で二酸化硫黄をつくっていました。ただ，今は使われなくなったので，次の式は難関大を目指す人以外は覚える必要はないでしょう。

$$4FeS_2 + 11O_2 \longrightarrow 2Fe_2O_3 + 8SO_2$$

このように，昔は黄鉄鉱を燃やして二酸化硫黄を発生させました。今は石油の精製過程で硫黄が除去され，そのためたくさん余っていますから，その硫黄を燃やして二酸化硫黄にします。その二酸化硫黄をさらに酸化す

るときに、酸化しにくいので触媒を使います。それが「**接触法**」、"触媒と接する法"なんです。

■ 接触法

重要★★★

$$S + O_2 \longrightarrow SO_2$$

$$2SO_2 + O_2 \xrightarrow{(V_2O_5)} 2SO_3$$

$$SO_3 + H_2O \longrightarrow H_2SO_4$$
（希硫酸中の水）

では、詳しく見ていきます。

$$S + O_2 \longrightarrow SO_2$$

は、硫黄の単体が燃えるだけなので、サーッと反応してしまいます。次の行程が、反応速度が一番遅くて反応しにくいから、触媒を加えるのです。

$$2SO_2 + O_2 \xrightarrow{(V_2O_5)} 2SO_3$$

V_2O_5 は「**酸化バナジウム（V）**」といいます。これを触媒として三酸化硫黄（SO_3）をつくるんです。そして、その三酸化硫黄と水を加えて硫酸をつくります。

$$SO_3 + H_2O \longrightarrow H_2SO_4$$
（希硫酸中の水）

これが「接触法」の3段階の反応式です。大事なところですよ。

■ 反応過程を詳しくおさえよう！

さて、今の反応式は意外と簡単でしたが、実際の反応過程はもうちょっと複雑です。いいですか。図1-2をちょっと見てください。

「SO_2＋空気」、要するに二酸化硫黄と空気を混ぜて反応させます。そして反応した炉の中に触媒「V_2O_5」を加えて「SO_3」をつくります。

さて、その後です。今せっかくつく

図1-2

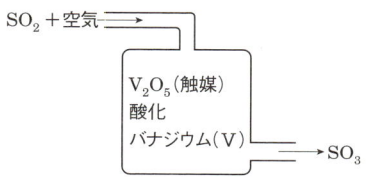

った三酸化硫黄を水に溶かすと，すごい溶解熱で発熱反応を起こします。だから水が沸騰して水蒸気になるわけです。

その水蒸気と三酸化硫黄が結びついて，空気中に霧状の硫酸が飛び出ていきます。これは危ない！　しかも吸収されない。

それを避けるために，SO_3を水の中に直接入れるのではなくて，最初に濃硫酸に蓄えてあげて，そこでまず最初に吸収させておくのです 図1-3 。このとき，SO_3を含んだ濃硫酸との混合溶液を「**発煙硫酸**」といいます（言葉を覚えましょう）。これは白煙が出ていて，不気味な硫酸です。

この発煙硫酸の中に希硫酸を加えていきます。その希硫酸中の水に三酸化硫黄が結びついて，希硫酸がだんだん濃い硫酸に変わっていくのです（$SO_3 + H_2O \longrightarrow H_2SO_4$）。これが濃硫酸をつくるという流れです。

ここはなかなか難しいところですよ。よく復習しましょう。

図1-3

まとめ

SO_2 $\xrightarrow{V_2O_5 \text{触媒}}$ SO_3 $\xrightarrow{\text{濃硫酸に蓄える}}$ ★**発煙硫酸**（SO_3を含む濃硫酸） $\xrightarrow{\text{希硫酸を加える}}$ **濃硫酸**（希硫酸中のH_2OとSO_3からH_2SO_4を生じる）

単元2 要点のまとめ②

●硫酸の性質

① 2価の強酸である。 $FeS + H_2SO_4 \longrightarrow FeSO_4 + H_2S$
（弱酸の塩＋強酸 $\rightleftarrows$ 強酸の塩＋弱酸）

② 不揮発性の酸である。 $NaCl + H_2SO_4 \longrightarrow NaHSO_4 + HCl$
（揮発性の酸の塩＋不揮発性の酸 $\rightleftarrows$ 不揮発性の酸の塩＋揮発性の酸）

③ 酸化力のある酸（熱濃硫酸）である。

$$Cu + 2H_2SO_4 \longrightarrow CuSO_4 + SO_2 + 2H_2O$$

☆ $\boxed{Cu \longrightarrow Cu^{2+}}$ （還元剤）

$Cu \longrightarrow Cu^{2+} + 2e^-$ ——㋑

☆ $\boxed{熱濃 H_2SO_4 \longrightarrow SO_2}$ （酸化剤）

$H_2SO_4 + 2H^+ + 2e^- \longrightarrow SO_2 + 2H_2O$ ——㋺

㋑式と㋺式を1本の式にまとめると（e^-を消去する），

㋑＋㋺　　　$Cu \longrightarrow Cu^{2+} + 2e^-$
＋)　　　$H_2SO_4 + 2H^+ + 2e^- \longrightarrow SO_2 + 2H_2O$
―――――――――――――――――――――――
　　　　$Cu + H_2SO_4 + 2H^+ \longrightarrow Cu^{2+} + SO_2 + 2H_2O$
　　　　　　　　　　↑SO_4^{2-}　　　　　↑SO_4^{2-}

∴ $Cu + 2H_2SO_4 \longrightarrow CuSO_4 + SO_2 + 2H_2O$

④ 脱水作用を示す。 $C_{12}H_{22}O_{11} \xrightarrow[H_2SO_4]{炭化} 12C\text{（黒色）} + 11H_2O$

⑤ 吸湿作用を示す。（NH_3, H_2Sの乾燥には不適。※詳しくは第2講で説明）

⑥ 製法（**接触法**）

$4FeS_2 + 11O_2 \longrightarrow 2Fe_2O_3 + 8SO_2$

または， $S + O_2 \longrightarrow SO_2$

$$2SO_2 + O_2 \xrightarrow{(V_2O_5)} 2SO_3$$

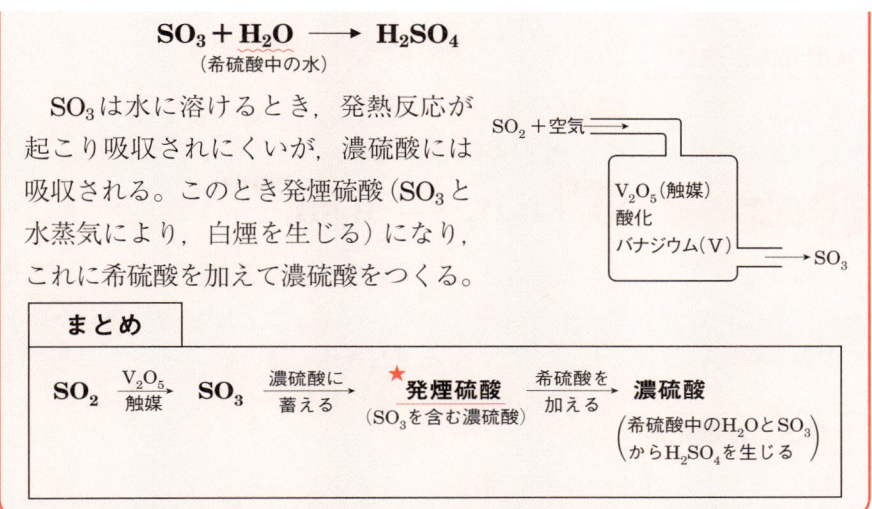

$$SO_3 + H_2O \longrightarrow H_2SO_4$$
（希硫酸中の水）

SO$_3$ は水に溶けるとき，発熱反応が起こり吸収されにくいが，濃硫酸には吸収される。このとき発煙硫酸（SO$_3$ と水蒸気により，白煙を生じる）になり，これに希硫酸を加えて濃硫酸をつくる。

まとめ

SO$_2$ →[V$_2$O$_5$ 触媒]→ SO$_3$ →[濃硫酸に蓄える]→ ★**発煙硫酸**（SO$_3$ を含む濃硫酸）→[希硫酸を加える]→ **濃硫酸**（希硫酸中の H$_2$O と SO$_3$ から H$_2$SO$_4$ を生じる）

2-3 二酸化硫黄の性質

さて次は，二酸化硫黄（SO$_2$）の性質です。

二酸化硫黄は，無色，刺激臭で有毒な気体です。そして水に溶けて，**弱い酸性（弱酸性），還元性**，それから**漂白作用**を示します。

■ 酸性酸化物

また，SO$_2$ は酸化物ですが，水に溶かすと酸性を示すということで，「酸性酸化物」といいます。

$$SO_2 + H_2O \longrightarrow H_2SO_3 \quad （弱酸）$$
（亜硫酸）

このように，硫酸（H$_2$SO$_4$）ではなくて「**亜硫酸（H$_2$SO$_3$）**」ができます。「亜」は「～に準ずる」という意味です。熱帯に対して，それに準ずる気候ということで亜熱帯といいますね。同じことです。ですから，亜硫酸の酸性の度合いを調べると，弱酸なんです。

> **アドバイス** 酸性酸化物は一般に非金属との酸化物をいいます。主なものは SO$_2$，NO$_2$，CO$_2$，P$_4$O$_{10}$ などですが，NO，CO は酸性酸化物には含みません。

■ 還元力が強い

還元力が強いことも特徴です。

$$SO_2 + I_2 + 2H_2O \longrightarrow H_2SO_4 + 2HI$$

> **重要★★★** $\quad SO_2 + H_2O_2 \longrightarrow H_2SO_4$

上の式はあまり出題されませんが，下の式がよく入試に出ます。二酸化硫黄に過酸化水素を加えると硫酸になる。こんなことは普通は知らないとまずわからないですよね。ここで知っておきましょう。

■ H_2S には酸化剤

さて，ここで，302ページを参照してください。

今言ったように，二酸化硫黄というのは還元性を示すので，還元剤なんです。還元剤としてはたらく場合は，「★$SO_2 \longrightarrow SO_4^{2-}$」としてはたらきます。

で，**99％還元剤なんですが，入試でよく出る例外があって，硫化水素に対してのみ酸化剤としてはたらきます。**

硫化水素は「★$H_2S \longrightarrow S$」という，非常に強い還元剤なのですが，これが相手に来た場合には，二酸化硫黄は酸化剤として「★$SO_2 \longrightarrow S$」となります。このとき，次のような式が成り立ちます。

> **重要★★★** $\quad SO_2 + 2H_2S \longrightarrow 3S + 2H_2O$

■ 硫黄の反応式は自分でつくれる！

さて，ここで示した2つの「重要」の式をもう少し詳しく見ていきましょう。

$$SO_2 + H_2O_2 \longrightarrow H_2SO_4 \begin{cases} \boxed{SO_2 \to SO_4^{2-}} \text{(還元剤)} \\ \boxed{H_2O_2 \to 2H_2O} \text{(酸化剤)} \end{cases}$$

$$SO_2 + 2H_2S \longrightarrow 3S + 2H_2O \begin{cases} \boxed{SO_2 \to S} \text{(酸化剤)} \\ \boxed{H_2S \to S} \text{(還元剤)} \end{cases}$$

SO_2 が還元剤としてはたらく場合と，酸化剤としてはたらく場合です。この酸化還元の反応式というのは，酸化還元滴定の計算問題や，電池・電

単元 2　硫黄とその化合物　33

気分解の式，そして今回の無機化学というように，様々な場面で生きてきます。そこで今回は，この反応式を自分でつくれるようにします。

■ SO_2 が還元剤としてはたらく場合

上の SO_2 が還元剤としてはたらく場合からいきますよ。『理論化学①』でやったように，「★$SO_2 \longrightarrow SO_4^{2-}$」の変化は覚えておかなければなりません。そして，

> **手順1**：両辺を比べて O 原子の少ない辺に H_2O を加えて調整
> **手順2**：両辺を比べて H 原子の少ない辺に H^+ を加えて調整
> **手順3**：両辺を比べて電荷の総和の多いほうの辺に e^- を加えて調整

のようにして，半反応式をつくると，

$$SO_2 + 2H_2O \longrightarrow SO_4^{2-} + 4H^+ + 2e^- \quad ―①$$

さらに，酸化剤の「★$H_2O_2 \longrightarrow 2H_2O$」の変化は覚えておき，同様の手順から，

$$H_2O_2 + 2H^+ + 2e^- \longrightarrow 2H_2O \quad ―②$$

①と②を見比べると左辺と右辺がちょうど e^- が2個ずつですから，ただ足し算をすれば e^- は消去できる。①+②より，

$$
\begin{array}{r}
SO_2 + 2H_2O \longrightarrow SO_4^{2-} + 4H^+ + 2e^- \quad ―① \\
+)\ H_2O_2 + 2H^+ + 2e^- \longrightarrow 2H_2O \quad ―② \\
\hline
SO_2 + H_2O_2 \longrightarrow 2H^+ + SO_4^{2-} \\
\therefore\ SO_2 + H_2O_2 \longrightarrow H_2SO_4
\end{array}
$$

最終段階でイオンの部分を足してやって硫酸にすればいいですね。ということで，ほら自分でつくれたでしょう。もう1ついきますよ。

■ SO_2 が酸化剤としてはたらく場合

今度は SO_2 が酸化剤としてはたらく場合です。酸化剤「★$SO_2 \longrightarrow S$」の変化を覚えておいて，手順を実行すると，

$$SO_2 + 4H^+ + 4e^- \longrightarrow S + 2H_2O \quad ―③$$

となります。つづいて，還元剤「★$H_2S \longrightarrow S$」の変化から手順を実行

すると，

$$H_2S \longrightarrow S + 2H^+ + 2e^- \quad\text{――④}$$

③と④を見比べると，$4e^-$ と $2e^-$ とあるので，e^- を消去するため④式を2倍して，③式と足し算をします。

$$\begin{array}{r}SO_2 + 4H^+ + \cancel{4e^-} \longrightarrow S + 2H_2O \quad\text{――③}\\ +)\quad 2H_2S \longrightarrow 2S + 4H^+ + \cancel{4e^-} \quad\text{――④}\times 2\\ \hline SO_2 + 2H_2S \longrightarrow 3S + 2H_2O \end{array}$$

このようにできちゃうんです。だから硫黄に関するところというのは，意外とみなさん丸覚えでイヤだなぁと思っていらっしゃるかもしれませんが，酸化還元の半反応式が書ければ，簡単にできるんです。

単元 2 要点のまとめ③

● **二酸化硫黄の性質**

無色，刺激臭で有毒な気体である。水に溶けて**弱い酸性，還元性，漂白作用**がある。

① 酸性酸化物である。　$SO_2 + H_2O \longrightarrow H_2SO_3$ （弱酸）
(亜硫酸)

② 還元力が強い。　$SO_2 + I_2 + 2H_2O \longrightarrow H_2SO_4 + 2HI$

$SO_2 + H_2O_2 \longrightarrow H_2SO_4$

③ H_2S には酸化剤としてはたらく。

$SO_2 + 2H_2S \longrightarrow 3S + 2H_2O$

2-4 硫化水素の性質

最後に硫化水素についてやっていきます。硫化水素は，無色，**腐卵臭**（悪臭）をもっていて，有毒な気体です。水に溶け，**弱い酸性，還元性**を示します。さきほど 2-2 で硫酸が2価の強酸であると説明したとき，

$$FeS + H_2SO_4 \longrightarrow FeSO_4 + H_2S$$

という式を紹介しました。これは，「弱酸の塩＋強酸」で反応させたのですから，硫酸を同じ強酸である塩酸に置き換えても，同じ機構の反応が起

こります。すなわち，

重要 ★★★

$$FeS + 2HCl \longrightarrow FeCl_2 + H_2S$$
（弱酸の塩＋強酸 $\rightleftarrows$ 強酸の塩＋弱酸）

硫酸でも塩酸でも硫化水素より強酸であればいいわけですから，どちらも反応は起こるということです。これで，弱酸のH_2S（気体状のもの）が発生してきます。

それから還元力が強いということもポイントです。

$$H_2S + I_2 \longrightarrow S + 2HI$$

この式も，還元剤「★$H_2S \longrightarrow S$」，酸化剤「★$I_2 \longrightarrow 2I^-$」の変化を知っていればつくれます。

$$H_2S \longrightarrow S + 2H^+ + 2e^-$$
$$+)\underline{\quad I_2 + 2e^- \longrightarrow 2I^- \quad}$$
$$H_2S + I_2 \longrightarrow S + 2H^+ + 2I^-$$
$$\therefore H_2S + I_2 \longrightarrow S + 2HI$$

どうぞこんな感じで，できるだけ丸暗記しないように要領よく覚えていただきたいと思います。

単元2 要点のまとめ④

● **硫化水素の性質**

無色，**腐卵臭**（悪臭）をもち有毒な気体である。水に溶け**弱い酸性**，**還元性**を示す。

①弱酸である。　　$FeS + 2HCl \longrightarrow FeCl_2 + H_2S$
（弱酸の塩＋強酸 $\rightleftarrows$ 強酸の塩＋弱酸）

②還元力が強い。　$H_2S + I_2 \longrightarrow S + 2HI$

では，演習問題にいきましょう。

演習問題で力をつける②
硫黄に関係した反応式のつくり方

問 次の文中の□□□に語句，数値または化学式（元素も含むこととする）を記せ。

(1) 黄褐色のヨウ素ヨウ化カリウム水溶液に二酸化硫黄を通じると，次式①に示す反応が起こり，溶液の色が消える。

$$I_2 + SO_2 + 2H_2O \longrightarrow \boxed{a} + 2\boxed{b} \quad \cdots\cdots ①$$

この反応において，ヨウ素の酸化数は$\boxed{c}$から$\boxed{d}$に変化し，二酸化硫黄の硫黄の酸化数は$\boxed{e}$から$\boxed{f}$に変化する。

(2) 硫化水素水に二酸化硫黄を通じると，次式②に示す反応が起こり，溶液は白く濁る。

$$2H_2S + SO_2 \longrightarrow 2\boxed{g} + 3\boxed{h} \quad \cdots\cdots ②$$

この反応において，硫化水素の硫黄の酸化数は$\boxed{i}$から$\boxed{j}$に変化し，二酸化硫黄の硫黄の酸化数は$\boxed{e}$から$\boxed{j}$に変化する。

さて，解いてみましょう。

(1)…まず①式に注目です。

$$I_2 + SO_2 + 2H_2O \longrightarrow \boxed{a} + 2\boxed{b} \quad \cdots\cdots ①$$

この反応式が書けないと(1)は解けません。ということで，この反応式から完成させましょう。

岡野の着目ポイント 「**ヨウ素ヨウ化カリウム**」という言葉がちょっと気になるかと思います。ここで思い出してください。ヨウ素は，水には溶けにくいけど，ヨウ化カリウムの水溶液には溶けましたね。**ヨウ素が溶けたヨウ化カリウムの水溶液のことを，「ヨウ素ヨウ化カリウム水溶液」**と言っているわけです。だから，ヨウ化カリウムはI_2を溶かすために使った水溶液であって，今回は反応式には全く関係はありません。

岡野のこう解く これは，半反応式から解いていきます。

まず，酸化剤「★$I_2 \longrightarrow 2I^-$」と，還元剤「★$SO_2 \longrightarrow SO_4^{2-}$」の変

単元2 硫黄とその化合物 37

化は覚えておきます。302ページの酸化剤のところに「★$Cl_2 \longrightarrow 2Cl^-$」と書いてありますが，これはハロゲン全部に言えます。**それとSO_2は，硫化水素以外との反応では，還元剤としてはたらくと考えて構いません。**

で，ここから半反応式のつくり方の手順をそれぞれ実行して，

$I_2 + 2e^- \longrightarrow 2I^-$ ……④

$SO_2 + 2H_2O \longrightarrow SO_4^{2-} + 4H^+ + 2e^-$ ……ロ

④+ロより，e^-を消去します。すると，

$I_2 + SO_2 + 2H_2O \longrightarrow 2I^- + SO_4^{2-} + 4H^+$

＋と－を結びつけて，

$I_2 + SO_2 + 2H_2O \longrightarrow H_2SO_4 + 2HI$

これで①式の完成です。

H_2SO_4 …… [a] の【答え】
HI …… [b] の【答え】

実はこの式は **2-3** で出てきました。だけど正直言って，こんなのは丸暗記できない。だから，自分でつくれるようにしておくわけです。

岡野の着目ポイント ヨウ素の酸化数は，I_2だったものが$2I^-$になるわけだから，

$$\overset{(0)}{I_2} \rightarrow \overset{(-1)}{2I^-}$$

0 …… [c] の【答え】
－1 …… [d] の【答え】

単体の場合は酸化数は0（ゼロ）です。イオンの酸化数は価数のままで－1です。酸化数の求め方に関しては『理論化学①』第7講単元1でやりましたね。**－でも＋でも，符号を絶対入れてくださいね。**

次に二酸化硫黄は，SO_2がSO_4^{2-}になるわけですから，

$$\overset{(+4)(-2)}{SO_2} \rightarrow \overset{(+6)(-2)}{SO_4^{2-}}$$

化合物中の酸素の酸化数は－2と決まっています（H_2O_2は例外で酸素の酸化数は－1）。よって，SO_2では酸素（－2）が2個あるので，硫黄の酸化数は＋4。

一方，SO_4^{2-} は全体の酸化数の総和が -2 ですから，硫黄の酸化数を x とおいて式を立てます。

$x + (-2) \times 4 = -2$

$\therefore \quad x = +6$

$+4 \cdots\cdots$ e の【答え】

$+6 \cdots\cdots$ f の【答え】

岡野の着目ポイント （2）…二酸化硫黄を通じると，②式の反応が起こり，溶液は白く濁るということですが，「**白く**」に着目です。これは硫黄ができることを意味してます。硫黄というのは，見ると黄色なんですが，溶液で濁ったときの色が白です。注意しておきましょう。

ここは酸化剤「★ $SO_2 \longrightarrow S$」，還元剤「★ $H_2S \longrightarrow S$」からつくれるのですが，2-3 でやったとおりなので，結論だけ示します。

SO_2 は普通は還元剤としてはたらくが，反応相手が H_2S のときだけは酸化剤としてはたらく。

$2H_2S + SO_2 \longrightarrow 2H_2O + 3S \cdots\cdots$ ②

H_2S がかならず強い還元剤としてはたらくから，SO_2 は酸化剤としてはたらきます。これは入試問題に大変よく出ます。丸暗記でもいいですが，**自分で半反応式から書いていくことを岡野流ではオススメします**。

$H_2O \cdots\cdots$ g の【答え】

$S \quad \cdots\cdots$ h の【答え】

硫化水素の硫黄の酸化数の変化は，H_2S が S になったわけですから，

$\underset{(+1)\,(-2)}{H_2S} \longrightarrow \underset{(0)}{S}$

化合物中の水素の酸化数は $+1$ です。また，二酸化硫黄の硫黄の酸化数は e から j に変化するということで，$+4$ から 0 ですね。

$-2 \cdots\cdots$ i の【答え】

$0 \cdots\cdots$ j の【答え】

ポイントはあくまでも，まず反応式が書けるかどうかです。丸暗記ではなく，半反応式からかなり書けるというその事実を知れば，無機化学も結構理論的に説明できますね。よく復習しておきましょう。
　では，また次回にお会いいたしましょう。さようなら。

花火の色は何からできるの？

　夏の夜空を彩る花火について少し話をしてみましょう。
　花火を化学の見方からながめてみると何種かの薬品が使用されています。主なところでは色を出す薬品，燃焼を促進する薬品，打ち上げるための薬品です。よく尺玉とよばれている大きな花火は，直径が27.5cmで質量が7kg。これが空高く飛ぶとき約330m（東京タワーの高さ）まで上がり，直径300mまで広がるといわれています。このときに飛ばすのに必要な火薬の量は約5kgです。私たちがただ「きれいだな」と思っている花火も，実はかなり危険が伴うものなのですね。

　さて，ここで色を出す薬品について少し説明してみましょう。この色は炎色反応（第3講76ページで詳しく解説）を利用したものです。紅色は炭酸ストロンチウム（$SrCO_3$），緑色は硝酸バリウム（$Ba(NO_3)_2$），黄色はシュウ酸ナトリウム（$Na_2C_2O_4$），青色は酸化銅（Ⅱ）（CuO），銀白色はアルミニウム，金色はチタン合金が燃えるときに出る色なんですね。

第2講

非金属元素(2)

単元1 気体の製法と検出法 化/I

単元2 気体の乾燥剤 化/I

単元3 窒素とその化合物，リンとその化合物 化/I

単元4 炭素，ケイ素とその化合物 化/I

第2講のポイント

　今日は第2講「非金属元素(2)」をやってまいります。入試にも頻出で，はっきり言って暗記が多いところです。がんばりどころですよ。
　複雑な反応式も「岡野流」で理解できます。頭の中をきっちり整理しながら覚えましょう。

単元 1　気体の製法と検出法　化/I

1-1 気体の製法

まず気体の発生法についてやっていきます。何はともあれ、表にまとめたので見てみましょう。

単元 1 要点のまとめ①

● 気体の製法と検出法

気体名	分子式	製法（薬品）	化学反応式	補集法	色	におい	見分け方（検出法）	装置図 49ページ
酸素	O_2	(1)塩素酸カリウムに酸化マンガン（IV）を加えて熱する。(2)過酸化水素に酸化マンガン（IV）を加える。	(1) $2KClO_3 \xrightarrow{MnO_2} 2KCl + 3O_2\uparrow$ (2) $2H_2O_2 \xrightarrow{MnO_2} 2H_2O + O_2\uparrow$	水上置換	無	無	マッチの燃えさしを入れると再び明るく燃え出す。	(A) (C)
オゾン	O_3	酸素中で無声放電をおこなう。	$3O_2 \longrightarrow 2O_3\uparrow$	—	淡青色	特異臭	KIデンプン紙を青変する。漂白性がある。	—
水素	H_2	(1)亜鉛に希硫酸を加える。(2)ナトリウムを水と反応させる。	(1) $Zn + H_2SO_4 \longrightarrow ZnSO_4 + H_2\uparrow$ (2) $2Na + 2H_2O \longrightarrow 2NaOH + H_2\uparrow$	水上置換	無	無	空気と混ぜて点火すると爆発音を出して燃える。	(C) (C)
窒素	N_2	亜硝酸アンモニウムを加熱する。	$NH_4NO_2 \longrightarrow 2H_2O + N_2\uparrow$	水上置換	無	無	不燃性で、石灰水を入れても白濁しない。	(B)
塩素	Cl_2	(1)酸化マンガン（IV）に濃塩酸を加えて熱する。(2)さらし粉に濃塩酸を加える。	(1) $MnO_2 + 4HCl \longrightarrow MnCl_2 + 2H_2O + Cl_2\uparrow$ (2) $CaCl(ClO)\cdot H_2O + 2HCl \longrightarrow CaCl_2 + 2H_2O + Cl_2\uparrow$	下方置換	黄緑色	刺激臭	KI水溶液に通じるとI_2を遊離する。水でぬらした青または赤色リトマス紙を漂白する。KIデンプン紙を青変する。	(B) (C)

気体	化学式	製法	反応式	捕集法	色	臭い	検出法・性質	
塩化水素	HCl	食塩に濃硫酸を加えて熱する。	$NaCl + H_2SO_4$ $\longrightarrow NaHSO_4 + HCl\uparrow$	下方置換	無	刺激臭	濃アンモニア水をつけたガラス棒を近づけると濃い白煙を生じる。水溶液は強酸性。	(B)
硫化水素	H_2S	硫化鉄（Ⅱ）に希塩酸または希硫酸を加える。	$FeS + H_2SO_4$ $\longrightarrow FeSO_4 + H_2S\uparrow$	下方置換	無	腐卵臭	鉛糖紙（酢酸鉛（Ⅱ）水溶液をぬった紙）を黒変する。	(C)
アンモニア	NH_3	塩化アンモニウムに消石灰を加えて熱する。	$2NH_4Cl + Ca(OH)_2$ $\longrightarrow CaCl_2 + 2H_2O + 2NH_3\uparrow$	上方置換	無	刺激臭	濃塩酸をつけたガラス棒を近づけると濃白煙を生じる。水でぬらした赤色リトマス紙を青変する。	(A)
二酸化硫黄	SO_2	銅に濃硫酸を加えて熱する。	$Cu + 2H_2SO_4$ $\longrightarrow CuSO_4 + 2H_2O + SO_2\uparrow$	下方置換	無	刺激臭	$KMnO_4$の硫酸酸性溶液を無色にする（還元性）。水溶液は弱酸性。漂白作用がある。	(B)
一酸化窒素	NO	銅に希硝酸を加える。	$3Cu + 8HNO_3$ $\longrightarrow 3Cu(NO_3)_2$ $+ 4H_2O + 2NO\uparrow$	水上置換	無	無	空気と混ぜるとNO_2となり、赤褐色の気体になる。	(C)
二酸化窒素	NO_2	銅に濃硝酸を加える。	$Cu + 4HNO_3$ $\longrightarrow Cu(NO_3)_2$ $+ 2H_2O + 2NO_2\uparrow$	下方置換	赤褐色	刺激臭	赤褐色の気体。水溶液は強酸性。	(C)
一酸化炭素	CO	ギ酸に濃硫酸を加えて熱する。	$HCOOH \xrightarrow{H_2SO_4} H_2O + CO\uparrow$	水上置換	無	無	点火すると青い炎を出して燃える。CO_2だけができる。	(B)
二酸化炭素	CO_2	大理石に希塩酸を加える。	$CaCO_3 + 2HCl$ $\longrightarrow CaCl_2 + H_2O + CO_2\uparrow$	下方置換	無	無	不燃性で、石灰水を入れて振ると白濁する。	(C)
エチレン	C_2H_4	エタノールに濃硫酸を加え、160℃以上で熱する。	$C_2H_5OH \xrightarrow{H_2SO_4} H_2O + C_2H_4\uparrow$	水上置換	無	無	臭素水を脱色する。	(B)
アセチレン	C_2H_2	炭化カルシウム（カーバイド）に水を注ぐ。	$CaC_2 + 2H_2O$ $\longrightarrow Ca(OH)_2 + C_2H_2\uparrow$	水上置換	無	特異臭	燃やすと多量のすすを出す。臭素水を脱色する。	(C)
ホルムアルデヒド	HCHO	メタノールに赤熱した銅線をふれさせる。	$CH_3OH + CuO$ $\longrightarrow H_2O + Cu + HCHO\uparrow$	—	無	刺激臭	銀鏡反応。フェーリング反応。	—

■ 酸素の製法

酸素の場合，製法は2つあります。塩素酸カリウムに酸化マンガン(Ⅳ)を加えて熱するか，過酸化水素に酸化マンガン(Ⅳ)を加える。この場合の酸化マンガン(Ⅳ)は共に触媒なんです。だから反応式には関係ありません。もし，どうしても書きたい場合には，反応式の→の上に書くのです。

(1) $2KClO_3 \xrightarrow{MnO_2} 2KCl + 3O_2 \uparrow$

(2) $2H_2O_2 \xrightarrow{MnO_2} 2H_2O + O_2 \uparrow$

アドバイス 触媒は一般に反応速度を大きくしますが，触媒自身は化学反応を起こしません。

■ オゾンの製法

オゾンの製法ですが，これは酸素中で無声放電をおこないます。ガラス管の中に酸素を入れておいて，両端にそれぞれプラスとマイナスの電圧をかけるんです。要するに正極と負極を結びます。それで1万ボルトとか2万ボルトとかすごい電圧をかけて反応させると，無声(無音)の放電が起きます。それでO_2がO_3になります。

$3O_2 \longrightarrow 2O_3 \uparrow$

■ 水素の製法

水素は，亜鉛に希硫酸（または希塩酸も可）を加えたり，金属ナトリウムに水を加えたりすると発生します。

(1) $Zn + H_2SO_4 \longrightarrow ZnSO_4 + H_2 \uparrow$

(2) $2Na + 2H_2O \longrightarrow 2NaOH + H_2 \uparrow$

■ 窒素の製法

それから窒素の製法は，亜硝酸アンモニウムを加熱する。第1講で硫酸に対して亜硫酸というものが出てきましたよね。今回は亜硝酸アンモニウム（NH_4NO_2）の「2」がポイントです。ちなみに硝酸アンモニウムはNH_4NO_3ですね。亜硝酸アンモニウムの式がわかれば化学反応式は書けますね。

$NH_4NO_2 \longrightarrow 2H_2O + N_2 \uparrow$

■ 塩素の製法

塩素は，酸化マンガン(Ⅳ)に濃塩酸を加えて加熱します。この場合の酸化マンガン(Ⅳ)は化学反応に関係します。酸素の製法のときの酸化マンガン(Ⅳ)は触媒ですから関係しない。そこを注意しておきましょう。

(1) $MnO_2 + 4HCl \longrightarrow MnCl_2 + 2H_2O + Cl_2 \uparrow$

この反応式を半反応式よりつくってみましょう。

☆ $\boxed{MnO_2 \longrightarrow Mn^{2+}}$（酸化剤）　☆ $\boxed{2Cl^- \longrightarrow Cl_2}$（還元剤）

$MnO_2 + 4H^+ + 2e^- \longrightarrow Mn^{2+} + 2H_2O$ ——④

$2Cl^- \longrightarrow Cl_2 + 2e^-$ ——㋺

④と㋺を1本の式にする（e^-を消去する）。

$$④+㋺ \quad MnO_2 + 4H^+ + 2e^- \longrightarrow Mn^{2+} + 2H_2O$$
$$+) \qquad\qquad\qquad 2Cl^- \longrightarrow Cl_2 + 2e^-$$
$$\overline{\qquad MnO_2 + 4H^+ + 2Cl^- \longrightarrow Mn^{2+} + 2H_2O + Cl_2 \qquad}$$
　　　　　　　　　　2Cl⁻　　　　　　　　2Cl⁻

両辺に $2Cl^-$ を加える。

∴ $MnO_2 + 4HCl \longrightarrow MnCl_2 + 2H_2O + Cl_2 \uparrow$

図2-1 は乾燥した塩素を発生させるための装置図です。この図は入試に頻出するので，覚えておきましょう。

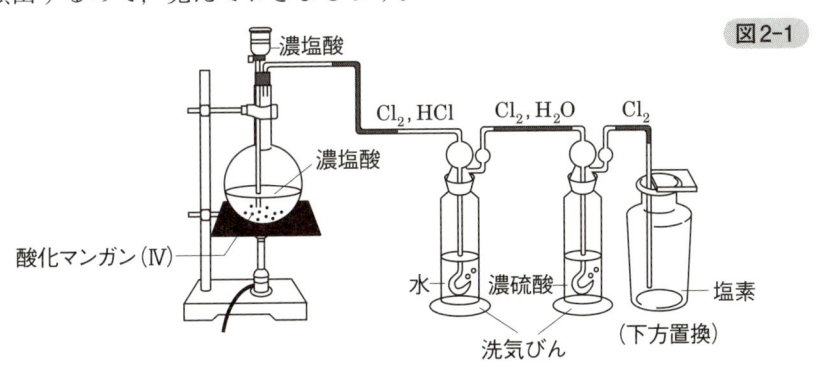

図2-1

濃塩酸／濃塩酸／酸化マンガン(Ⅳ)／Cl_2, HCl／Cl_2, H_2O／Cl_2／水／濃硫酸／洗気びん／塩素（下方置換）

発生する塩素には，濃塩酸から生じる**塩化水素**が含まれているので，**洗気びん中の水に通してこれを取り除き**，次に水に通したときに加わっ

た水分を，洗気びん中の濃硫酸（乾燥剤→54ページ）に通して取り除きます。

あとはさらし粉（CaCl(ClO)・H_2O）というのがありまして，それに濃塩酸を加えて発生させます。これも一応知っておいてください。

(2)　$CaCl(ClO)\cdot H_2O + 2HCl \longrightarrow CaCl_2 + 2H_2O + Cl_2 \uparrow$

■ 塩化水素の製法

塩化水素は，食塩に濃硫酸を加えて加熱します。

$$NaCl + H_2SO_4 \longrightarrow NaHSO_4 + HCl \uparrow$$

（↑ 2ではダメ）

これは，NaClの係数がポイント。**2ではダメです**。2にしても，理論的には次のように反応は起こせるんです。

（$2NaCl + H_2SO_4 \longrightarrow Na_2SO_4 + 2HCl$）

だけど実際の反応はそうはなっていない。**かならずNaClの係数は1で反応は起きている**。ここはどうぞ注意してください。

■ 硫化水素の製法

硫化水素は第1講でやったように，硫酸でやっても塩酸でやってもどちらでも発生させられます。ここでは硫酸を用いました。

　$FeS + H_2SO_4 \longrightarrow FeSO_4 + H_2S \uparrow$

■ アンモニアの製法

アンモニアは，塩化アンモニウムに消石灰を加えて加熱し，生成させます。「消石灰」とは，$Ca(OH)_2$の固体のことです。言葉を覚えておきましょう。

　$2NH_4Cl + Ca(OH)_2 \longrightarrow CaCl_2 + 2H_2O + 2NH_3 \uparrow$

■ 二酸化硫黄の製法

二酸化硫黄については，第1講で反応式を書きました。

　$Cu + 2H_2SO_4 \longrightarrow CuSO_4 + 2H_2O + SO_2 \uparrow$

■ 一酸化窒素と二酸化窒素

一酸化窒素と二酸化窒素は，銅に希硝酸と濃硝酸をそれぞれ加えて発生

させます。この反応式も大変よく出ます。**Cu**と**HNO₃**の，3と8という係数，1と4という係数を覚えておくと，自分で簡単に書けるようになります。

一酸化窒素　　$3Cu + 8HNO_3 \longrightarrow 3Cu(NO_3)_2 + 4H_2O + 2NO \uparrow$

二酸化窒素　　$Cu + 4HNO_3 \longrightarrow Cu(NO_3)_2 + 2H_2O + 2NO_2 \uparrow$

■一酸化炭素の製法

一酸化炭素の製法は，ギ酸という物質に濃硫酸を加えて加熱します。濃硫酸は触媒ですから，反応には関係ないので，→の上に書いておく。

$$HCOOH \xrightarrow{H_2SO_4} H_2O + CO \uparrow$$

■二酸化炭素の製法

それから二酸化炭素，これは大理石（主成分は炭酸カルシウム CaCO₃）に希塩酸を加えるという反応です。

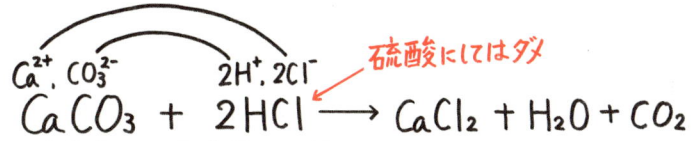

$$\underset{Ca^{2+},\ CO_3^{2-}}{CaCO_3} + \underset{2H^+,\ 2Cl^-}{2HCl} \longrightarrow CaCl_2 + H_2O + CO_2$$

硫酸にてはダメ

これは硫酸（H₂SO₄）を使ってはいけません。硫酸を使うと，硫酸カルシウム（CaSO₄）という水に溶けない沈殿物ができてしまいます。そうするとその水に溶けない硫酸カルシウムの膜が炭酸カルシウムの上を覆ってしまうんです。さらに硫酸を加えたとしても，硫酸カルシウムに硫酸は反応しな

図2-2

CaSO₄の膜（白色）
H₂SO₄ 強酸
CaCO₃
弱酸の塩

いんです。**図2-2**。弱酸の塩 CaCO₃（弱酸である炭酸からできた塩）と強酸 HCl という関係なら反応するのですが，硫酸カルシウム（CaSO₄）は，もとの酸は強酸である硫酸なんです。だから強酸からできた塩 CaSO₄ と，それと同じ強酸である硫酸（H₂SO₄）を反応させても反応しないのです。**塩酸で反応させるけど硫酸では反応させないということをおさえておきましょう。**

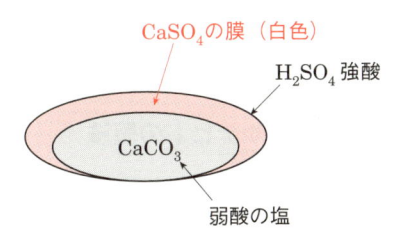

また，$2H^+$ と CO_3^{2-} から，H_2CO_3 ができると書いてはバツになります。炭酸（H_2CO_3）という便宜的なものがあるけれど，**実際にはこれは二酸化炭素と水の混合物なんです（炭酸飲料の泡など）。だから $H_2O + CO_2$** という書き方をしなくちゃいけません。

■ エチレンの製法

エチレンという気体ですが，これはエタノールに触媒（濃硫酸）を加えて **160°C 以上**で加熱します。エチレンについては有機化学で詳しくやります。

$$C_2H_5OH \xrightarrow[160°C]{H_2SO_4} H_2O + C_2H_4 \uparrow$$

■ アセチレンの製法

アセチレンは，有機でも無機でも両方とも出てきます。

$$CaC_2 + 2H_2O \longrightarrow Ca(OH)_2 + C_2H_2 \uparrow$$

CaC_2 は炭化カルシウムあるいはカルシウムカーバイド，単にカーバイド，C_2H_2 はアセチレンといいます（詳しくは有機化学で！）。で，**H_2O の係数は 1 ではダメ**。これは 1 だと，右辺が $CaO + C_2H_2$ という形になってしまうんです。でも実際はこういう反応は起きない。CaO という形でとどまっていられないんです。これは水が加わるとすぐに $Ca(OH)_2$ になってしまう。だから，この式は意識的に知っていなくちゃいけない。1 ではダメ。いいですね。

■ ホルムアルデヒドの製法

ホルムアルデヒドは有機化学でやります。とりあえず**ホルムアルデヒドは気体だということを覚えておいてください**。よろしいですね。

$$CH_3OH + CuO \longrightarrow H_2O + Cu + HCHO \uparrow$$

1-2 気体の色やにおい

あとは頻出ポイントをおさえていきます。まずは色ですが，オゾンの「淡青色」，これは軽めでいいでしょう。頻出なのは，**塩素の「黄緑色」，二酸化窒素の「赤褐色」**です。残りの気体は全部無色なんです。よろしいですね。

次に，においはいろいろあります。「これだ」と特定できるのは，**硫化水素の腐卵臭（悪臭）**です。

1-3 気体の見分け方（検出法）

気体の見分け方（検出法）です。これもいろいろとあるので，みなさん「単元1　要点のまとめ①」（→42ページ）の表を時間をかけてきっちりと復習しておいてください。ここでは，漂白作用に注目しておきます。オゾン，塩素，二酸化硫黄の3つです。オゾンはそんなに出ませんが，塩素の漂白と二酸化硫黄の漂白がよく出ます。これはよく対比され，**塩素のほうは酸化剤，二酸化硫黄のほうは還元剤としての性質が強いために漂白作用が起こります。**

1-4 気体の発生装置

気体の発生装置についてまとめておきます。固体と固体から発生なのか，固体と液体から発生なのかで装置が異なります　図2-3　。

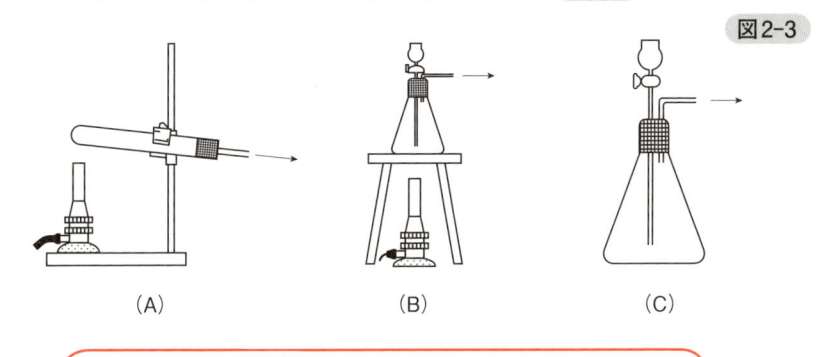

図2-3

(A)　(B)　(C)

単元1　要点のまとめ②

●気体の発生装置

固体と固体（通常加熱を要する）　…(A)

固体と液体 { 加熱を要する　　　…(B)
　　　　　　加熱を要しない　　…(C)

加熱が必要なものをもっとわかりやすく岡野流でちょっとまとめてみました。ここから先は細かくなるので，ちょっと余裕ないよという人はサラッと読むだけで構いません。

岡野流必須ポイント②

気体の発生装置で加熱が必要

・濃硫酸との反応（4つ）

・固体と固体の反応 $\begin{cases} KClO_3 と MnO_2 \\ NH_4Cl と Ca(OH)_2 \end{cases}$

・その他 $\begin{cases} MnO_2 と HCl \\ NH_4NO_2 \longrightarrow 2H_2O + N_2 \end{cases}$

まず，**濃硫酸が関係しているとき，これは全部加熱が必要なんです。**「単元1 要点のまとめ①」（→42ページ）の表から読みとっていくのはなかなか大変ですが，そうなっています。例えばHClは，**食塩に濃硫酸を加えて熱する**。次にSO₂は，**銅に濃硫酸を加えて熱する**。それからCOも，**ギ酸に濃硫酸を加えて熱します**。さらにC_2H_4も**エタノールに濃硫酸を加えて熱します。以上，4つがあります**。濃硫酸との反応は全部加熱なんです。ちなみに，希硫酸の場合は加熱じゃありません。

それから**固体と固体って，やっぱり反応しにくいから加熱するんです。** 1つは酸素の発生法です。**塩素酸カリウム（$KClO_3$）と酸化マンガン（Ⅳ）MnO_2は両方とも固体どうしを試験管に入れて加熱するんです**。それからもう1つはアンモニアの発生法で，**塩化アンモニウム（NH_4Cl）と消石灰（$Ca(OH)_2$）です**。これも固体と固体の反応なんです。

その他の2つは脈絡なく出てくるので注意しましょう。1つは**MnO_2とHCl（塩酸）の反応**です。それとあとは**$NH_4NO_2 \longrightarrow 2H_2O + N_2$という窒素の製法**です。

もし，細かいところまでできるようであれば，ここまでやってください。ただし，表の化学反応式，捕集法，色，におい（**腐卵臭**のみ），見分け方は覚えておかないといけません。よろしいですね。

1-5 気体の捕集方法

　さて，ここからはまた大切です。今度は，気体の捕集方法をやります。方法は3つあって，水に溶けにくい気体は水上置換，水に溶けやすく空気より重い気体は下方置換，水に溶けやすく空気より軽い気体は上方置換を用います 図2-4 。

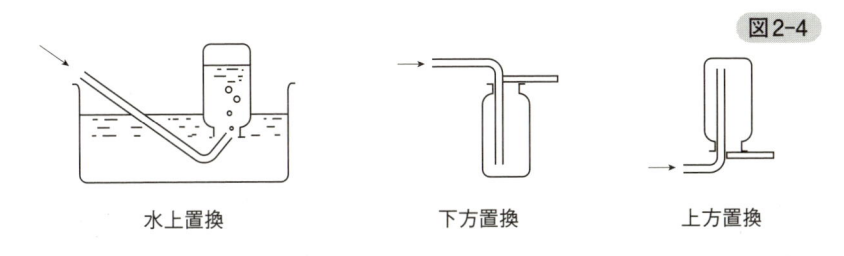

図2-4

水上置換　　　下方置換　　　上方置換

単元1 要点のまとめ③

●**気体の捕集方法**

水に溶けにくい気体……………………**水上置換**

水に溶けやすい気体 ｛ 空気より重い……**下方置換**
　　　　　　　　　　空気より軽い……**上方置換**

　集気びんに全部水が入っていたけれども，気体のほうが水より軽いから上に上がっていき，水が下に押し下げられていって気体が集まっていく。これが水上置換です。

　下方（置換）は管の先の向きが下向きです。上方（置換）は管の先が上を向いている。そこで判断してください。

■**水上置換はこう覚えよう！**

　さて，これらの捕集方法を手際よく覚えるにはどうしたらいいか？　次の「岡野流　必須ポイント③」を見てください。

岡野流必須ポイント ③ 水上置換で集める気体

NO, CO, H₂, O₂ （N₂, 炭化水素）
農　工　水　産　**水が必要（水上置換）**
　　　　　　　　（水に溶けにくい）

「農工水産，水が必要」と覚えるんです。**農業（NO）・工業（CO）・水（H₂）産（O₂）業**。農業は水がないと干上がってしまう。工業も冷却水など水が必要。水産業も水がないと魚が生きていけない。水が必要ということは，水に溶けにくいということなんです。だから水上置換が使われる。**窒素やすべての炭化水素（炭素と水素の化合物）も水上置換です**。残りは全部，上方置換か下方置換です。

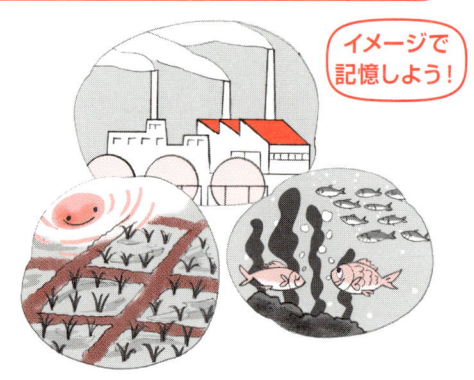

イメージで記憶しよう！

■ 上方置換

まず上方置換は，水に溶けやすく空気より軽い気体。**これは調べてみると1つしかありません！　アンモニアNH_3だけ**。分子量17です。

　　上方置換……水に溶けやすく空気より軽い気体
　　　　　　　　　　　$NH_3 = 17$

■ 下方置換

残りは下方置換ということになりますが，これは水に溶けやすく空気より重い気体。例としてNO_2やCO_2がありますが，NOやCOは水上置換でした。これらは2がつく（NO_2，CO_2）ともう水に溶けやすくなる。いいですね。他にもCl_2とかHClとかたくさんあります。だから，いちいち覚えない。

　　下方置換……水に溶けやすく空気より重い気体
　　　　　例　NO_2, CO_2, Cl_2, HCl……。

ということで全部できあがりです。だから，一番のポイントは「**農工水産，水が必要**」で**水上置換**のものをおさえておくんです。それ以外は空気より軽いか重いかだけで，上方置換か下方置換かを判断すればいい。そこで，空気の平均分子量を書いておきますから，これで判断してください。

空気の平均分子量
風がフク(29)

　空気の平均分子量は「**風がフク**」と覚えてください。「**フク**」で**29**。空気の流れは風ですから，空気と風は非常に関係がある。空気より重いか軽いかというのは，この29より分子量が多いか少ないかです。アンモニアの場合，分子量は17です。だから軽い。ところがNO_2は46だから重い。CO_2は44，Cl_2は71，HClは36.5と，あとは全部29よりも大きい，すなわち空気より重いのです。よろしいですね。

単元 2 気体の乾燥剤　化/I

次に気体の乾燥剤です。文字どおり気体を乾燥させるために使われるものを挙げます。

2-1 気体の乾燥剤は例外に注意

まずは，まとめておきます。

単元 2 要点のまとめ①

● 気体の乾燥剤

乾燥剤		中性			酸性					塩基性
	気体	H_2	O_2	CH_4	HCl	Cl_2	SO_2	CO_2	H_2S	NH_3
酸性	濃硫酸 (H_2SO_4)	○	○	○	○	○	○	○	×	×
	P_4O_{10}	○	○	○	○	○	○	○	○	×
塩基性	CaO	○	○	○	×	×	×	×	×	○
	CaO + NaOH (ソーダ石灰)	○	○	○	×	×	×	×	×	○
中性	$CaCl_2$	○	○	○	○	○	○	○	○	×

☆　酸性の乾燥剤と中性，酸性の気体は使用可能。
☆　塩基性の乾燥剤と中性，塩基性の気体は使用可能。
☆　中性の乾燥剤とどの気体とも使用可能。
×　例外
濃硫酸と H_2S は，H_2S が酸化されて S に変化してしまい使用不可。
また，$CaCl_2$ は NH_3 と反応して $CaCl_2\cdot 8NH_3$ となるので使用不可。

表のタテの項目に，乾燥剤が5つあります。

単元 2 気体の乾燥剤

■ 酸性の乾燥剤

まず，濃硫酸（H_2SO_4）は液体で，水を吸収する性質があります。それから P_4O_{10} は「十酸化四リン（五酸化二リンともいう）」といいます。これは固体です。水に溶かすとリン酸になります。濃硫酸，十酸化四リンは水に溶かすと両方とも酸性だから，酸性の乾燥剤です。

■ 塩基性の乾燥剤

酸化カルシウム CaO は固体です。それから，CaO と NaOH の固体の混合物，これを「ソーダ石灰」といいます。これは共に水に溶かすと塩基性を示します。

■ 中性の乾燥剤

$CaCl_2$ は中性の乾燥剤です。もとの酸は塩酸，もとの塩基は水酸化カルシウム 図2-5 。強酸と強塩基からできた塩です。

図2-5

Ca^{2+}, $2Cl^-$

$CaCl_2$ 〈 2HCl（強酸）
　　　　　Ca(OH)$_2$（強塩基）

$2H^+$, $2OH^-$

次に表のヨコの項目，気体の性質についてです。

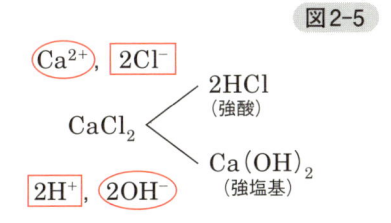

■ 気体の性質

H_2，O_2，CH_4（メタン）は，気体としての性質はすべて中性です。**これら3つの気体はすべて水に溶けにくいことに注意。**さきほど「**岡野流　必須ポイント③**」の「**農工水産，水が必要**」で出た気体はすべて中性です。**水に溶けにくいと中性なのです。**NO，CO，N_2 もこれに当てはまりますね。それから，塩基性はもうアンモニア（NH_3）しかない。したがって，酸性のものは残り全部の気体です。

アドバイス CH_4（メタン）の製法
　酢酸ナトリウム（固体）と水酸化ナトリウム（固体）を混合し，加熱して発生させます。
　$CH_3COONa + NaOH \longrightarrow Na_2CO_3 + CH_4$ この化学反応式も入試によく出題されますので，ぜひ覚えておいてくださいね。

■使用可能？それとも不可？

それで「単元2　要点のまとめ①」の☆印3つを考えます。

☆印1番目，「酸性の乾燥剤と中性，酸性の気体は使用可能」。言いかえれば，**酸性の乾燥剤と塩基性の気体はダメということです。これは酸と塩基の中和反応を起こしてしまうからです。**表でいうと，塩基性のアンモニアが酸性の乾燥剤では×印です。

☆印2番目，「塩基性の乾燥剤と中性，塩基性の気体は使用可能」。**やっぱり中和反応を起こしてしまうから，酸性の気体はダメ。**

☆印3番目，「中性の乾燥剤とどの気体とも使用可能」。

この3つは原則論です。ところが必ず例外があります。いいですか。

まず酸性の乾燥剤である濃硫酸と酸性の気体H_2S（硫化水素），この組み合わせはダメです。なぜなら，濃硫酸は酸化剤で，H_2Sは還元剤だからです。H_2Sが酸化されてSに変化してしまうので使用不可。つまり，酸化還元反応が起きるからダメなんです。

それからもう1つ，**中性の乾燥剤$CaCl_2$は塩基性の気体NH_3との反応で$CaCl_2・8NH_3$**（この化学式は覚えないでいいですよ）**という物質をつくってしまいます。つまり化学変化を起こしてしまうからダメです。**

この例外が入試によく出ますから，そこのところを注意してください。では，演習問題にいきましょう。

単元 ❷　気体の乾燥剤　57

演習問題で力をつける③
気体の発生法をおさえよう！

問 次の①〜⑤は通常，実験室で気体を発生させるときに必要な試薬の組み合わせを示したものである。これらの試薬を用いる気体の発生法および発生する気体の反応について以下の問いに答えよ。

① 塩化ナトリウムと9mol/Lの硫酸水溶液
② 塩化アンモニウムと水酸化カルシウム
③ 亜鉛と希硫酸
④ 硫化鉄（Ⅱ）と希塩酸
⑤ 銅と濃硫酸

(1) 右図は気体の発生および捕集に必要な装置の概略を示したものである。①〜⑤の試薬の組み合わせによる気体の発生および捕集に最も適切な装置を選び，記号で答えよ。また，発生する気体を化学式で示せ。

(2) ①〜⑤で発生する気体のうち，水に溶解して酸性を示すものは何種あるか。

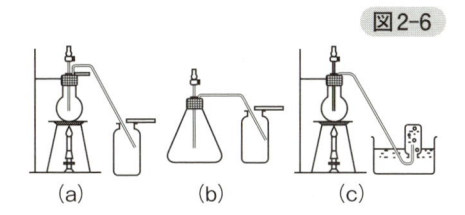

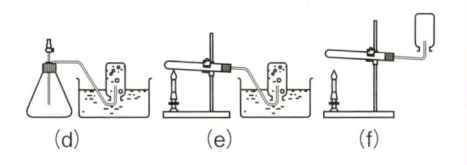

図2-6
(a) (b) (c)
(d) (e) (f)

さて，解いてみましょう。

「①　塩化ナトリウムと9mol/Lの硫酸水溶液」。濃硫酸が18mol/Lですから，9mol/Lは半分の濃さで，かなり濃いです。だから，ほぼ濃硫酸と思っていただいていいです。

(1)…①〜⑤で加熱が必要なものはどれかがポイントです。また「発生する気体を**化学式**で示せ」ですから，**化学反応式ではありませんよ**。注意しましょう。

「①　塩化ナトリウムと9mol/Lの硫酸水溶液」。希硫酸を加えても塩化ナトリウムとは何の反応も起こしません。ですから，濃硫酸を加える。

1-4 で，濃硫酸が関係している反応は，加熱が必要だと書きました。よって，

$$NaCl + H_2SO_4 \xrightarrow{加熱} NaHSO_4 + HCl\uparrow$$

> **岡野のこう解く** 発生する気体は塩化水素です。「農工水産」の中に**HClは含んでいませんでした**。ということは，下方置換か上方置換です。上方置換は，空気より軽いからアンモニアしかないでしょう。そうすると，これは下方置換になります。下方置換で，しかも加熱が必要だから装置(a)ですね。

　　装置：(a)，気体：HCl ……　①の【答え】

「②　塩化アンモニウムと水酸化カルシウム」が反応するとアンモニアが発生します。

$$2NH_4Cl + Ca(OH)_2 \xrightarrow{加熱} CaCl_2 + 2NH_3\uparrow + 2H_2O$$
　(固)　　　　(固)

アンモニアは上方置換でした。よって，

　　装置：(f)，気体：NH_3 ……　②の【答え】

> **岡野の着目ポイント** さて，塩化アンモニウムと水酸化カルシウムは共に固体で，固体と固体が反応する場合は加熱が必要だと **1-4** で言いました。ここで **図2-7** を見てください。塩化アンモニウムと水酸化カルシウムをガスバーナーで加熱します。

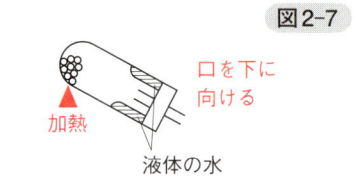

　加熱すると，最初は温度が高いところでは水蒸気が出てきます。ところが，試験管の口のほうに行ったときには，水蒸気が冷やされ，だんだん液体の水ができてきます。

　仮に試験管の口を斜め上に向けたとすると，加熱しているところに液体の水がもどっていきます。すると，水になって冷えたものが温度の高いところに入っていきますから，急激に温度が下がり，この試験管が破損してしまうんです。非常に危ないんです！

　ですから，**水が発生しているときには，試験管はいつでも口を下に向けておきます**。

「③　亜鉛と希硫酸」は，希硫酸ですから加熱する必要はありません。

$$Zn + H_2SO_4 \longrightarrow ZnSO_4 + H_2\uparrow$$

水素が発生します。「農工水産」に該当するから水上置換ですね。水上置換は(c)，(d)，(e)とありますが，加熱が必要ないから(d)です。

　　装置：(d)，気体：H_2 …… ③の【答え】

「④　硫化鉄(Ⅱ)と希塩酸」。$FeS + 2HCl$。これは，「弱酸の塩と強酸」から「強酸の塩と弱酸」という反応でした。

$$FeS + 2HCl \longrightarrow FeCl_2 + H_2S\uparrow$$
$$(弱酸の塩 + 強酸 \rightleftarrows 強酸の塩 + 弱酸)$$

これは希塩酸を希硫酸と置き換えても構いませんでした。今回の場合は硫化水素(H_2S)が発生する。**硫化水素は，「農工水産」の中に含まれていないから，これは上方置換か下方置換です。**さらに上方置換はアンモニアのみだから，これは下方置換になります。下方置換で，加熱は必要ないので，

　　装置：(b)，気体：H_2S …… ④の【答え】

「⑤　銅と濃硫酸」は濃硫酸が関係する反応なので加熱が必要です。

$$Cu + 2H_2SO_4 \xrightarrow{加熱} CuSO_4 + SO_2\uparrow + 2H_2O$$

加熱で発生する気体がSO_2なので下方置換です。

　　装置：(a)，気体：SO_2 …… ⑤の【答え】

(2)…「①～⑤で発生する気体のうち，水に溶解して酸性を示すものは何種あるか」ですが，それぞれの気体の水に溶けたときの性質をここに書いてみました。55ページの「気体の性質」でも言いましたが，**水に溶けにくい気体は中性**でしたね。するとアンモニアNH_3だけが塩基性なので，水に溶ける他の気体は酸性ですね。

　　HCl　NH_3　H_2　H_2S　SO_2
　　酸性　塩基性　中性　酸性　酸性

　∴　3種 …… (2)の【答え】

単元3 窒素とその化合物, リンとその化合物 化/Ⅰ

ここでは15族の窒素やリン, およびそれらの化合物について見ていきます。

3-1 ハーバー法

まずは窒素に関係あるものとして, アンモニア（NH_3）の製法を取り上げます。アンモニアの工業的製法を「**ハーバー法**（ハーバー・ボッシュ法）」といいます。1906年, ドイツのハーバーによって発明されたことからそうよばれます。

さきほど実験室でつくる方法として, 塩化アンモニウムに水酸化カルシウムを加えて加熱する方法を紹介しました（→58ページ 図2-7）。これは薬品を買いそろえておこなうので, 値段が高くつきます。そこで, 安く多量につくる工業的な方法としてハーバー法ができました。式は次のようになります。

$$N_2 + 3H_2 = 2NH_3 \underset{発熱}{+} 92kJ \quad (Fe触媒)$$

92という数字は覚える必要はありません。ただ**発熱反応**だということと, **鉄Feを主成分とする触媒**を用いるということは大切なので知っておきましょう。そして, 実際には圧力を高くして, 温度は割と低めの500℃ぐらいでおこなわれます。

3-2 オストワルト法

次も窒素に関してですが, 硝酸の工業的製法として「**オストワルト法**」があります。手順は, まずハーバー法でつくったアンモニアを酸化します。

$$4NH_3 + 5O_2 \xrightarrow{白金網} 4\boxed{NO} + 6H_2O \quad \text{——①}$$

酸素と反応させるんです。ここが, 一番反応しづらいので, 白金の網を触媒に用います。気体なので, 網の目を通して接触させたほうが, 効果

が大きいんです。すると酸素と窒素で一酸化窒素（NO），酸素と水素で水（H_2O）ができます。係数は暗算法（『理論化学①』第４講 2-1）で求めます。

次に①式で出てきた一酸化窒素（NO無色）を空気中に放っておくと，勝手に酸化されて，二酸化窒素（NO_2赤褐色）になります（②）。

$$2\boxed{NO} + O_2 \longrightarrow 2NO_2 \quad\quad ②$$
$$3NO_2 + H_2O \longrightarrow 2HNO_3 + \boxed{NO} \quad ③$$

それから最後にNO_2が水H_2Oと反応して，硝酸HNO_3と一酸化窒素NOができます。このNOは忘れやすいので注意しましょう。③式の係数は，未定係数法という，例の方程式を使った方法からしか求められません。だからここはゆっくり係数をつけるようにしてください。

①～③式とも，一酸化窒素を含んでいることがポイントです。いいですね。

さらに，これら①～③式を１本の式にまとめます。これはどうするかというと，「NOとNO_2を消去」して１本の式に直します。

■岡野流速攻オストワルト法完成

連立方程式の考え方でNOとNO_2を消去したらどうなるか？　結果的にあとのものは全部残ります。それで，「岡野流・速攻オストワルト法完成」として，簡単に１本にまとめた式をつくってしまいます。**残る４つの物質（波線で示したもの）を両辺に振り分けて係数をつけるとできあがりです。**いいですか，ではやってみます。

$$4\underline{NH_3} + 5\underline{O_2} \longrightarrow 4\boxed{NO} + 6H_2O \quad ①$$
$$2\boxed{NO} + O_2 \longrightarrow 2NO_2 \quad\quad ②$$
$$3NO_2 + H_2O \longrightarrow 2\underline{HNO_3} + \boxed{NO} \quad ③$$

そもそも，オストワルト法は硝酸をつくる方法だからHNO_3を右辺におきます。次にNH_3は左辺です。硝酸のNが右辺にあるので，アンモニアのNを左辺におく必要がありますね。あとは水（H_2O）ですが，仮に左辺にもってくると「アンモニア＋水」となり，電離してアンモニウムイオンができるだけです。これではおかしいので，水は右辺にもってきます。残った酸素（O_2）は左辺です。

これであと係数をそろえれば完成です。**このとき係数はほとんど1だったと覚えておけば，O_2 を2倍すればうまくいきます。**

$$NH_3 + 2O_2 \longrightarrow HNO_3 + H_2O \quad \text{……④}$$

①〜③式は何とか覚えておいて，最後の④式は今みたいにつくれると，ずいぶんラクです。

この「**オストワルト法**」は入試でも頻出なので，名前と反応式と触媒は書けるようにしておきましょう。では，ここまでをまとめておきます。

速攻オストワルト法完成

オストワルト法の4本の式のうち，最後の1本は，NO と NO_2 を消去して残る4つの物質を，両辺に振り分けて係数をつけて完成させる。

単元3 要点のまとめ①

● 窒素とその化合物

(1) アンモニア（ハーバー法）　$N_2 + 3H_2 = 2NH_3 + 92kJ$（Fe触媒）
(2) 硝酸（オストワルト法）

$$4NH_3 + 5O_2 \xrightarrow{\text{白金網}} 4NO + 6H_2O \quad \text{……①}$$
$$2NO + O_2 \longrightarrow 2NO_2 \quad \text{……②}$$
$$3NO_2 + H_2O \longrightarrow 2HNO_3 + NO \quad \text{……③}$$

岡野流・速攻オストワルト法完成
（NO，NO_2 を消去して1本の式に直す）

$$NH_3 + 2O_2 \longrightarrow HNO_3 + H_2O \quad \text{……④}$$

3-3 リンとその化合物

次にリンについて見ていきます。

■ リンの同素体

リンの同素体には「黄リン」と「赤リン」があります。

まず黄リンの分子式はP_4で，色は淡黄色の固体です。また，**発火点が低く，50℃くらいで勝手に自然発火します**。非常に危ない。仮に実験室に黄リンを放置しておきますと，50℃ぐらいに温度が上がる場合だってあります。そんなとき燃えて火事になったら大変です！ だから，かならず水中に保存します。**黄リンの「水中に保存」に対して，のちほど金属ナトリウムが「石油中に保存」と出てきます。混乱しやすいのでしっかり区別しておきましょう**。それから**黄リンは猛毒**です。つまり，黄リンは危ないんですね。

そして赤リンです。赤リンは多数の原子が結びつくのでP_4という分子式にはならず，P（組成式）で表します（『理論化学①』第4講 **1-3**）。色は暗赤色です。要するに赤っぽい。それから，発火点が高いので水の中に保存する必要はありません。また，「**無毒**」なので，空気中に放っておいて大丈夫です。

リンについては次の式が出題されます。重要です。

> **重要★★★** $4P + 5O_2 \longrightarrow P_4O_{10}$ （共に空気中で燃焼する）

リンを燃焼させると十酸化四リン（P_4O_{10}）になります。

■ 十酸化四リン

では次に，十酸化四リン（五酸化二リン）についてですが，これは乾燥剤です。さきほど**単元2**で出てきましたね。P_4O_{10}が分子式で，P_2O_5は組成式です。白色粉末で吸湿性があります。そして，十酸化四リンに水を加えて加熱すると，リン酸（H_3PO_4）になります。

> **重要★★★** $P_4O_{10} + 6H_2O \longrightarrow 4H_3PO_4$

この式も，絶対書けるようにしておいてくださいね。

■ リン酸

それから，リン酸 H_3PO_4 は3価の弱酸です。H^+ が3つ飛び出すということ。

■ リン酸カルシウム

最後にリン酸カルシウム $Ca_3(PO_4)_2$ です。価数に注目すると Ca^{2+} が3つで6＋，PO_4^{3-} が2つで6－。これらが結びついてできた物質です 図2-8。

リン酸カルシウムはリン灰石とかリン鉱石といわれ，骨，歯の主成分です。骨はカルシウムからできていると言われますが，カルシウム単体ではなく，リン酸カルシウムが主成分なんです。リン酸カルシウムから黄リンができる式があるので，一応書いておきます。

$$2Ca_3(PO_4)_2 + 6SiO_2 + 10C \longrightarrow 6CaSiO_3 + 10CO + P_4$$

では，まとめておきます。

図2-8
$Ca_3(PO_4)_2$
Ca^{2+}
Ca^{2+}　　PO_4^{3-}
Ca^{2+}　　PO_4^{3-}

単元3 要点のまとめ②

●リンとその化合物

① リンの同素体（黄リン，赤リン）
  黄リン…淡黄色の固体　発火点低い（50℃）。水中に保存。猛毒。
  赤リン…暗赤色の粉末　発火点高い。無毒。
  　$4P + 5O_2 \longrightarrow P_4O_{10}$（共に空気中で燃焼する）

② 十酸化四リン（五酸化二リン）P_4O_{10}
  （P_4O_{10} は分子式，P_2O_5 は組成式），白色粉末，吸湿性がある。
  　$P_4O_{10} + 6H_2O \longrightarrow 4H_3PO_4$

③ リン酸（H_3PO_4）…3価の弱酸。

④ リン酸カルシウム（$Ca_3(PO_4)_2$）…リン灰石（リン鉱石）といわれ，骨，歯の主成分。
  　$2Ca_3(PO_4)_2 + 6SiO_2 + 10C \longrightarrow 6CaSiO_3 + 10CO + P_4$

単元3 窒素とその化合物，リンとその化合物

演習問題で力をつける④
ハーバー法とオストワルト法をマスターせよ！

問 次の文章を読み，以下の問いに答えよ。

　銅に希硝酸を作用させても濃硝酸を作用させても，気体の窒素酸化物を生じる。これらは硝酸の（ア）としての性質を反映したものである。

　硝酸を工業的につくるには，アンモニアと空気を混合し，約800℃の（イ）を通過させ，生じたNO_2を水に吸収させる。この反応は次の段階を経て進む。

（　）NH_3 ＋（　）O_2 ⟶（　）NO ＋（　）H_2O　　反応式1
（　）NO ＋（　）O_2 ⟶（　）NO_2　　　　　　　反応式2
（　）NO_2 ＋（　）H_2O ⟶（　）HNO_3 ＋（　）NO　反応式3

(1) 空欄（ア），（イ）には適する語句を記せ。
(2) 工業的なアンモニアの製法と実験室での製法を化学反応式で示せ。
(3) 反応式1～3の係数を求めて，化学反応式を完成せよ。
(4) 反応式1～3の全反応を1つの式にまとめて，化学反応式で示せ。

さて，解いてみましょう。

　硝酸の工業的製法はオストワルト法ですよね。係数を決めるとき反応式1，反応式2は暗算法でできるけれども反応式3だけは未定係数法，方程式を使って解くというやり方でした。

岡野の着目ポイント　(1)…銅，水銀，銀は酸化作用の強い酸としか反応しません。"これらは硝酸の「酸化作用の強い酸」としての性質"と言ってもいいんだけど，いわゆる"「酸化剤」としての性質"です。

　　酸化剤 …… （ア）の【答え】
　（イ）は「白金網」です。「白金」でもいいと思いますが，一応，接触面積が大きくなるようにという意味で「白金網」がよりいいでしょう。

　　白金網 …… （イ）の【答え】
(2)…「工業的なアンモニアの製法と実験室での製法を化学反応式で示せ」です。

工業的な製法は，ハーバー法でつくればいい。

　　（工業的）$N_2 + 3H_2 \longrightarrow 2NH_3$ ……(2)の【答え】

製法ですから，矢印は1本でも構いません。2本（往復）でもいいです。
実験室ではどうなるか？　はい，この式を書けばいい。

　　（実験室）$2NH_4Cl + Ca(OH)_2 \longrightarrow CaCl_2 + 2NH_3 + 2H_2O$
　　　　　　　　　　　　　　　　　　　　　……(2)の【答え】

(3)…これは **3-2** でやったとおりです。

　　$4NH_3 + 5O_2 \longrightarrow 4NO + 6H_2O$　　反応式1
　　$2NO + O_2 \longrightarrow 2NO_2$　　反応式2
　　$3NO_2 + H_2O \longrightarrow 2HNO_3 + NO$　　反応式3

よって係数は，

　　4，5，4，6　………反応式1
　　2，1，2　…………反応式2
　　3，1，2，1　………反応式3 ……(3)の【答え】

自分でもう一回確認してみてください。

岡野のこう解く　(4)…NOとNO₂を全部消してしまう。そして，残ったものを両辺に振り分けて係数をそろえれば，「岡野流・速攻オストワルト法完成」です。

　　$NH_3 + 2O_2 \longrightarrow HNO_3 + H_2O$ ……(4)の【答え】

単元 4 炭素，ケイ素とその化合物 化/I

14族の炭素やケイ素，およびそれらの化合物について見ていきます。

4-1 炭素の同素体

炭素の同素体にはダイヤモンドと黒鉛（グラファイト）があります。

■ ダイヤモンドと黒鉛（グラファイト）

『理論化学①』でもやりましたが，ダイヤモンドは**共有結合結晶**です。最も硬く，融点も非常に高い。**構造は正四面体構造ですね** 図2-9。

それから黒鉛，これは共有結合性と分子性を合わせ持ちます。やわらかく，金属の自由電子のような性質のある電子をもつため電気を通す。

黒鉛の構造は正六角形でつながっているんですね 図2-10。この正六角形でつながったものが層になっていますが，層と層の間を取りもつ力を「ファンデルワールス力（分子間力）」といいます（『理論化学①』第3講 1-10）。

また，黒鉛のそれぞれの炭素原子（球）に着目すると，4本の手のうち3本しか使われていません。

図2-9

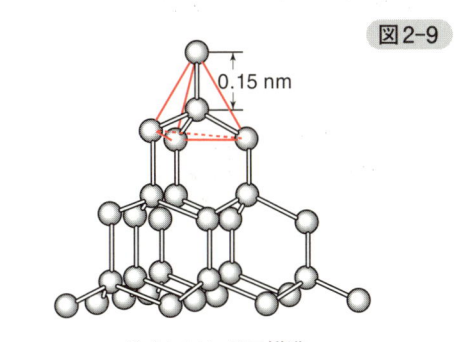

0.15 nm

ダイヤモンドの構造

図2-10

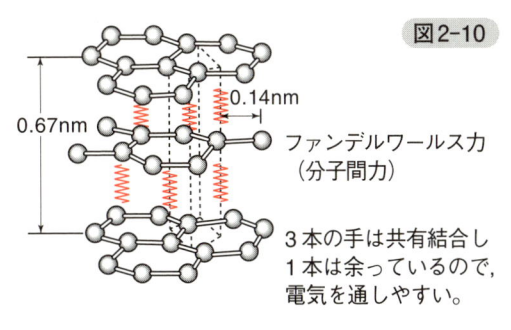

0.67nm　0.14nm

ファンデルワールス力（分子間力）

3本の手は共有結合し1本は余っているので，電気を通しやすい。

黒鉛（グラファイト）の構造

すなわち，3本の手は共有結合し，1本は余っていて，これが金属の自由電子のように自由に動き回れる電子になり，電気を通しやすくするのです。一方，ダイヤモンドはどの炭素も手が4本出ていて全部使われています。図2-9，図2-10 は一部を切り取った図なので，本当はこの構造がずーっとつづいているのです。

■なぜ鉛筆でものが書けるのか

では，黒鉛についてちょっと補足します。図2-11 を見てください。個々の層の内部（炭素原子どうし）は完全に共有結合結晶なんですが，層と層の間はファンデルワールス力という弱い力で結ばれています。

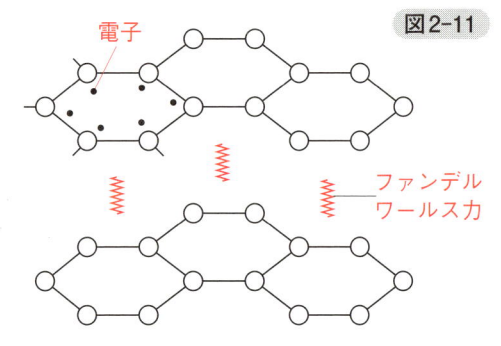

だからみなさん，鉛筆で何か書いたときに黒く出るでしょう。それは何が起こったかというと，この層の部分がはがれたんですよ。層と層は弱い結合だから，はがれ落ちたときに，そこが黒く出るわけです。ただ，「**黒鉛（グラファイト）はどういう結晶か**」と聞かれたら，やはり**共有結合結晶**と言って構いません。

単元 4 要点のまとめ①

● **炭素の同素体**（ダイヤモンドと黒鉛）

① ダイヤモンド…共有結合結晶。最も硬く，融点も非常に高い。「正四面体」
② 黒鉛（グラファイト）…共有結合性と分子性を合わせ持つ。やわらかく，動き回れる電子をもつため，電気を通す。「正六角形」

単元4 炭素, ケイ素とその化合物

4-2 ケイ素とその化合物

では，ケイ素とその化合物を見ていきます。

■ ケイ素

ケイ素も**共有結合結晶です。共有結合結晶は C，Si，SiO_2，SiC の4つ**でしたね（『理論化学①』第3講 1-4 ）。**ダイヤモンドと同じ正四面体構造で，半導体の材料になります。**

ゴムみたいに全く電気を通さないものを「**絶縁体**」といいます。それから金属みたいによく電気を通すものを「**良導体**」といいます。その良導体と絶縁体のちょうど中間ぐらいにあるものを「**半導体**」というわけです。だから半分電気を通すんだな，というぐらいでいいです。

■ 二酸化ケイ素

「二酸化ケイ素（SiO_2）」にいきます。SiO_2 は，SiO_4 の**正四面体**の繰り返しからなる**共有結合結晶**（水晶とか石英の成分）です。ん，SiO_4？　よくわかりませんね。はい，最初に SiO_2 と SiO_4 の違いを説明します。

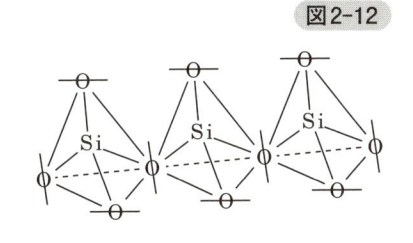

図2-12 を見てください。Si と O が規則正しく入った正四面体構造です。Si が1つに O を4つ，なるほど SiO_4 という意味が何となくわかる感じがします。ではなぜ二酸化ケイ素は最後，"O_2" というか？　問題はそこです。

図2-12

はい，この構造が延々と連なっているのをイメージしてください。すると，1つの O に関しては，2つの Si が共有されているとわかります。すなわち，Si のもち分としては，全部 O 半個分なんです。よって，

$$SiO_{\frac{1}{2}} \times 4 \Rightarrow \underline{SiO_2}$$

つまり $\frac{1}{2}$ が4つで SiO_2 なんですね。よろしいですね。

では，SiO_2 に関する反応の流れを見てみましょう。

$$SiO_2 \xrightarrow[融解]{NaOH} \underset{(ケイ酸ナトリウム)}{Na_2SiO_3} \xrightarrow{HCl} \underset{(ケイ酸)}{H_2SiO_3} \xrightarrow{乾燥} シリカゲル$$

まず二酸化ケイ素があって，ここに固体の「水酸化ナトリウム（NaOH）」を加えて融解させる。そして「ケイ酸ナトリウム（Na_2SiO_3）」という物質をつくります。「**融解**」とは，固体に熱を加えて溶かすこと，つまり固体が液体になることです。水酸化ナトリウムの固体に熱を加えて溶かし，そこの部分にいっしょに熱を加えて溶かされた二酸化ケイ素が混じっていると，ケイ酸ナトリウムができます。

そこに「塩酸（HCl）」を加えて「ケイ酸（H_2SiO_3）」，最後に「乾燥」させて「**シリカゲル**」という流れです。

■ケイ酸ナトリウムの生成

今言った SiO_2 に NaOH を加え，Na_2SiO_3 をつくる反応を，化学反応式で見てみましょう。この式は入試で書かされますよ。

> **重要★★★**
>
> $$SiO_2 \underset{↓ここの式}{→} Na_2SiO_3 → H_2SiO_3 → シリカゲル$$
>
> $$SiO_2 + 2NaOH → Na_2SiO_3 + H_2O$$

とにかくこの式は覚えていただく。僕はどうやって覚えたか？　いいですか，これ，SiO_2 だと，みなさんあまり見たことないですよね。だから Si を同じ 14 族の C に置き換えてみるんです。すると，

$$\left(\overset{CO_3^{2-} \quad 2Na^+, 2OH^-}{CO_2 + 2NaOH → Na_2CO_3 + H_2O} \right)$$

これだとわかりますね。普通，水酸化ナトリウムの水溶液中では**二酸化炭素というのは炭酸イオン CO_3^{2-} になっています**。水酸化ナトリウムは Na^+，OH^- に分けておく。それで，$2Na^+$ と CO_3^{2-} を結びつければ，Na_2CO_3 になる。残りは H_2O ですね。ほら，**CがSiに変わっただけ**ですね。

ケイ酸ナトリウムの製法として，もう1つ，これも入試によく出ます。今度は水酸化ナトリウムじゃなくて，炭酸ナトリウム（Na_2CO_3）を加える場合です。

重要 ★★★

$$SiO_2 + Na_2CO_3 \rightarrow Na_2SiO_3 + CO_2$$

反応式は簡単ですね。**CとSiが置き換わるだけです。**

■ **ケイ酸の生成**

では，次にケイ酸の製法にいきます。

重要 ★★★

$$SiO_2 \rightarrow Na_2SiO_3 \rightarrow H_2SiO_3 \rightarrow シリカゲル$$

ここの式

$$\underline{2Na^+, SiO_3^{2-}} \quad \underline{2H^+, 2Cl^-}$$

$$Na_2SiO_3 + 2HCl \rightarrow H_2SiO_3 + 2NaCl$$

弱酸の塩であるケイ酸ナトリウム（Na_2SiO_3）に，強酸である塩酸を加えます。そうしたら，弱酸であるケイ酸（H_2SiO_3）と強酸の塩である塩化ナトリウムができます。これはそんなに難しく考える必要はないです。**Na_2SiO_3を$2Na^+$とSiO_3^{2-}（ケイ酸イオン）に分けます。そしてH^+とCl^-とに組み合せます。**

ただし大事なところは，$H_2O + SiO_2$と分けない点です。これはくっつけたままのH_2SiO_3が生成します。

■ **水ガラス**

あとは言葉を覚えてください。ケイ酸ナトリウムに水を加え，加熱してできた粘性の高い液を「**水ガラス**」といいます。

また，ケイ酸を乾燥させたものを「**シリカゲル**」といいます。シリカゲルの粒子には多数の細孔（小さな穴）があるため表面積が非常に大きく，水を吸いつける作用をもち，乾燥剤として用いられます。ケイ酸に関してはこれですべて大丈夫です。では，次のページでまとめておきましょう。

単元4 要点のまとめ②

●ケイ素とその化合物

①ケイ素…共有結合結晶（ダイヤモンドと同じ構造），半導体材料。
②二酸化ケイ素（SiO_2）…SiO_4の正四面体の繰り返しからなる共有結合結晶（水晶，石英の成分）。

$$SiO_2 \xrightarrow[\text{融解}]{NaOH} \underset{\substack{(\text{ケイ酸ナ}\\\text{トリウム})}}{Na_2SiO_3} \xrightarrow{HCl} \underset{(\text{ケイ酸})}{H_2SiO_3} \xrightarrow{\text{乾燥}} \text{シリカゲル}$$

ケイ酸ナトリウムに水を加えて加熱してできた，粘性の高い液を水ガラスという。

(1) ケイ酸ナトリウムは，次の2通りの方法で生成される。
　①$SiO_2 + 2NaOH \longrightarrow Na_2SiO_3 + H_2O$
　②$SiO_2 + Na_2CO_3 \longrightarrow Na_2SiO_3 + CO_2$

(2) ケイ酸の生成
　$Na_2SiO_3 + 2HCl \longrightarrow H_2SiO_3 + 2NaCl$
　（弱酸の塩＋強酸　⇄　弱酸＋強酸の塩）

では，今回はここまでにします。よく復習しておいてください。

第 3 講

金属元素(1)

単元 **1** アルカリ金属とアルカリ土類金属 化/Ⅰ

単元 **2** 両性元素 化/Ⅰ

単元 **3** 金属のイオン化傾向 化/Ⅰ

第 3 講のポイント

　今日は,「金属元素(1)」というところをやっていきます。この辺は一番覚えるところが多いです。アルカリ金属,アルカリ土類金属の性質や反応をきちんと整理し,覚えましょう。今が正念場だと思って,何とかついてきてくださいね。

単元 1 アルカリ金属とアルカリ土類金属 化/I

1-1 1族，2族の金属元素

　1族のLi（リチウム），Na（ナトリウム），K（カリウム）という元素を「**アルカリ金属**」といいます。周期表で言うと1族の水素を除いた全部です。

　それから2族のCa（カルシウム），Sr（ストロンチウム），Ba（バリウム）といった元素を「**アルカリ土類金属**」といいます。ただし，**原子番号4番のBeと12番のMgは除きます**。どうぞ，しっかり覚えてください。

単元 1 要点のまとめ①

●**アルカリ金属とアルカリ土類金属**
　アルカリ金属（1族）の主な元素　　Li, Na, K（Hは除く）
　アルカリ土類金属（2族）の主な元素　Ca, Sr, Ba（Be, Mgは除く）

1-2 アルカリ金属の性質

■ 石油中に保存

　アルカリ金属，Li，Na，K。特にNaはおなじみですね。これらは空気中の酸素や水に反応しやすいので，**石油中に保存します**。これはどうぞ知っておいてください。

■ 軽くてやわらかい

　また，アルカリ金属は一般に軽くてやわらかい。カッターナイフか何かで軽く切れちゃうんですね。石油中に保存されていた金属ナトリウムをピンセットで取ってきて，カッターナイフでスパッと切るんですよ。そうすると，だれが見ても金属だとわかる銀色の光沢をしています。しばらくするとまた白くなります。酸化して，Na_2O（酸化ナトリウム）となるんですね。

　ビーカーの中に水を入れておいて，米粒ぐらいの金属ナトリウムを入れると，反応が起こってグルグル回りながら浮いてきます。また，指示薬の

単元1 アルカリ金属とアルカリ土類金属　75

フェノールフタレインを入れておくと，水酸化ナトリウム（NaOH）ができるので，水溶液は赤くなります。要するに水に浮くから軽いということが言いたかったわけです。

■イオン化エネルギーは小さい

また，アルカリ金属はイオン化エネルギーが小さく，電子1個を放出して，1価の陽イオンになりやすい。『理論化学①』第2講単元1で，金属はイオン化エネルギーは小さい，非金属は大きい，希ガスは極めて大きいとやりましたね。

■アルカリ金属の塩は水に溶ける

アルカリ金属の塩(えん)はすべて水に溶けます。ただし，例外があって，$NaHCO_3$（炭酸水素ナトリウム）の溶解度はあまり大きくない。つまり，水に溶けにくい。

塩の定義は「**酸の水素原子が金属原子やアンモニウムイオンと一部または全部が置き換わった化合物**」でしたね。例を挙げましょう。

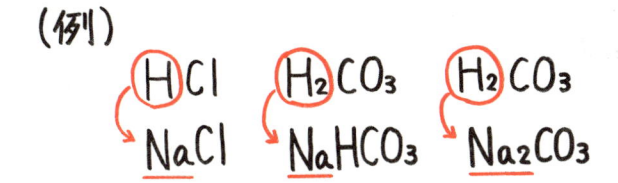

（例）　$HCl \rightarrow NaCl$　　$H_2CO_3 \rightarrow NaHCO_3$　　$H_2CO_3 \rightarrow Na_2CO_3$

例えば塩酸HClの水素原子が，Naという金属原子に置き換わるとNaClという塩になりますね。NaClというのは食べられる塩で，本当に珍しい。だから「食塩」という名前がついているんでしたね。また炭酸（H_2CO_3）の水素原子の一部が，Naと置き換わると，$NaHCO_3$（炭酸水素ナトリウム）。これは「重曹(じゅうそう)」ともいいます。水にあまり溶けない。さらに全部がNaと置き換わるとNa_2CO_3（炭酸ナトリウム）になり，水に溶けやすい。上に挙げた例を全部「塩」というわけです。

■イオン化傾向が大きい

アルカリ金属はイオン化傾向が大きい。すなわち，水に溶けたときに陽イオンになりやすい。一方，さきほどイオン化エネルギーが小さいと言っ

たのは，気体状態の金属にエネルギーを加えて陽イオンになりやすいということでした。ちょっと違いますが，両方とも同じような傾向にあります。

■ 炎色反応

　実験室には白金線というものがあります。これを例えばリチウムやナトリウムといった金属が溶けたイオンの水溶液の中につけて，その後ガスバーナーで燃やすんです。

　ガスバーナーの炎の色は，あまり空気を供給されていない場合には，黄色っぽいボワッとした炎です。ところが酸素をよく供給してやると，ボーッと音を出して透明な色に変わってきます。そういうふうになった炎の中に，イオンの水溶液につけた白金線を入れて燃やしてやるんです。そうすると各元素によって特徴的な色が示されます。これを「**炎色反応**」といって元素の存在を知る手がかりとなります。

　「炎色反応」の色についてはこう覚えましょう。

岡野流 必須ポイント ⑤　炎色反応の色の覚え方

Li（赤）	Na（黄）	K（紫）	Cu（青緑）
リヤカー	な き	K 村	動 力
Ca（橙赤）	Sr（深紅）		Ba（黄緑）
借りようと	するも くれない		馬 力

　Cuやアルカリ土類金属もいっしょに覚えてしまいましょう。

　リヤカーがないK村では動力を借りようとするも貸してくれないんで，しょうがないから馬力でやろうという話です。

　ポイントは「動力」のCu（**青緑**）と「馬力」のBa（**黄緑**）。**この青緑と黄緑に注意しましょう。**これはしっかりと区別が必要です。

イメージで記憶しよう！

単元1 アルカリ金属とアルカリ土類金属

単元1 要点のまとめ②

●**アルカリ金属の性質**
① 石油中に保存する。
② 軽くてやわらかい金属である。
③ イオン化エネルギーは小さく，電子1個を放出して1価の陽イオンになりやすい。
④ アルカリ金属の塩はすべて水に溶ける（ただし，$NaHCO_3$の溶解度はあまり大きくない）。
⑤ イオン化傾向が大きい。
⑥ 炎色反応　　Li…赤　　Na…黄　　K…紫

1-3 アルカリ金属の反応

　アルカリ金属やその化合物が，どのような反応を起こすかを見ていきます。反応式も書けるようにがんばりましょう。

■ 水との反応

　ナトリウムは水と反応して，水酸化ナトリウムと水素を生じます。
$$2H_2O + 2Na \longrightarrow 2NaOH + H_2$$
　この式は無味乾燥な丸暗記ではなく，次のようにイメージをつかんでおきましょう。

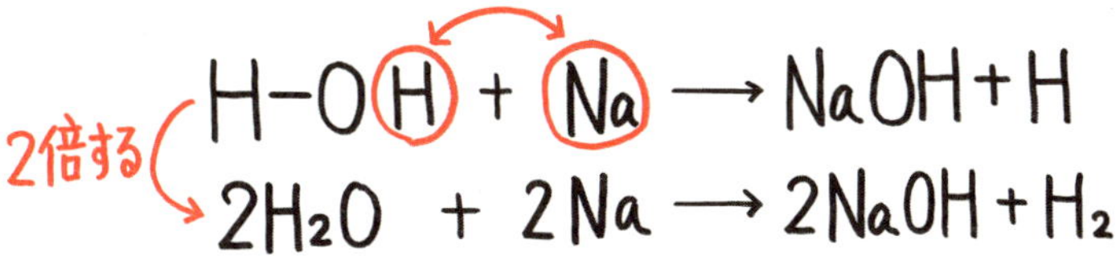

2倍する $\begin{cases} H-OH + Na \longrightarrow NaOH + H \\ 2H_2O + 2Na \longrightarrow 2NaOH + H_2 \end{cases}$

　OHを含んでいるものの特徴として，全部金属ナトリウムと反応して水素を生じるという現象が起きます。水を$H-OH$と考えて，このOHの**HがNaと置き換わる**んです。そうするとNaOHとHができるとわかりますね。Hだけではおかしいですね。H_2にならないと。そこで**上の反応式全体を2倍する**んです。
　これはカルシウムが水と反応する場合だって同じなんですよ。

$$\begin{matrix} \text{H-O} & \text{H} \\ \text{H-O} & \text{H} \end{matrix} + \text{Ca} \longrightarrow \text{Ca(OH)}_2 + \text{H}_2$$

カルシウムの場合, **水素2原子とCaが置き換わる**んですよ。この場合は2倍しなくてすむんです。

■ アルコールとの反応

アルコール (ROH) については有機化学で詳しくやるので, ここでは, 水の場合と同様のイメージで理解しておけば大丈夫です。つまりOHのHがNaと置き換わり, 全体を2倍していくんでしたね。

$$2ROH + 2Na \longrightarrow 2RONa + H_2$$

■ 二酸化炭素との反応

二酸化炭素との反応は, 第2講単元4の二酸化ケイ素のところでやったのと同じです。

$$2NaOH + CO_2 \longrightarrow Na_2CO_3 + H_2O$$

■ 両性元素との反応

「両性元素」は単元2で詳しく説明します。反応式だけ紹介しておきます。

$$2Al + 2NaOH + 6H_2O \longrightarrow 2Na[Al(OH)_4] + 3H_2$$

または, $2Al + 2NaOH + 2H_2O \longrightarrow 2NaAlO_2 + 3H_2$

式が2つありますが, 上の式を覚えておくとよいでしょう。

単元1 要点のまとめ③

●アルカリ金属とその化合物の反応

① 水との反応　　　　　$2H_2O + 2Na \longrightarrow 2NaOH + H_2$

② アルコールとの反応　$2ROH + 2Na \longrightarrow 2RONa + H_2$

③ 二酸化炭素との反応　$2NaOH + CO_2 \longrightarrow Na_2CO_3 + H_2O$

④ 両性元素との反応　　$2Al + 2NaOH + 6H_2O$
$$\longrightarrow 2Na[Al(OH)_4] + 3H_2$$
または, $2Al + 2NaOH + 2H_2O \longrightarrow 2NaAlO_2 + 3H_2$

単元1　アルカリ金属とアルカリ土類金属

1-4　アルカリ土類金属の性質

　アルカリ土類金属は，アルカリ金属に次いで，軽く，やわらかい。また，イオン化エネルギーは小さく，イオン化傾向は大きい。アルカリ金属と似てますよね。炎色反応（Ca…橙赤，Sr…深紅，Ba…黄緑）はさきほどの「岡野流　必須ポイント⑤」のゴロに入っていましたね。

単元1　要点のまとめ④

● アルカリ土類金属の性質
① アルカリ金属に次いで，軽く，やわらかい。
② イオン化エネルギーは小さい。
③ イオン化傾向は大きい。
④ 炎色反応　Ca…橙赤　　Sr…深紅　　Ba…黄緑

1-5　アルカリ土類金属の反応

　今度はアルカリ土類金属とその化合物の反応を見ていきます。

■水との反応

　これは，さきほどアルカリ金属の反応でやりましたからいいですね。

$$2H_2O + Ca \longrightarrow Ca(OH)_2 + H_2$$

■酸化カルシウム（CaO 生石灰）と水の反応

　生石灰（酸化カルシウムの固体のこと）と水の反応は次のようにイメージしておきましょう。

$$CaO + H_2O \rightarrow Ca(OH)_2$$
$$Na_2O + H_2O \rightarrow 2NaOH$$

アルカリ金属，アルカリ土類金属の酸化物に水を加えると塩基ができる（塩基の素）

　アルカリ金属，アルカリ土類金属の酸化物に水を加えると塩基ができま

す。ですから，これらは「**塩基の素**（もと）」と覚えておきましょう。

例えばカップラーメンをイメージしてください。お湯を加えるとラーメンができる。この場合は水を加えると塩基ができる（笑）。同じイメージです。塩基の素の考え方は，いろいろなものに通用するんですよ。

■ 炭酸カルシウム（$CaCO_3$）の熱分解反応

大理石や石灰石の主成分である炭酸カルシウムを加熱したときに起きる反応です。

$$CaCO_3 \longrightarrow CaO + CO_2\uparrow$$

■ 水酸化カルシウムと CO_2 の反応

次の反応式は本当に頻出です。水酸化カルシウム（$Ca(OH)_2$）の水溶液を別名，「**石灰水**」といいます。これに二酸化炭素を吹き込むとどうなるか？

重要★★★

$$\underset{Ca^{2+},\ 2OH^-}{Ca(OH)_2} + \underset{CO_3^{2-}}{CO_2} \longrightarrow CaCO_3\downarrow + H_2O$$

丸暗記だとなかなかきついので，イオンに分けて考えましょう。CO_2 は水に溶けると CO_3^{2-}（炭酸イオン）になります。この CO_3^{2-} と Ca^{2+} が＋と－で結びつく。$CaCO_3$，これは水に溶けません。また，$2OH^-$ の O 原子 1 個が，CO_2 が CO_3^{2-} になるときに使われ，残る物質が H_2O なのです。

さらに，二酸化炭素を吹き込むとどうなるか？ みなさんも小学生のころ実験されたんじゃないでしょうか。ストローで石灰水に息（二酸化炭素）をブクブク吹き込むと，だんだん白くなっていくんですよ。さらに吹き込むと透明になる。

重要★★★

$$CaCO_3 + H_2O + CO_2 \underset{加熱}{\rightleftarrows} \underset{Ca^{2+},\ HCO_3^-,\ HCO_3^-}{Ca(HCO_3)_2}$$

$CaCO_3 + H_2O$ にもう一回二酸化炭素を吹き込むと，$Ca(HCO_3)_2$（炭酸水素カルシウム）になります。これは水に溶けるんです。

HCO_3^-（炭酸水素イオン）というイオンがあることを知っておきましょう。**そしてこれは，加熱するとまた逆反応が成り立つんです。せっかく溶け**

た水溶液をまた加熱すると，また $CaCO_3$ が白く沈殿してきます。気体は温度が高いと溶けにくいから，加熱すると二酸化炭素が溶けきれなくなって出てくるんですね。

■さらし粉の製法

さらし粉に関しては，次の式を覚えておきましょう。

!重要★★★　$Ca(OH)_2 + Cl_2 \longrightarrow CaCl(ClO) \cdot H_2O$

$CaCl(ClO) \cdot H_2O$ を「さらし粉」といいます。Ca^{2+}，Cl^-，ClO^-（次亜塩素酸イオン）という，それぞれ1個ずつのイオンと水和水1個からできています。

■弱酸の塩と強酸の反応

二酸化炭素の発生法（第2講単元1）に出ていた式です。

$$CaCO_3 + 2HCl \longrightarrow CaCl_2 + H_2O + CO_2 \uparrow$$

■炭化カルシウム（カーバイド）の製法

これはあまり出ません。式だけ紹介しておきます。

$$CaO + 3C \xrightarrow{強熱} CaC_2 + CO$$

■炭化カルシウムと水の反応

詳しくは有機化学でやりますが，「アセチレン（C_2H_2）」という物質の製法です。

$$CaC_2 + \underset{\text{→1ではダメ}}{②H_2O} \longrightarrow Ca(OH)_2 + C_2H_2$$

水の係数を「1ではダメ」と書きましたが，1にしてしまう人が結構多い。1にすると，

　　$CaC_2 + H_2O \longrightarrow CaO + C_2H_2$　　（誤り！）

これは誤りです。確かに数は合いますが，実際には CaO でとどまらない。炭化カルシウム（カーバイド）CaC_2 は，水をジャバジャバ入れて反応させるので，CaO ができたとしても，すぐに $Ca(OH)_2$ に変わるんですよ。これはさきほどの「アルカリ金属，アルカリ土類金属の酸化物に水を加え

ると塩基ができる」という基本にしたがっていますね。

では、まとめておきましょう。

> **単元1 要点のまとめ⑤**
>
> ●**アルカリ土類金属とその化合物の反応**
>
> ① 水との反応　　　$2H_2O + Ca \longrightarrow Ca(OH)_2 + H_2$
>
> ② 酸化カルシウムと水の反応
>
> 　　　　$CaO + H_2O \longrightarrow Ca(OH)_2$
>
> ③ 炭酸カルシウムの熱分解反応
>
> 　　　　$CaCO_3 \xrightarrow{加熱} CaO + CO_2 \uparrow$
>
> ④ 水酸化カルシウムとCO_2の反応
>
> 　　　　$Ca(OH)_2 + CO_2 \longrightarrow \underset{水に不溶}{CaCO_3} \downarrow + H_2O$
>
> ⑤ $CaCO_3 + H_2O$ と CO_2 との反応
>
> 　　　　$CaCO_3 + H_2O + CO_2 \underset{加熱}{\rightleftarrows} \underset{水に可溶}{Ca(HCO_3)_2}$
>
> ⑥ さらし粉の製法　$Ca(OH)_2 + Cl_2 \longrightarrow CaCl(ClO)\cdot H_2O$
>
> ⑦ 弱酸の塩と強酸の反応
>
> 　　　　$CaCO_3 + 2HCl \longrightarrow CaCl_2 + H_2O + CO_2 \uparrow$
>
> ⑧ 炭化カルシウム（カーバイド）の製法
>
> 　　　　$CaO + 3C \xrightarrow{強熱} CaC_2 + CO$
>
> ⑨ 炭化カルシウムと水の反応
>
> 　　　　$CaC_2 + 2H_2O \longrightarrow Ca(OH)_2 + \underset{(アセチレン)}{C_2H_2}$

⑧は軽く見ておいてください。残りは全部頻出なので、整理して覚えておきましょう。

1-6 化合物の水に対する溶解度

化合物の水に対する溶解度です。これはある程度知っておいてください。最初にまとめておきます。

単元1 アルカリ金属とアルカリ土類金属　83

> **単元1 要点のまとめ⑥**
>
> ●化合物の水に対する溶解度
>
> ①水酸化物の溶解度　　$Mg(OH)_2 \ll Ca(OH)_2 < Ba(OH)_2$
> 　　　　　　　　　　　　　溶けにくい　　　　　　溶ける
>
> ②硫酸塩の溶解度　　　$MgSO_4 \gg CaSO_4 > BaSO_4$
> 　　　　　　　　　　　　溶けやすい　　溶けにくい
>
> ③炭酸塩の溶解度　　　$MgCO_3$，$CaCO_3$，$BaCO_3$…すべて溶けにくい。
> 　　　　　　　　　　（すべて強酸で分解し，CO_2を発生）

①アルカリ土類金属の水酸化物，すなわちCaとBaの水酸化物は水に溶けますが，Mgの水酸化物は極端に水に溶けにくい。つまりMgは，アルカリ土類金属の性質からちょっとはずれているわけです。だから2族の中でも，MgやBe（$Be(OH)_2$も水に溶けにくい）はアルカリ土類金属に含まない。ここがポイントです。

②硫酸塩の場合は，Mgの硫酸塩である$MgSO_4$というのは水に溶けやすいが，$CaSO_4$と$BaSO_4$はアルカリ土類金属の硫酸塩ですから，溶けにくい。

③炭酸塩の場合は例外で，$MgCO_3$，$CaCO_3$，$BaCO_3$とも，すべて水に溶けにくい。以上のことをおさえておきましょう。

1-7 アンモニアソーダ法

化合物の製法の「○○法」というのは全部で4種類あります。1つは第1講で硫酸の製法として紹介した「**接触法**」。それから第2講でアンモニアの製法として紹介した「**ハーバー法**」，硝酸の製法として紹介した「**オストワルト法**」，そして今回の「**アンモニアソーダ法**」です。

アンモニアソーダ法は，1861年，この製法を工業化したベルギーのソルベーの名前をとって「**ソルベー法**」ともいいます。これは**炭酸ナトリウム（Na_2CO_3）をつくるのが主な目的**です。炭酸ナトリウムはガラスなどの原料として用いられます。

5本＋1本の式

アンモニアソーダ法は，今から説明する5本＋1本の式から成り立ちます。これは覚えるしかないです。うろ覚えではいけません。では書き出します。

重要★★★

① $CaCO_3 \xrightarrow{加熱} CaO + CO_2\uparrow$

② $NaCl + NH_3 + CO_2 + H_2O \rightarrow NaHCO_3\downarrow + NH_4Cl$

③ $2NaHCO_3 \xrightarrow{加熱} Na_2CO_3 + CO_2\uparrow + H_2O$

④ $CaO + H_2O \rightarrow Ca(OH)_2$

⑤ $2NH_4Cl + Ca(OH)_2 \xrightarrow{加熱} CaCl_2 + 2NH_3\uparrow + 2H_2O$

①式の反応は「単元1　要点のまとめ⑤」の③にありましたね。

アンモニアソーダ法の式だけに出てくるのは上の②③式です。あとの①④⑤式は他のところでもいろいろと出てくる式です。だから逆に言えば，この5本を覚えておけば，いろいろなものに応用できるということです。

②式だけ食塩（NaCl）が出てきます。これにアンモニアと二酸化炭素，さらに水を加えてできあがったのが**$NaHCO_3$，これが沈殿するということ**です。アルカリ金属からできている塩はすべて水に溶けると言いましたが，$NaHCO_3$だけ例外なんですね。

②式はアンモニアと二酸化炭素の順番を逆にしても間違いじゃないけれど，この順番で覚えたほうがいい。なぜなら，効率がいいからです。アンモニアは非常に水に溶ける。だから食塩水にアンモニアを加えてやると，全部アンモニアは食塩水に溶ける。塩基性になるので，そこに酸性の二酸化炭素は溶けやすい。これを逆にやると二酸化炭素を食塩水の中に溶かしても，そんなには溶けない。だから大部分の二酸化炭素は飛んでいってしまう。アンモニアを先に加えてから二酸化炭素を加えたほうが，非常に効率がいいんです。

③式で$2NaHCO_3$を加熱してやると，目的物であるNa_2CO_3ができます。ここで二酸化炭素ができてくる，これはまた②式に循環されます。

④式ではアルカリ土類金属の酸化物である**CaOに水を加えると塩基**

$Ca(OH)_2$ ができるという話です。塩基の素ですよ。

⑤式は第2講のアンモニアの発生法でやりました。$2NH_4Cl+Ca(OH)_2$ で加熱です。発生したアンモニアは②式に循環されます。アンモニアソーダ法には加熱が合計3箇所ありますね。

■ 岡野流で1本にまとめよう！

問題は，①〜⑤式を1本にまとめるというところなんですよ。これは計算問題などで必要な作業です。で，これを要領よくやるために「**岡野流・速攻アンモニアソーダ法完成**」の登場です！

もう一度①〜⑤式に着目してください。**1回しか使われていない物質に注目し，波線を引いておきました。$CaCO_3$，$NaCl$，Na_2CO_3，$CaCl_2$です。あとはこれらを両辺に振り分けて，係数をつけるんです。**

今回のアンモニアソーダ法というのは，Na_2CO_3の製法だから，これは右辺。Naが両辺にまたがっていなくてはいけないから，NaClは左辺。あとCO_3も両辺にまたがっていなくてはいけないから，$CaCO_3$が左辺。Caを両辺に置くために，右辺に$CaCl_2$がなくてはいけない。こういうふうに振り分け，**このとき係数はほとんど1だったと覚えておけば，NaClを2倍してできあがりです。**

> **重要★★★**　$2NaCl + CaCO_3 \longrightarrow Na_2CO_3 + CaCl_2$

こうすれば6本目の式は覚える必要はありません！

岡野流　速攻アンモニアソーダ法完成

アンモニアソーダ法の6本目の式は，5本目までの式に1回しか出てこない4つの物質を，両辺に振り分けて係数をつけて完成させる。

単元1 要点のまとめ⑦

●アンモニアソーダ法（ソルベー法）

アンモニアソーダ法（ソルベー法）はNa_2CO_3（炭酸ナトリウム）の製法

① $CaCO_3 \xrightarrow{加熱} CaO + CO_2 \uparrow$

② $NaCl + NH_3 + CO_2 + H_2O \longrightarrow NaHCO_3 \downarrow + NH_4Cl$

③ $2NaHCO_3 \xrightarrow{加熱} Na_2CO_3 + CO_2 \uparrow （②へ循環） + H_2O$

④ $CaO + H_2O \longrightarrow Ca(OH)_2$

⑤ $2NH_4Cl + Ca(OH)_2 \xrightarrow{加熱} CaCl_2 + 2NH_3 \uparrow （②へ循環） + 2H_2O$

①から⑤の式を1本の式に直す。

$\quad 2NaCl + CaCO_3 \longrightarrow Na_2CO_3 + CaCl_2$

演習問題で力をつける⑤
アルカリ金属とアルカリ土類金属をモノにする！

問 空欄に適当な語または化学式を下の解答群から記号で選べ。

リチウム，ナトリウム，カリウムは，いずれも（ ア ）金属とよばれ，周期表の（ イ ）族に属する金属である。反応性に富み，常温で水と反応して（ ウ ）を発生し，それぞれ（ エ ），NaOH，（ オ ）の化学式をもつ化合物を生じる。これらの化合物の水溶液は強い（ カ ）性を示す。

カルシウムは水と反応して（ キ ）を発生し，（ ク ）の化学式をもつ化合物を生じ，液は強い（ カ ）性を示すなど，ナトリウムと共通点をもっている。この溶液に二酸化炭素を通すと沈殿を生じ，さらに通じると再び溶けてしまう。沈殿の化学式は（ ケ ）。溶解したのは（ コ ）を生じたためである。（ ア ）金属の水酸化物は二酸化炭素によって沈殿を生じない。

カルシウムと似た金属として原子番号順に（ サ ）と（ シ ）があるが，これらの元素は（ ス ）金属とよばれ，周期表の（ セ ）族に属する元素である。（ サ ）と（ シ ）のイオンの炎色反応ではそれぞれ（ ソ ）色と（ タ ）色を示す。

解答群

a ハロゲン　　b アルカリ　　c アルカリ土類　　d 1　　e 2
f 13　　g 14　　h 酸素　　i 水素　　j LiOH　　k KOH
l $Ca(OH)_2$　　m $Ba(OH)_2$　　n $CaCO_3$　　o $BaCO_3$
p $Ca(HCO_3)_2$　　q Ba　　r Sr　　s Rb　　t 深紅　　u 青緑
v 黄緑　　w 塩基　　x 酸

😊 さて，解いてみましょう。

さっそくやっていきます。リチウム，ナトリウム，カリウムはいずれも"アルカリ"金属です。周期表の"1"族ですね。
　　（ ア ）……b　　（ イ ）……d【答え】

これらは反応性に富み，常温で水と反応して"水素"を発生し，それぞれ"LiOH"，NaOH，"KOH"の化合物を生じます。ナトリウムの反応式を挙げると，

$$2Na + 2H_2O \longrightarrow 2NaOH + H_2$$

です。水素が発生し，塩基ができる。これらの化合物の水溶液は強い"塩基（アルカリ）"性を示します。

　　（　ウ　）……i　　（　エ　）……j　　（　オ　）……k
　　（　カ　）……bまたはw【答え】

カルシウムは水と反応して"水素"を発生し，水溶液"$Ca(OH)_2$"を生じます。

$$Ca + 2H_2O \longrightarrow Ca(OH)_2 + H_2$$

水溶液は強い"塩基（アルカリ）"性を示すなど，ナトリウムと共通点をもっています。

　　（　キ　）……i　　（　ク　）……l【答え】

> **岡野のこう解く**　この溶液に二酸化炭素を通すと沈殿を生じ，さらに通じると再び溶けてしまう。沈殿の化学式は"$CaCO_3$"です。溶解したのは"$Ca(HCO_3)_2$"を生じたためです。反応式を書いておくと，
>
> $$Ca(OH)_2 + CO_2 \longrightarrow CaCO_3 + H_2O$$
> $$CaCO_3 + H_2O + CO_2 \longrightarrow Ca(HCO_3)_2$$
>
> です。これはすらすら書けるようにしておきましょう。

　　（　ケ　）……n　　（　コ　）……p【答え】

> **岡野の着目ポイント**　アルカリ金属の水酸化物は二酸化炭素によって沈殿を生じません。**1-2**で，アルカリ金属の塩は水に溶けやすく，沈殿は生じないと説明しましたね。ただし，$NaHCO_3$だけは例外でした。

そして，カルシウムと似た金属として原子番号順にストロンチウム"Sr"とバリウム"Ba"があります。これらの元素は"アルカリ土類"金属で，周期表の"2"族です。

ストロンチウムとバリウムのイオンの炎色反応は，ゴロで言うと，ストロンチウムは「するも（Sr）くれない（深紅）」だから"深紅"色。バリウムは「馬（Ba）力（黄緑）」で"黄緑"色。でしたね。

　　（　サ　）……r　　（　シ　）……q　　（　ス　）……c
　　（　セ　）……e　　（　ソ　）……t　　（　タ　）……v【答え】

単元 2 両性元素　化／I

　普通，金属というのは酸には溶けるんですが，塩基には溶けません。ところが，酸にも塩基にも溶けるという特殊な金属があります。これを「両性元素」とか「両性金属」といいます。

2-1 両性元素の性質

　最近，教科書にはよく両性元素と書かれてますが，両性元素というのはすべて金属なんです。だから，両性金属というふうに言ったほうがイメージとしてはわかりやすいのかもしれませんね。両性元素は以下の4つです。

重要★★★　　Al　Zn　Sn　Pb
　　　　　　「あ　あ，すん　なり　溶ける」と覚える

「アルミニウム，亜鉛，スズ，鉛」で「ああ，すんなり」と覚えるんですね。

■ **両性元素は酸にも塩基にも反応**

　両性元素は塩基に溶けると言いましたが，ここでの**塩基とは，水酸化ナトリウムみたいな強塩基を言っています**。ですから，酸とも(強)塩基とも反応して溶解し，H_2を発生するわけです。まずはアルミニウムの反応です。

重要★★★　　$2Al + 6HCl \longrightarrow 2AlCl_3 + 3H_2\uparrow$
　　　　　　$2Al + 2NaOH + 6H_2O \longrightarrow 2Na[Al(OH)_4] + 3H_2\uparrow$
　　（または，$2Al + 2NaOH + 2H_2O \longrightarrow 2NaAlO_2 + 3H_2\uparrow$）

　上の式の$AlCl_3$を「塩化アルミニウム」といいます。また，**$Na[Al(OH)_4]$を「テトラヒドロキシドアルミン酸ナトリウム（テトラヒドロキソアルミン酸ナトリウムも可）現行課程の名称です。」**といいます。式といっしょに名前を覚えておきましょう。「または」と書かれているほうの式は，最近はあまり出ません。ですから，上の2つの式を覚えましょう。申しわけないですが，ここは暗記するしかありません。

■ 両性酸化物

次に，アルミニウムの酸化物，Al_2O_3 を見てみます。

重要★★★
$$Al_2O_3 + 6HCl \longrightarrow 2AlCl_3 + 3H_2O$$
$$Al_2O_3 + 2NaOH + 3H_2O \longrightarrow 2Na[Al(OH)_4]$$
（または，$Al_2O_3 + 2NaOH \longrightarrow 2NaAlO_2 + H_2O$）

ここも，「または」と書かれているほうの式は，最近はあまり出ません。
これで合計4式ですが，Al，Al_2O_3 とも，**HClを加えたらAlCl$_3$ができ，NaOHを加えたらNa[Al(OH)$_4$]ができる**と覚えておくといいですね。

■ 両性水酸化物

次に，アルミニウムの水酸化物，$Al(OH)_3$ を見てみます。

重要★★★
$$Al(OH)_3 + 3HCl \longrightarrow AlCl_3 + 3H_2O$$
$$Al(OH)_3 + NaOH \longrightarrow Na[Al(OH)_4]$$
（または，$Al(OH)_3 + NaOH \longrightarrow NaAlO_2 + 2H_2O$）

やはり同じです。上の2つの式が大事で，できあがってくる物質は**AlCl$_3$かNa[Al(OH)$_4$]**かです。そこをうまく利用して覚えておきましょう。
以上，6つの式はよく書かされるので，きっちりと書けるようにしましょう。

■ 両性元素のイオン　Al^{3+}, Zn^{2+}, Sn^{2+}, Pb^{2+}

今度は，両性金属のイオンが OH^- とどのような反応を起こすかを見てみます。アンモニア水とか水酸化ナトリウムの中には OH^- が含まれていて，これと反応させると，白色の沈殿が生じます。

OH^- との反応　
$$Al^{3+} + 3OH^- \longrightarrow Al(OH)_3 \downarrow \quad （白色）$$
$$Zn^{2+} + 2OH^- \longrightarrow Zn(OH)_2 \downarrow \quad （白色）$$

さらにこれらの沈殿は，過剰の水酸化ナトリウムに溶けます。

$$Al(OH)_3 + NaOH \longrightarrow Na[Al(OH)_4] \quad \text{テトラヒドロキシドアルミン酸ナトリウム}$$

（または，$Al(OH)_3 + NaOH \longrightarrow NaAlO_2 + 2H_2O$）

$Zn(OH)_2 + 2NaOH \longrightarrow Na_2[Zn(OH)_4]$ テトラヒドロキシド亜鉛(Ⅱ)酸ナトリウム

（または，$Zn(OH)_2 + 2NaOH \longrightarrow Na_2ZnO_2 + 2H_2O$）

　過剰の水酸化ナトリウムに溶ける式は，ちょうど両性水酸化物で紹介した式と同じです。

単元2 要点のまとめ①

● **両性元素**

　　Al, Zn, Sn, Pb
　　（あ　あ　すん　なり溶ける）と覚える

①アルミニウム…酸とも（強）塩基とも反応して溶解し，H_2を発生する。
　　$2Al + 6HCl \longrightarrow 2AlCl_3 + 3H_2 \uparrow$
　　$2Al + 2NaOH + 6H_2O \longrightarrow 2Na[Al(OH)_4] + 3H_2 \uparrow$
　　（または，$2Al + 2NaOH + 2H_2O \longrightarrow 2NaAlO_2 + 3H_2 \uparrow$）

②両性酸化物…酸に対しては塩基，塩基に対しては酸として作用する。
　　$Al_2O_3 + 6HCl \longrightarrow 2AlCl_3 + 3H_2O$
　　$Al_2O_3 + 2NaOH + 3H_2O \longrightarrow 2Na[Al(OH)_4]$
　　（または，$Al_2O_3 + 2NaOH \longrightarrow 2NaAlO_2 + H_2O$）

③両性水酸化物
　　$Al(OH)_3 + 3HCl \longrightarrow AlCl_3 + 3H_2O$
　　$Al(OH)_3 + NaOH \longrightarrow Na[Al(OH)_4]$
　　（または，$Al(OH)_3 + NaOH \longrightarrow NaAlO_2 + 2H_2O$）

④両性元素のイオン…Al^{3+}, Zn^{2+}, Sn^{2+}, Pb^{2+}
　　OH^-との反応　$Al^{3+} + 3OH^- \longrightarrow Al(OH)_3 \downarrow$　（白色）
　　　　　　　　　　$Zn^{2+} + 2OH^- \longrightarrow Zn(OH)_2 \downarrow$　（白色）

沈殿物は過剰の水酸化ナトリウムに溶ける。
　　$Al(OH)_3 + NaOH \longrightarrow Na[Al(OH)_4]$ テトラヒドロキシドアルミン酸ナトリウム
　　（または，$Al(OH)_3 + NaOH \longrightarrow NaAlO_2 + 2H_2O$）
　　$Zn(OH)_2 + 2NaOH \longrightarrow Na_2[Zn(OH)_4]$ テトラヒドロキシド亜鉛(Ⅱ)酸ナトリウム
　　（または，$Zn(OH)_2 + 2NaOH \longrightarrow Na_2ZnO_2 + 2H_2O$）

2-2 アルミニウムの精錬

「ボーキサイト」という鉱石のような天然の石からアルミニウムを取り出す方法について考えます。これをアルミニウムの精錬といいます。

■不純物から純粋なものを取り出す

流れを見てみると，

ボーキサイト（Al_2O_3） $\xrightarrow{\text{NaOH水}}$ ① $Na[Al(OH)_4]$ または $NaAlO_2$ $\xrightarrow{\text{多量の水で希釈}}$ ② $Al(OH)_3$
（不純物を含む）

$\xrightarrow{\text{加熱}}$ ③ 純 Al_2O_3（純粋なもの） $\xrightarrow{\text{融解塩電解}}$（氷晶石） Al（陰極に析出）

ボーキサイトの主成分は Al_2O_3 ですが，天然のものですから，**いろんな不純物を含んでいる**のです。

それを水酸化ナトリウム水溶液を加えて溶かす（①）と，$Na[Al(OH)_4]$（テトラヒドロキシドアルミン酸ナトリウム）（テトラヒドロキソアルミン酸ナトリウムも可）という物質が出てきます。

$$Al_2O_3 + 2NaOH + 3H_2O \longrightarrow 2Na[Al(OH)_4] \cdots ①$$

それに多量の水を加えてやると（②），$Al(OH)_3$ という物質になるんです。

$$Na[Al(OH)_4] \longrightarrow Al(OH)_3 + NaOH \cdots ②$$

それをまた加熱する（③）と，**純粋な Al_2O_3 を取り出すことができます**。これを「**アルミナ**」といいます。

$$2Al(OH)_3 \longrightarrow Al_2O_3 + 3H_2O \cdots ③$$

①式②式はさきほどのアルミニウム6本の式と関係があります。6本の式が書ければ①と②の式も書けるのです。①，②，③の式は入試でも頻出なので覚えておきましょう。**最初に不純物を含んだ Al_2O_3 がボーキサイトとしてあって，それから純粋な Al_2O_3 としてアルミナを取り出す**，そういう話なんですね，ここは。

単元 2　両性元素

■ Al_2O_3 の融解塩電解

純粋なものになった Al_2O_3 を今度は電気分解してアルミニウムをつくります。ただ，普通の電気分解と違って「**融解塩電解**」という方法です。図3-1 を見てください。

「炭素で内張りした」とよく表現されますが，容器の内側に炭素を張ってやるんです。これが陰極になります。陽極にも炭素をもってきて電気分解です。

図3-1

C(炭素)　陽極　陰極
Al_2O_3　C　Na_3AlF_6（氷晶石）
Al^{3+}, O^{2-}
水を含まない！
※氷晶石は Al_2O_3 の融点を下げるために加える。

そうした場合，普通なら Al_2O_3 は水に溶けません。仮にもし水に溶けて，Al^{3+} と O^{2-} に分かれている水溶液中で電気分解をやったら，陰極での変化として水素が発生します！（『理論化学①』第8講単元2）カリウムからアルミニウムまでのイオン化傾向の大きい金属が水溶液中に入っていた場合には，水素が発生してしまうんですよ。だから今回の場合は，水を入れないんです。これが融解塩電解です。

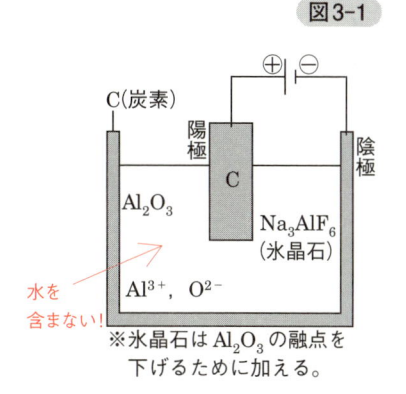

Al_2O_3 に熱を加えて溶かすと，Al^{3+} と O^{2-} に分かれます。この温度は覚える必要はありませんが，約2000℃と言われています。

■ 氷晶石で融点降下

そして2000℃で溶けていたものが，実は「**氷晶石（Na_3AlF_6）**」を入れると約1000℃で溶けるようになります。氷晶石は Al_2O_3 の融点を下げるんです。氷晶石という名称と化学式 Na_3AlF_6 を覚えておきましょう。

「凝固点降下」ってありましたね（『理論化学①』第12講単元2）。あれと似たようなもので，今度は「**融点降下**」です。

■ 陰極での変化，陽極での変化

では，陰極での変化，陽極での変化を見てみましょう。

陰極：$Al^{3+} + 3e^- \longrightarrow Al$
陽極：$C + O^{2-} \longrightarrow CO\uparrow + 2e^-$
　　または，$C + 2O^{2-} \longrightarrow CO_2\uparrow + 4e^-$

陰極は水素が発生しないで，そのまま電子をもらって純粋なアルミニウ

ムが析出されます。陽極は，その炭素と，融解液中に含まれているO^{2-}が結びついて一酸化炭素（CO）が発生します。陽極の炭素は，常に一酸化炭素になって飛んでいってしまうわけです。入試問題によっては，一番下の式のように「二酸化炭素が発生」と出てくる場合もあります。

よく正誤問題で，「陽極は常に炭素を補充する必要がある。○か×か」と出てきます。一酸化炭素になって飛んでいくから，答えは○です。

では，まとめておきましょう。

単元2 要点のまとめ②

●アルミニウムの精錬

ボーキサイト（Al_2O_3）$\xrightarrow[①]{NaOH水}$ $Na[Al(OH)_4]$ $\xrightarrow[②]{多量の水で希釈}$ $Al(OH)_3$
（不純物を含む） または $NaAlO_2$

$\xrightarrow[③]{加熱}$ 純Al_2O_3 $\xrightarrow[(氷晶石)]{融解塩電解}$ Al（陰極に析出）
（純粋なもの）

反応過程の①，②，③を化学反応式で示す。この反応は入試でも頻出なので覚えておこう。

① $Al_2O_3 + 2NaOH + 3H_2O \longrightarrow 2Na[Al(OH)_4]$
（または $Al_2O_3 + 2NaOH \longrightarrow 2NaAlO_2 + H_2O$）

② $Na[Al(OH)_4] \longrightarrow Al(OH)_3 + NaOH$
（または $NaAlO_2 + 2H_2O \longrightarrow Al(OH)_3 + NaOH$）

③ $2Al(OH)_3 \longrightarrow Al_2O_3 + 3H_2O$

アルミナAl_2O_3の融解塩電解により得られる。

陰極：$Al^{3+} + 3e^- \longrightarrow Al$

陽極：$C + O^{2-} \longrightarrow CO\uparrow + 2e^-$

または，$C + 2O^{2-} \longrightarrow CO_2\uparrow + 4e^-$

単元 3　金属のイオン化傾向 化/I

『理論化学①』第8講でも扱いましたが，今回はもう少し詳しく金属のイオン化傾向について学習しましょう。

3-1 金属のイオン化列

最初にまとめておきます。

単元3 要点のまとめ①

- **金属のイオン化列**
  （大）K　Ca　Na　Mg　Al　Zn　Fe　Ni　Sn　Pb　(H_2)　Cu　Hg　Ag　Pt　　Au（小）
  　　　カ　ソ　ウ　カ　ナ　マ　ア　ア　テ　ニ　スン　ナ　ヒ　ド　ス　ギルハク(借)キン

- **金属のイオン化列と化学的性質**

  金属の酸素・水・酸に対する反応性…イオン化傾向の大きい金属は酸化されやすく，反応性に富んでいる。逆に，イオン化傾向の小さい金属は不活発で安定である。その関係を酸素・水・酸についてまとめると，下の表のようになる。

金属のイオン化列		K	Ca	Na	Mg	Al	Zn	Fe	Ni	Sn	Pb	(H_2)	Cu	Hg	Ag	Pt	Au
空気中での酸化	常温	内部まで酸化				表面が酸化							酸化されない				
	高温	燃焼し酸化物になる				強熱により酸化物になる							酸化されない				
◎水との反応		常温で激しく反応			熱水と反応	高温で水蒸気と反応						反応しない					
◎酸との反応		希塩酸など，うすい酸と反応し水素を発生する											酸化作用の強い酸と反応			※王水と反応	

※濃硝酸と濃塩酸を体積比1：3で混合した溶液
（「1升3円」と覚える）

⇩
熱濃硫酸
濃硝酸
希硝酸

金属のイオン化列の覚え方はいいですね。陽イオンになりやすい順番です。さて，化学的性質の表のどこを覚えればいいか？

■水との反応

まず，前ページの◎のついた「水との反応」という部分です。これは**上から3つ，K，Ca，Na（常温で激しく反応する），次に1つ，Mg（熱水と反応），そして3つ，Al，Zn，Fe（高温で水蒸気と反応）**。3，1，3と数字で覚えておきましょう。

最初の3つ，K，Ca，Naは冷たい水とも反応して水素を発生します。次のMgは熱水でないと反応しないんですが，やはり水素が発生します。それでもまだ反応しないのは，もっと反応しにくいわけですから，Al，Zn，Feの3つは水蒸気を加えると，はじめて同じように水素が発生する。全部H_2Oとの反応ですが，冷たい水，熱水，水蒸気という順番で，3，1，3です。

■酸との反応

次の◎「酸との反応」ですが，K～Snまでは「希塩酸など，うすい酸と反応し水素を発生」です。「うすい酸」というのは希硫酸でもいいです。希塩酸とか希硫酸を加えたときに水素が発生します。**Pbは，塩酸とは$PbCl_2$，硫酸とは$PbSO_4$という沈殿物をつくってしまうから，それ以上反応しなくなってしまうんですよ。**ということで，Snまでだと覚えておきましょう。

また，**Cu，Hg，Agは「酸化作用の強い酸と反応」**します。「酸化作用の強い酸」は**「熱濃硫酸，濃硝酸，希硝酸」**の3つだと覚えておいてください。熱濃硫酸というのは，濃硫酸を加えて加熱することをいいます。濃硝酸，希硝酸は加熱する必要はありません。

それから，PtとAuは「王水と反応」します。さて，「王水」とは何か？注釈に"1升3円"とありますが，"1升3円の時代に買えた"というゴロです。"1の濃硝酸と3の濃塩酸"という意味ですね。濃硝酸と濃塩酸が1：3で混じった混合溶液を王水といい，それはPtとかAuを溶かすのです。

3-2 不動態

Al，Fe，Niの3つは，濃硝酸や熱濃硫酸によって，金属の表面に緻密な酸化被膜ができます。この酸化被膜によって酸には溶けにくくなります。この状態を「**不動態**」といいます。

ポイントは，不動態は濃硝酸，熱濃硫酸によって起こり，希硝酸では起こらないということ。これをみなさんはよく勘違いされます。**3-1**で，「熱濃硫酸，濃硝酸，希硝酸」の3つを酸化作用の強い酸として紹介したから，この3つで不動態が起こると思ってしまうんですね。それは間違いで**希硝酸では起こらない**。

その金属は「あ(Al)て(Fe)に(Ni)できない不動(不動態)産」と覚えてください。

ただ，気をつけてほしいのは，不動態の「あてに」の「**あ**」は**Al**です。一方，イオン化列の「貸そうかな，まああてに」の「**あ**」は**Zn**なんですよ。**混乱しないようにしましょう。**

単元3 要点のまとめ②

●**不動態**

濃硝酸や熱濃硫酸によって，金属の表面に緻密な酸化被膜ができる。

この酸化被膜ができることで酸には溶けにくくなる。この状態を「不動態」という(希硝酸では起こらない)。

　　Al，Fe，Ni
　　あ　て　に　できない　不動(不動態)産

演習問題で力をつける⑥
両性元素の問題に挑戦！

問 次の文を読み，下の各問いに答えよ。

アルミニウムは地殻中で酸素および (A) に次いで多量に存在する。周期表の (B) 族に属し，その化合物のカリウムミョウバン (イ)・$12H_2O$は古くから知られている。アルミニウムは，酸とも塩基とも比較的容易に反応して塩をつくるので (C) 元素とよばれ，アルミニウムの他によく知られているものとして (D) がある。アルミニウムの単体は銀白色で (E) 性や延性に富み，電気伝導性もよい。酸素との親和性は高く，空気中では表面に薄い被膜ができて内部は保護される。濃硝酸には同じ理由で溶けにくく，このような状態を (F) という。

(1) (A)〜(F)に適当な語句・名称を，(イ)には化学式を入れよ。
(2) アルミニウムに水酸化ナトリウムまたは塩酸を加えたときに起こる反応をそれぞれ化学反応式で示せ。

さて，解いてみましょう。

岡野の着目ポイント (A) ですが，「クラーク数」といって，地殻中の元素の割合を示した数があります。これによると，多い順にO，Si，Al，Fe，Ca，Naです。よって，酸素に次いで多いのはケイ素です。上位4つくらいを知っておくといいでしょう。

覚え方を紹介します。

重要★★★

O	Si	Al	Fe	Ca	Na
サン	ケイ	歩い	て	借り	な
新聞					

たまたま親戚のおじさんが，よいことをやって新聞に載ったので，どうしてもその新聞をほしい。でも，家ではサンケイ新聞をとっていないので，近所を歩いて借りたという話。そんなゴロで覚えてください。

ケイ素 …… (A) の【答え】

次です。「アルミニウムは"13"族に属し，その化合物のカリウムミョウバン」の化学式は，次のようになります。知識として知っておきましょう。

!重要★★★　$\underline{AlK(SO_4)_2 \cdot 12H_2O}$

　　$AlK(SO_4)_2$ ……　(イ)　の【答え】
　　13 ……　(B)　の【答え】

$AlK(SO_4)_2$ は，$Al_2(SO_4)_3$（硫酸アルミニウム）と K_2SO_4（硫酸カリウム）の2つの塩が結びついたので，特に「複塩」といいます。2つを合せると $Al_2K_2(SO_4)_4$ となり，全体を2で割ると $AlK(SO_4)_2$ の組成式で表せます。このとき水和水の数も覚えておきましょう。

「アルミニウムは，酸とも塩基とも比較的容易に反応して塩をつくるので」"両性"元素とよばれます。「アルミニウムの他によく知られているもの」は「あ(Al)あ(Zn)すん(Sn)なり(Pb)」，どれでもいいでしょう。

　　両性 ……　(C)　の【答え】
　　亜鉛，スズ，鉛（のうちから1つ解答）……　(D)　の【答え】

つづけていきます。アルミニウムの単体は「銀白色で"展"性や延性に富み」ます。『理論化学①』第3講単元1の金属結晶のところで出てきました。

「酸素との親和性は高く，空気中では表面に薄い被膜ができて内部は保護される。濃硝酸には同じ理由で溶けにくく，このような状態を」何というか？　これが"不動態"です。

　　展 ……　(E)　の【答え】
　　不動態 ……　(F)　の【答え】

(2)…ここは単元2で紹介したとおりです。まず，水酸化ナトリウムを加えた式は，

　　$2Al + 2NaOH + 6H_2O \longrightarrow 2Na[Al(OH)_4] + 3H_2\uparrow$ ……(2)の【答え】

これが解答です。

岡野のこう解く　(2)の解答がどうしても覚えられない人は単元2で紹介した「または」のほうの反応式を書けるようにしましょう。実は Al，Al_2O_3，$Al(OH)_3$ と NaOH との反応式では生成物が $NaAlO_2$ になる書

方のほうが覚えやすいのです。(2)の解答にするには**NaAlO₂がNa[Al(OH)₄]－2H₂O**になることを利用して手直しするのです。

$$2Al + 2NaOH + 2H_2O \longrightarrow 2NaAlO_2 + 3H_2\uparrow$$

$$NaAlO_2 = \boxed{Na[Al(OH)_4] - 2H_2O} \quad \text{代入}$$

よって,

$$2Al + 2NaOH + 2H_2O \longrightarrow 2(Na[Al(OH)_4] - 2H_2O) + 3H_2$$

$$2Al + 2NaOH + 2H_2O \longrightarrow 2Na[Al(OH)_4] - 4H_2O + 3H_2$$

∴ $2Al + 2NaOH + 6H_2O \longrightarrow 2Na[Al(OH)_4] + 3H_2\uparrow$

……(2)の【答え】

もう1つ, 塩酸との反応です。これは,

$2Al + 6HCl \longrightarrow 2AlCl_3 + 3H_2\uparrow$ ……(2)の【答え】

この辺りは暗記が大変な部分ですが, がんばっていきましょう。では, 次回またお会いしましょう。さようなら。

第4講

金属元素(2)

- **単元1** 遷移元素 化/Ⅰ
- **単元2** 金属イオンの反応と分離 化/Ⅰ

第4講のポイント

今日は3〜11族の元素,いわゆる「遷移元素」について学んでいきます。『理論化学①』の第1講でもやりましたが,元素には,遷移元素か典型元素か,このどちらかしかありません。遷移元素の特徴をしっかりつかみましょう。また,錯イオンはていねいに理解すれば,全然難しくありません。

単元 1　遷移元素

化/I

1-1 遷移元素の特徴

まず，遷移元素の特徴をまとめておきましょう。

単元 1　要点のまとめ①

●遷移元素の特徴
① すべて金属元素である。Sc以外は密度 $4g/cm^3$ 以上の重金属。
② 周期表の隣り合う元素が似た性質をもっている。
③ 酸化数を複数もつものが多い。
④ 最外殻電子数は 2 個（1 個のものも少数）である。
⑤ 錯イオンを形成するものが多い。
⑥ 化合物やイオンには有色のものが多い。
⑦ 触媒になる金属または化合物が多い。

これは繰り返し読んで，イメージをつかむようにしましょう。

■ すべて金属元素

遷移元素は**すべて金属元素**です。原子番号 21 番 Sc（スカンジウム）は割と軽い。でもそれ以外の遷移元素は，密度 $4g/cm^3$ 以上の重金属なんですね。一方，軽金属というのはアルカリ金属とかアルカリ土類金属などで軽いんです。

■ 周期表の左右に似た性質

遷移元素は，**周期表の隣り合う元素どうしで互いに似た性質**をもっています。典型元素では，普通，1 族，2 族という周期表の縦の列で，性質の似たものが並んでいます。それは最外殻電子（価電子）の数が同じであるからです。

■ 酸化数を複数もつ

遷移元素は，**酸化数を複数もつものが多い**。例えば，Fe^{2+} や Fe^{3+}。あるいは，『理論化学①』第7講単元2の酸化剤一覧に MnO_4^-（過マンガン酸イオン）が Mn^{2+} になるというのがありましたね。この場合の Mn 元素自体の酸化数は，MnO_4^- で +7，Mn^{2+} で +2 です。酸化数が +7 になったり，+2 になったりするように，遷移元素とは酸化数が複数あるということです。

■ 最外殻電子数は基本的に2個

原子の性質は，最外殻電子の数で決まります。遷移元素の**最外殻電子数は，例外的に1個のものが少数ありますが，基本的に2個です**。遷移元素全体が2個ということは，遷移元素全体が似た性質をもっているということです。

■ 錯イオンを形成

遷移元素は，錯(さく)イオンを形成するものが多い。「**錯イオン**」という言葉は，のちほどまた説明します。

■ 化合物は有色

遷移元素の化合物やイオンには**有色のものが多い**。

例えば $CuSO_4・5H_2O$ は青色です。ところが，水が取れて $CuSO_4$ となった場合は白色です。

他に，$KMnO_4$ は赤紫色です。Mn という遷移元素からできている化合物ですね。K^+ は無色で，MnO_4^- の色が赤紫色なんです。このように，遷移元素の化合物やイオンには特徴的な色があると理解してください。

■ 触媒になる

遷移元素は，**触媒になる金属または化合物が多い**。みなさん，触媒は今まで3つぐらい出てきましたね。**接触法**における V_2O_5 でしょ。V（バナジウム）は遷移元素です。次に，**ハーバー法**では**鉄触媒**。**Fe**（鉄）も遷移元素です。それから，**オストワルト法では Pt**（白金）を用いました。これも遷移元素です。あと酸素の発生法で，塩素酸カリウム（$KClO_3$）に酸化マ

ンガン（Ⅳ）（MnO_2）とか，または過酸化水素（H_2O_2）にMnO_2というのがありました。これも触媒であり，遷移元素Mnからなる化合物です。

次は遷移元素の1つ，銅について説明しましょう。

1-2 銅とその化合物

銅の特徴的な反応式（熱濃硫酸，希硝酸，濃硝酸との反応）を示します。

重要★★★

熱濃硫酸　$Cu + 2H_2SO_4 \xrightarrow{(加熱)} CuSO_4 + SO_2\uparrow + 2H_2O$

希硝酸　$3Cu + 8HNO_3 \longrightarrow 3Cu(NO_3)_2 + 2NO\uparrow + 4H_2O$

濃硝酸　$Cu + 4HNO_3 \longrightarrow Cu(NO_3)_2 + 2NO_2\uparrow + 2H_2O$

これらは気体の発生法でもしつこくやりましたね。この3本の反応式は，きっちり覚えておきましょう。次にいきますよ。

硫酸銅（Ⅱ）　$\underset{(青色)}{CuSO_4 \cdot 5H_2O} \xrightarrow{250℃} \underset{(白色)}{CuSO_4} + 5H_2O$

これはさきほども言いましたが，$CuSO_4 \cdot 5H_2O$だと青色だったのが，加熱して，水が飛ぶと白色になるという反応です。

■イオンの反応

それから，イオンの反応です。

$Cu^{2+} + H_2S \longrightarrow CuS\downarrow + 2H^+$（酸性溶液でも沈殿する。黒色）

$Cu^{2+} + 2OH^- \longrightarrow Cu(OH)_2\downarrow$（青白色または淡青色）

水酸化銅（Ⅱ）を過剰のアンモニア水で溶解すると，

$Cu(OH)_2 + 4NH_3 \longrightarrow \underset{\substack{(深青色) \\ \left(\begin{array}{c}テトラアンミン \\ 銅（Ⅱ）イオン\end{array}\right)}}{[Cu(NH_3)_4]^{2+}} + 2OH^-$

Cu^{2+}は硫化水素（H_2S）と反応して硫化銅（Ⅱ）（CuS）という硫化物の沈殿を生じる。これはのちほど詳しくやりましょう。

それから水酸化物イオンと反応すると，青白色の水酸化銅（Ⅱ）（$Cu(OH)_2$）

という沈殿ができる。青白という色が見えたら，すぐに$Cu(OH)_2$だと判断して構いません。

そして，$Cu(OH)_2$を過剰のアンモニア水で溶解します。するとテトラアンミン銅(Ⅱ)イオン（$[Cu(NH_3)_4]^{2+}$）という，深青色の錯イオンになります。「**錯イオン**」の説明はのちほどやります。

単元1 要点のまとめ②

●銅とその化合物

① 熱濃硫酸　　$Cu + 2H_2SO_4 \xrightarrow{加熱} CuSO_4 + SO_2 \uparrow + 2H_2O$

② 希硝酸　　　$3Cu + 8HNO_3 \longrightarrow 3Cu(NO_3)_2 + 2NO \uparrow + 4H_2O$

③ 濃硝酸　　　$Cu + 4HNO_3 \longrightarrow Cu(NO_3)_2 + 2NO_2 \uparrow + 2H_2O$

④ 硫酸銅(Ⅱ)　$CuSO_4 \cdot 5H_2O \xrightarrow{250℃} CuSO_4 + 5H_2O$
　　　　　　　　　　（青色）　　　　　　　　　（白色）

⑤ イオンの反応

　$Cu^{2+} + H_2S \longrightarrow CuS \downarrow + 2H^+$ （酸性溶液でも沈殿する。黒色）

　$Cu^{2+} + 2OH^- \longrightarrow Cu(OH)_2 \downarrow$ （青白色または淡青色）

　（過剰のアンモニア水で溶解する）

　$Cu(OH)_2 + 4NH_3 \longrightarrow [Cu(NH_3)_4]^{2+} + 2OH^-$
　　　　　　　　　　　　　　　　（深青色）
　　　　　　　　　　　　　　　（テトラアンミン銅(Ⅱ)イオン）

1-3 銅の精錬

銅を純粋なものにすることを「**銅の精錬**」といい，粗銅(不純物が含まれている銅)を陽極，純銅を陰極として電解精錬すると，純銅が得られます。

　陽極（粗銅）　　　$Cu \longrightarrow Cu^{2+} + 2e^-$

　陰極（純銅）　　　$Cu^{2+} + 2e^- \longrightarrow Cu$

不純物が Ni，Fe，Zn など，Cu よりイオン化傾向が大きい金属の場合，溶液中にイオンとして溶け出します。逆に，Ag や Au など，Cu よりイオン化傾向が小さい金属の場合，陽極の下にたまります。これを「陽極泥」といいます。水溶液中に溶け出すものと，下にたまるものがあるんですね。

単元1 要点のまとめ③

● 銅の精錬

粗銅を電解精錬すると，純銅が得られる。

陽極（粗銅）　$Cu \longrightarrow Cu^{2+} + 2e^-$

陰極（純銅）　$Cu^{2+} + 2e^- \longrightarrow Cu$

不純物
- Ni, Fe, Zn …溶液中にイオンとして溶け出す。（Cuよりイオン化傾向の大きい金属）
- Ag, Au …陽極の下にたまる。（陽極泥）（Cuよりイオン化傾向の小さい金属）

1-4　銀とその化合物

■ 熱濃硫酸，希硝酸，濃硝酸との反応

次は銀に関して説明しましょう。銀も銅と同様に，熱濃硫酸，希硝酸，濃硝酸との反応で，それぞれSO_2，NO，NO_2を発生します。この3つは酸化作用の強い酸です。第3講単元3でやりましたが，これらは，Cu，Hg，Agを溶かします。入試にはCuかAgがよく出てきます。

もし余裕のある方は，以下を参考に，自分で反応式をつくって書いておきましょう。『理論化学①』第7講でやった酸化剤，還元剤の知識も総動員します。

$Ag \longrightarrow Ag^+$は還元剤です。例えば熱濃硫酸であれば$H_2SO_4 \longrightarrow SO_2$（酸化剤）となるわけです。

$$\begin{cases} Ag \longrightarrow Ag^+ \text{（還元剤）} \\ \text{熱濃}H_2SO_4 \longrightarrow SO_2 \text{（酸化剤）} \end{cases}$$

これらの半反応式を，『理論化学①』で学んだ手順どおりつくってやって，e^-を消去して1つの式にまとめる。あとは，この場合はSO_4^{2-}を両辺に加えてやると，反応式が書けます。下に化学反応式を示しますが，かならず自分の力で書けるようになってください。

熱濃硫酸　$2Ag + 2H_2SO_4 \longrightarrow Ag_2SO_4 + SO_2 + 2H_2O$

同様に，Agと希硝酸，Agと濃硝酸の場合です。

$$\begin{cases} Ag \to Ag^+ \text{(還元剤)} \\ \text{希}HNO_3 \to NO \text{(酸化剤)} \end{cases} \quad \begin{cases} Ag \to Ag^+ \text{(還元剤)} \\ \text{濃}HNO_3 \to NO_2 \text{(酸化剤)} \end{cases}$$

希硝酸や濃硝酸の場合，最後にNO_3^-を両辺に加えてやれば，かならずできます。
下に化学反応式を示しますが，これも一度自分でつくるといいと思います。

希硝酸　$3Ag + 4HNO_3 \longrightarrow 3AgNO_3 + NO + 2H_2O$
濃硝酸　$Ag + 2HNO_3 \longrightarrow AgNO_3 + NO_2 + H_2O$

■ **アルカリとの反応**

銀とその化合物が，塩基とどう反応するか見ていきましょう。

(i) 水酸化ナトリウム水溶液との反応

　　$2Ag^+ + 2OH^- \longrightarrow Ag_2O\downarrow \text{(褐色)} + H_2O$

Ag^+が水酸化ナトリウムのOH^-と結びついて，Ag_2Oという褐色の沈殿と水を生成します。アンモニア水では，少量水を加えるとやはりOH^-ですから同じ沈殿ができますが，過剰に加えると，この沈殿は溶けてしまいます。

(ii) アンモニア水との反応

　（少量）　$2Ag^+ + 2OH^- \longrightarrow Ag_2O\downarrow \text{(褐色)} + H_2O$
　（過剰）　$Ag_2O + 4NH_3 + H_2O \longrightarrow 2[Ag(NH_3)_2]^+ + 2OH^-$
　　　　　　　　　　　　　　　　　　　　（ジアンミン銀(Ⅰ)イオン）

重要★★★　　$AgCl + 2NH_3 \longrightarrow [Ag(NH_3)_2]^+ + Cl^-$

アンモニア水の場合には，さらに過剰なアンモニア水を加えると，Ag_2Oという沈殿が溶けて，「**ジアンミン銀(Ⅰ)イオン**」というイオンになってくる。これは錯イオンです。とりあえず，ここではそういうイオンがあるということを知っておいてください。

また，AgClを「塩化銀」といいます。第1講のハロゲンに出てきたハロゲン化銀です。AgFだけは水に溶けて，それ以外のAgCl，AgBr，AgIは全部沈殿するんでしたね。そして，AgClは水には溶けないけれども，アンモニア水には溶けます。その反応式が書かれているわけです。**よく試験で書かされる重要な式ですよ。**

単元1 要点のまとめ④

●銀とその化合物

①熱濃硫酸，希硝酸，濃硝酸との反応で銅と同様に，それぞれSO_2，NO，NO_2を発生する。

②アルカリとの反応

(i) 水酸化ナトリウム水溶液

$$2Ag^+ + 2OH^- \longrightarrow Ag_2O\downarrow（褐色）+ H_2O$$

(ii) アンモニア水

（少量） $2Ag^+ + 2OH^- \longrightarrow Ag_2O\downarrow（褐色）+ H_2O$

（過剰） $Ag_2O + 4NH_3 + H_2O \longrightarrow 2[Ag(NH_3)_2]^+ + 2OH^-$
　　　　　　　　　　　　　　　　　　　（ジアンミン銀（Ⅰ）イオン）

$$AgCl + 2NH_3 \longrightarrow [Ag(NH_3)_2]^+ + Cl^-$$

1-5 鉄とその化合物

Fe^{2+}とFe^{3+}を含む水溶液の反応を見ていきます。ここは最初にまとめます。

単元1 要点のまとめ⑤

● Fe^{2+} と Fe^{3+} を含む水溶液の反応

加える化合物	陰イオン	Fe^{2+}（淡緑色）	Fe^{3+}（黄褐色）
NH_3 または $NaOH$	OH^-	緑白（または淡緑）色沈殿 $Fe(OH)_2$	赤褐色沈殿 $Fe(OH)_3$
$K_4[Fe(CN)_6]$	$[Fe(CN)_6]^{4-}$	白（または青白）色沈殿	濃青色沈殿*
$K_3[Fe(CN)_6]$	$[Fe(CN)_6]^{3-}$	濃青色沈殿*	暗褐色溶液
KSCN	SCN^-	変化なし	血赤色溶液*

＊は鋭敏な反応で鉄イオンの検出反応として利用される。

$K_4[Fe(CN)_6]$ …ヘキサシアニド鉄（Ⅱ）酸カリウム
　　　　　　　　（ヘキサシアノ鉄（Ⅱ）酸カリウムも可）

$K_3[Fe(CN)_6]$ …ヘキサシアニド鉄（Ⅲ）酸カリウム
　　　　　　　　（ヘキサシアノ鉄（Ⅲ）酸カリウムも可）

KSCN…チオシアン酸カリウム

表を見ながら進めましょう。Fe^{2+}の「**淡緑色**」、それからFe^{3+}の「**黄褐色**」という色は大事なポイントです。

■ NH_3 または $NaOH$ を加える

　Fe^{2+}にアンモニアまたは水酸化ナトリウムを加える。そうすると、陰イオンはOH^-になります。その陰イオンがFe^{2+}と結びついたときに、$Fe(OH)_2$という**緑白**（または淡緑）色の沈殿ができます。緑白という字のほうがよく出てくると思います。色も大事です。

　その右側です。OH^-がFe^{3+}と結びついたら、今度は$Fe(OH)_3$（水酸化鉄（Ⅲ））という**赤褐色**の沈殿ができます。この色は出題されますよ。沈殿の色というのは非常に重要なんです。

　これは『理論化学①』第12講単元4でやったコロイド粒子です。$Fe(OH)_3$は正に帯電したコロイドで、電気泳動すると陰極側に引っ張られると言いました。まさにそれです。

■ $K_4[Fe(CN)_6]$ を加える

　$K_4[Fe(CN)_6]$というのは、「ヘキサシアニド鉄（Ⅱ）酸カリウム（ヘキサシアノ鉄（Ⅱ）酸カリウムも可）」という物質です。これから$[Fe(CN)_6]^{4-}$という陰イオンができ、それをぶつけると、Fe^{2+}では**白色沈殿**、Fe^{3+}では**濃青色沈殿**ができます。ここも色が大事です。

■ $K_3[Fe(CN)_6]$ を加える

　$K_3[Fe(CN)_6]$は「ヘキサシアニド鉄（Ⅲ）酸カリウム（ヘキサシアノ鉄（Ⅲ）酸カリウムも可）」といいます。陰イオンは$[Fe(CN)_6]^{3-}$です。これがFe^{2+}と結びつくと**濃青色沈殿**、Fe^{3+}と結びつくと**暗褐色**溶液になります。同じく色が大事です。

■ $KSCN$ を加える

　$KSCN$（チオシアン酸カリウム）という物質です。これはSCN^-という陰イオンができ、Fe^{2+}に加えても**変化しません**。しかしFe^{3+}に加えると**血赤色**の溶液になります。これは本当に毒々しい血のような赤。最近は「**濃赤色**」という言い方が出ている場合がありますが、同じだと思ってください。これは出ます。

アドバイス Fe^{2+}に$K_4[Fe(CN)_6]$を加えると，理論上は白色沈殿ができます。しかし実際は，Fe^{2+}が水溶液中の酸素で一部酸化されてFe^{3+}になってしまうため，青白色の沈殿ができます。

■ 色には隠れた法則がある！

濃青色沈殿ができるのには，ちゃんと法則があるんです。

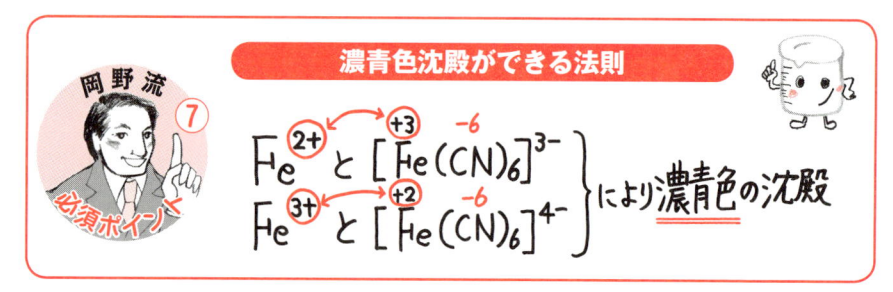

濃青色沈殿ができる法則

$$Fe^{2+} \text{と} [Fe(CN)_6]^{3-}$$
$$Fe^{3+} \text{と} [Fe(CN)_6]^{4-}$$
により濃青色の沈殿

　$[Fe(CN)_6]^{3-}$というイオンの価数に注目です。これはCN^-（シアン化物イオン）が6個あるから，まず合計で-6です。ところが全体で-3になっているということは，鉄のイオンの価数は$+3$になってないといけません。そこでポイントはこれです。**鉄イオンに着目し，$+2$と$+3$が結びついたときに濃青色の沈殿になります。**

　その下も同じです。CN^-が6個で-6。全体が-4になるためには，鉄は$+2$ですよね。結びつく鉄イオンの価数が$+3$のとき，濃青色の沈殿になる。**$+3$と$+2$が結びつくと，同じ濃青色になる**ということです。できあがった濃青色の物質というのは，現段階では全部同じ物質だということがわかっています。これだけ知っておけば，暗記がずいぶん楽になりますよ。

　補足しておくと，鉄イオンに着目して**$+2$と$+2$なら白色の沈殿，$+3$と$+3$が結びつくと暗褐色になります。**そういう理屈を知った上で，「単元1　要点のまとめ⑤」の表をしっかりおさえてください。

1-6 鉄の製錬

　次に「鉄の製錬」についてやっていきます。「鉄鉱石」というのは天然に存在している石ですが，2種類あります。

$$Fe_2O_3 \text{（赤鉄鉱）}, \quad Fe_3O_4 \text{（磁鉄鉱）}$$

1つは赤鉄鉱，もう1つは磁鉄鉱といいます。磁鉄鉱は磁力をもった鉄鉱石です。こうした鉄の酸化物から酸素を奪って，純粋な鉄をつくろうとする技術を「鉄の製錬」といいます。

鉄鉱石（Fe_2O_3など）をコークス，石灰石と混ぜ，熱風を送り還元します。はい，「**コークス，石灰石**」で「**還元**」です。どうぞこの言葉を知っておきましょう。

では，その過程をひとつひとつ見ていきます。まずは石灰石とコークスで還元します。

$$\begin{cases} \underset{\text{石灰石}}{CaCO_3} \xrightarrow{\text{加熱}} CaO + CO_2 \\ \underset{\text{コークス}}{C} + O_2 \longrightarrow CO_2 \end{cases}$$

始めに石灰石を加熱すると，CaOとCO_2になります。この反応式はアンモニアソーダ法の最初の式ですね。そしてもう1つ，石炭を蒸し焼きにして，水分や気体を取り除いたものをコークスといいますが，これを燃やすと，二酸化炭素になります。

このようにして生じたCO_2にもう一度コークスを作用させるんです。そうすると，このように一酸化炭素（CO）になります。

❗重要★★★ $CO_2 + C \longrightarrow 2CO$

この一酸化炭素が重要です。相手から酸素を奪い取るはたらきをします。

$$3\overset{(+3)}{Fe_2O_3} + CO \longrightarrow 2\overset{(+\frac{8}{3})}{Fe_3O_4} + CO_2$$
$$\overset{(+\frac{8}{3})}{Fe_3O_4} + CO \longrightarrow 3\overset{(+2)}{FeO} + CO_2$$
$$\overset{(+2)}{FeO} + CO \longrightarrow \overset{(0)}{Fe} + CO_2$$

赤鉄鉱（Fe_2O_3）に一酸化炭素をぶつけると，酸素を奪われた後のものがFe_3O_4という物質になって，一酸化炭素自身は二酸化炭素になりました。それからまた，Fe_3O_4が一酸化炭素とぶつかってまた酸素を奪われ，FeOと二酸化炭素になった。また，このFeOを一酸化炭素とぶつけ，もう一回酸素を取ってFeにした。結局，Fe_2O_3が最終的にFeになった。すなわ

ち酸化物の鉄が単体になった，という流れです。酸化数に着目すると，一酸化炭素によって還元されていくのがわかりますね。

これらの反応式を1本に直したら，こうなります。

> **重要★★★** $Fe_2O_3 + 3CO \longrightarrow 2Fe + 3CO_2$

この式は出る可能性があります（まとめる前の3本の式は覚える必要はないです）。そして，こうしてできあがった後の鉄を「**銑鉄**（せんてつ）」といいます。これは炭素をたくさん含んでいて，もろくてかたくてあまりいい鉄じゃないんです。鋳物（いもの）などに使われます。ところが，ここに酸素を吹き込んでやると，銑鉄に含まれている炭素が酸素と結びついて二酸化炭素になって飛んでいきます。炭素の含有量が激減する。こうしてできたものを「**鋼鉄**（こうてつ）」とか「**鋼**（こう）」（または「**鋼**（はがね）」）といいます。鋼は刀とかに使われ，切っても刃こぼれしない，非常にすぐれた鉄です。

アドバイス $Fe_2O_3 + 3CO \longrightarrow 2Fe + 3CO_2$ の反応式の係数のつけ方は，いつもの一番複雑な化合物を1とするのではなく，**COまたはCO_2を1とおくと，暗算で簡単にできます**。このことは偶然この反応のときだけ成り立ちます。試してみてください。

単元 1 要点のまとめ ⑥

● **鉄の製錬**

鉄鉱石（Fe_2O_3など）をコークス，石灰石と混ぜ，熱風を送り還元する。

$$\begin{cases} CaCO_3 \xrightarrow{加熱} CaO + CO_2 \\ \text{(石灰石)} \\ \underset{\text{コークス}}{C} + O_2 \longrightarrow CO_2 \end{cases}$$

上のようにして生じたCO_2にCを作用させてCOを生成する。

$$CO_2 + C \longrightarrow 2CO$$

$$\begin{cases} 3Fe_2O_3 + CO \longrightarrow 2Fe_3O_4 + CO_2 \\ Fe_3O_4 + CO \longrightarrow 3FeO + CO_2 \\ FeO + CO \longrightarrow Fe + CO_2 \end{cases}$$

1本の式にすると，

$$Fe_2O_3 + 3CO \longrightarrow 2Fe + 3CO_2$$

銑鉄 $\xrightarrow{O_2(C除去)}$ 鋼鉄

単元 2 金属イオンの反応と分離 化/I

さて、次は「金属イオンの反応と分離」です。ここでは、金属イオンを分けていく操作についてやります。この操作によって、水溶液中にどのような成分が存在しているかを調べることができます。

2-1 金属イオンの系統分離

まずはまとめておきましょう。

単元2 要点のまとめ①

●**金属イオンの系統分離**

金属イオンの混合溶液から、次の試薬を用いて6つの属(グループ)に分ける。

属	試薬	各属に存在する金属イオン	沈殿形
I	HCl	Ag^+, Pb^{2+}	塩化物
II	H_2S(塩酸酸性)	Pb^{2+}, Cu^{2+}, Hg^{2+}, Cd^{2+}, Sn^{2+}	硫化物
III	$NH_3 + H_2O$	Al^{3+}, Fe^{3+}, Cr^{3+}	水酸化物
IV	$(NH_4)_2S$	Zn^{2+}, Co^{2+}, Ni^{2+}, Mn^{2+}	硫化物
V	$(NH_4)_2CO_3$	Ca^{2+}, Sr^{2+}, Ba^{2+}	炭酸塩
VI	—	Na^+, K^+ (炎色反応で調べる)	—

金属イオンの混合溶液から試薬を用いて6つの属(グループ)に分けます。これは、塩酸(HCl)→硫化水素(H_2S)→アンモニア水($NH_3 + H_2O$)→硫化アンモニウム(($NH_4)_2S$)または硫化水素→炭酸アンモニウム(($NH_4)_2CO_3$)、**この順番で試薬を加えて沈殿させていくんです。**

ほとんどの入試がこの順番どおりで出題されますが、多少抜けていたり順番が変わったりするときもあります。しかし、基本がしっかりわかっていれば大丈夫です。

今ビーカーの中に何かイオン，Ag^+とかCu^{2+}，またFe^{3+}が入っているとします 図4-1 。普通，僕らはこれを見ても，何のイオンが入っているかわからない。なぜならばイオンは大きさが原子と同じくらいですから，一生懸命ビーカーを見ていたってわからないわけです。そこで，何かマイナスのイオンを加えてやって沈殿すれば，何が入っていたかわかるわけです。

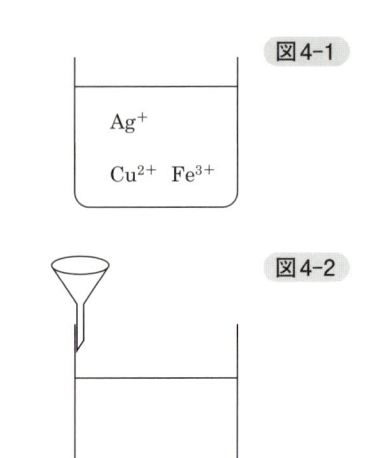

そこで，ろうとを使ってろ過してやると，沈殿物はろ紙の上に乗っかるでしょう。ろ液といって，まだ 図4-1 で沈殿しなかったものが下に出てくる 図4-2 。これの繰り返しです。

最初に使う試薬は塩酸です。塩酸を加えると，Cl^-があるので，塩化物の**AgCl**が沈殿する。Pbの場合は，**$PbCl_2$**が沈殿します。以下，表で○をつけたものだけを覚えていただければ大丈夫です。

■ 金属イオンを分離していこう！

そのろ液に，今度は硫化水素を加えます。そうすると，Cu^{2+}がS^{2-}と結びつき，**CuS**が沈殿する。Ⅱの属（グループ）では，これだけでいいです。

次はここに，アンモニア水を加える。アンモニア水はOH^-の陰イオンができてAl^{3+}やFe^{3+}と結びつき，**$Al(OH)_3$**，**$Fe(OH)_3$**が沈殿する。

アンモニア水で塩基性の状態にしたのち，次は$(NH_4)_2S$を加える。ここではH_2Sを使っても構いません。同じことです。結局は，陰イオンのS^{2-}が関係しているので，**ZnS**の沈殿ができるのです。Zn^{2+}だけ覚えておけば，あとはまず出題されることはないです。

次は$(NH_4)_2CO_3$を加えます。CO_3^{2-}とCa^{2+}，Ba^{2+}が結びついて**$CaCO_3$**，**$BaCO_3$**が沈殿していきます。

さて，ここまでやって，どうにも沈殿しないものがある。それがアルカリ金属の**Na^+**と**K^+**です。**この場合は，炎色反応で調べます。**

以上，全部で○の数は10個です。**この10個のイオンを順番どおり覚えておけば，問題はかならず解けるんです。**

2-2 沈殿する塩とその色

次は，まずこれを見てください。

単元2 要点のまとめ②

● 沈殿する塩とその色

試薬	沈殿する金属イオンとその塩の色 (示されていないものは白)
Cl^-	Ag^+, Pb^{2+}……$PbCl_2$ は熱湯に溶ける。
OH^-	Cu^{2+}（青白色または淡青色）, Zn^{2+}, Ag^+ ……過剰の NH_3 水で溶解。（錯イオンとなり溶ける） （AgOHは不安定で，すぐに Ag_2O（褐色）に変わる） Al^{3+}, Zn^{2+}, Sn^{2+}, Pb^{2+}……過剰のNaOH溶液で溶解。（両性元素） Mg^{2+}, Fe^{2+}（緑白色）, Fe^{3+}（赤褐色） ……過剰の NH_3 水やNaOH水溶液でも溶解せず。
SO_4^{2-}	Ba^{2+}, Ca^{2+}, Pb^{2+}……酸には溶けない。
CO_3^{2-}	Ba^{2+}, Ca^{2+}, Pb^{2+}……強酸には溶解する。
CrO_4^{2-}	Ba^{2+}（淡黄色）, Pb^{2+}（黄色）, Ag^+（赤褐色）
H_2S (S^{2-})	Ag^+（黒色）, Pb^{2+}（黒色）, Hg^{2+}（黒色）, Cu^{2+}（黒色）, Cd^{2+}（黄色） ……酸性，中性，塩基性で沈殿する（**すべてで沈殿する**）。 ────イオン化傾向⑤ Fe^{2+}（黒色）, Ni^{2+}（黒色）, Mn^{2+}（淡紅色）, Zn^{2+}（白色） ……中性，塩基性で沈殿する（**酸性では沈殿しない**）。 ────イオン化傾向⊕ K^+, Ca^{2+}, Na^+, Mg^{2+}, Al^{3+} の各イオンは H_2S では**すべての液性で沈殿しない**。────イオン化傾向⊕

■ 表の意味の違い

さきほどの「単元2 要点のまとめ①」の表とどういう違いがあるか。「要点のまとめ①」の表は試薬に"HCl"と書いてありますが，この「要点のまとめ②」の表にある試薬（電離した陰イオン）は"Cl^-"と書いてあります。この違いは何なのか？

「要点のまとめ②」の表の Cl^- のところは，NaClでも $CaCl_2$ でも，何でも構わないんです。Cl^- を含んでいるものを加えれば沈殿するということ。

ところが「要点のまとめ①」の表ではHClと限定されています。それはなぜか？

図4-3を見てください。今，このビーカーの中にどういう金属イオンが含まれているかを調べているとしましょう。そのときに，NaClを入れたらどうなりますか？ NaClを入れると，確かにAgClは沈殿します。だけど，**新たに，余計な金属イオンNa$^+$を増やしてしまった**んですよ。ビーカーの中に何が入っていたかという分析をしているのに，これでは困りますね。

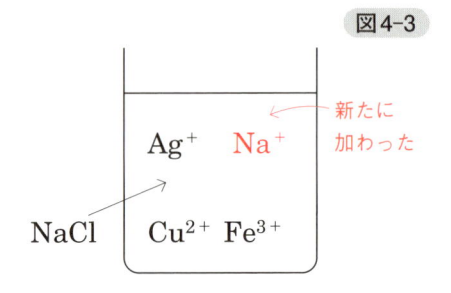

だから，「要点のまとめ①」の表の試薬の欄には金属イオンは含んでいません。見ていただくと，HCl, H$_2$S, NH$_3$などの陽イオンは，H$^+$, H$^+$, NH$_4^+$です。**金属イオンは含んでいませんね。**

一方，「要点のまとめ②」の表は，何でもいいから沈殿させて，あとは色を調べればいいんです。そういう意味の違いがあるんですね。

では，「要点のまとめ②」の表にもどりましょう。

■ 試薬がCl$^-$の場合

Cl$^-$を試薬として加えることで，Ag$^+$, Pb^{2+}と結びつき，**AgCl，PbCl$_2$**が沈殿します。**表に色が示されていないので，すべて白色です。ここが重要なポイント**。白色の場合がすごく多いんです。また，**PbCl$_2$は熱湯（熱水）に溶ける**ということを知っておきましょう。**溶けるということはイオンに分かれる**ということです。**冷たくなれば，また白く沈殿する**んですよ。

■ 試薬がOH$^-$の場合

OH$^-$は上段，中段，下段とあります。

上段はCu^{2+}, Zn^{2+}, Ag$^+$ですが，この3つの金属イオンは，**過剰のNH$_3$水で溶解します**。「Cu^{2+}（**青白色**）」とありますが，**正確には「Cu(OH)$_2$↓」が青白色**ということです。または淡青色と出てくる場合もあります。青白色も淡青色も同じものだと思ってください。Zn^{2+}は正確には「Zn(OH)$_2$↓」。これは**色が示されていませんので，白色**です。Ag$^+$に関しては，AgOHは

不安定で, すぐに**Ag₂O(褐色)**に変わります。これは覚えておいてください。

OH⁻を含んでいる物質が少量加わると, これら3つの金属の沈殿, Cu(OH)₂, Zn(OH)₂, Ag₂Oは, 過剰のアンモニア水で溶解し, 錯イオンとなり溶けます。錯イオンについてはまたあとでやりましょう。

次に**中段**です。Al³⁺と3OH⁻が結びついて, **Al(OH)₃**となります。以下, この段は全部OH⁻が入った物質の話で, すべて**色が示されていないので白色沈殿**です。Al³⁺, Zn²⁺, Sn²⁺, Pb²⁺は「**あ　あ　すん　なり**」と覚えてください。これらは**両性元素**といいましたね。

$$Cu(OH)_2\downarrow, \underline{Zn}(OH)_2\downarrow, Ag_2O\downarrow \cdots 錯イオンとなり溶ける$$

$$Al(OH)_3\downarrow, \underline{Zn}(OH)_2\downarrow, Sn(OH)_2\downarrow, Pb(OH)_2\downarrow \cdots 両性元素$$
　　あ　　　あ　　　　すん　　　　なり

（↑同じ）

Al(OH)₃, Zn(OH)₂, Sn(OH)₂, Pb(OH)₂はどうなるかというと, 例えば過剰の水酸化ナトリウム(NaOH)で溶かすと, Al(OH)₃はNa[Al(OH)₄]という形になって溶けてしまうんです。例の**両性元素**ですね。

ここで, 注意してください。上段のZn²⁺と, 中段のZn²⁺が同じなんですよ。ということは, **Zn²⁺に関していえば, 過剰なアンモニア水でも, 過剰な水酸化ナトリウムでも溶ける**。これは特例, この辺の細かい話が入試に出てくるんですよ。

OH⁻の**下段**を見てください。Mg²⁺, Fe²⁺はまず出ません。最後の**Fe³⁺**は, **Fe(OH)₃の赤褐色沈殿**になります。これは過剰のアンモニア水や水酸化ナトリウムを加えても沈殿が溶けません。

■ 試薬が SO_4^{2-}, CO_3^{2-} の場合

115ページの表の SO_4^{2-}（硫酸イオン）のところを見てください。Ba^{2+}，Ca^{2+}，Pb^{2+}，この3つの金属イオンは**色が示されていないので，すべて白色沈殿**をつくる。沈殿すると $BaSO_4$，$CaSO_4$，$PbSO_4$ となります。

ここは，次のようにゴロで覚えておきましょう！

$$Ba^{2+}, Ca^{2+}, Pb^{2+}$$
硫ちゃんは　バ　　カ　　なやつ
$$SO_4^{2-}$$
$$CO_3^{2-}$$

「**硫ちゃんはバカなやつ**」と覚えます。「硫ちゃん」の"硫"は「**硫酸イオン**」の"硫"。「バリウム，カルシウム，鉛」で「バカな」です。もう1つ便乗させていただいて，硫酸イオン（SO_4^{2-}）の下に**炭酸イオン（CO_3^{2-}）**を入れておきます。これも**同様に全部白い沈殿をつくります**。

実はここで『理論化学①』第8講でやった鉛蓄電池とつながってくるのです。$PbSO_4$，（硫酸鉛（Ⅱ））が沈殿するから，反応式に硫酸イオンをかならず加えるんでしたね。よろしいでしょうか。

■ 試薬が CrO_4^{2-} の場合

次は，CrO_4^{2-}（クロム酸イオン）です。これは，**$BaCrO_4$ が淡黄色，$PbCrO_4$ が黄色，Ag_2CrO_4 が赤褐色**です。**$PbCrO_4$ が最もよく出ます。**

■ 試薬が H_2S の場合

それから，H_2S（硫化水素）です。硫化水素も，上段，中段，下段と3段階あります。

硫化水素の塩については**「黒黒黒」と覚えておいて**，そうじゃない残り3カ所は **Cd^{2+} が黄色，Mn^{2+} が淡紅色，Zn^{2+} が白色**です。全体的に白色沈殿が多い中，ここは黒色沈殿が多くなります。

上段は，Ag^+，Pb^{2+}，Hg^{2+}，Cu^{2+}，Cd^{2+}，これは硫化水素を加えるときに酸性，中性，アルカリ性，**すべての状態で沈殿します**。ということは，もともと沈殿しやすい金属イオンなんですよ。すなわち，陽イオンになりにくい，**イオン化傾向が小さい**ということです。

中段は，Fe^{2+}，Ni^{2+}，Mn^{2+}，Zn^{2+}です。これらは，中性，塩基性で沈殿します。ということは，**酸性では沈殿しない，イオン化傾向が中ぐらいのもの**ということですね。

下段はK^+，Ca^{2+}，Na^+，Mg^{2+}，Al^{3+}まで，これは**イオン化傾向の上から5番目までの金属イオン**です。この各イオンはH_2Sでは**すべての液性で，沈殿しません**。陽イオンになりやすいから沈殿しないんです。

このH_2Sによって沈殿する金属イオンの分類を，うまく覚えるためにはどうするか？　これをちょっと見てください。

K Ca Na Mg Al Zn Fe Ni Sn Pb (H₂) Cu Hg Ag Pt Au
├──── 大 ────┤├─ 中 Mn ─┤├──── 小 Cd ────┤

金属のイオン化傾向（列）に注目しましょう。ゴロは「カソウ　カ　ナ　マ　ア　ア　テ　ニ　ス　ン　ナ　ヒ　ド　ス　ギル　ハク（借）キン」です。

普通，Pt，Auは陽イオンになった形で出てくることはありません。

スズから銀まで（Sn　Pb　Cu　Hg　Ag）が**イオン化傾向㊙**です。**イオン化傾向㊥は3つ**，亜鉛，鉄，ニッケル（Zn　Fe　Ni）です。それから**イオン化傾向㊛**は「カソウ　カ　ナ　マ　ア」の上から**5番目まで**，カリウムからアルミニウムまで（K　Ca　Na　Mg　Al）です。

あと，残りのカドミウム（Cd）はこのイオン化傾向㊙のところに入れておく。それから，マンガン（Mn）も含んでないで，イオン化傾向㊥のところに入れておく。

このように整理しておくと，ずいぶん覚えやすいですよ。

2-3　主な錯イオン

「錯イオン」は，金属イオンに，非共有電子対をもつ分子や陰イオン（この分子とか陰イオンのことを「**配位子**」という）が配位結合して生じたイオンです。配位結合とは，

　　　　配位結合…一方的に電子を貸し与える結合

でしたね。

錯イオンは，名前が「ジアンミン銀（Ⅰ）イオン」とか，「テトラアンミン

銅（Ⅱ）イオン」とか書いてあるから難しく見えますが，原理さえわかれば非常にわかりやすいところです。

■ **ジアンミン銀（Ⅰ）イオンの原理**

では，ちょっとやってみましょう。最初に，ジアンミン銀（Ⅰ）イオンの原理です。

NH_3 は電子式で書くと，連続図4-4① のようになってます。非共有電子対が1個ありますね。この非共有電子対が，Ag^+ の両側へ一方的に電子を貸し与えます 連続図4-4②。

銀の場合は，このアンモニア分子という**配位子**を2つとります。自然界にそういう現象が起こっているわけです。

そして，配位結合した配位子の数を「**配位数**」といいます。ここでは，アンモニア分子の数ですから，**配位数は2**です。さらに，銀の場合は絶対一直線，すなわち形状は**直線形になることが決まって**いるんです。

それで，名前はジアンミン銀（Ⅰ）イオンですが，この「**ジ(di)**」は「**2つの**」という意味です。詳しくはまた有機化学でもやります。そして，配位子のよび方で，**アンモニア分子のことを「アンミン」**といいます（Cl^- のことをクロリド（クロロも可），CN^- をシアニド（シアノも可），H_2O をアクア，OH^- をヒドロキシド（ヒドロキソも可）という）。

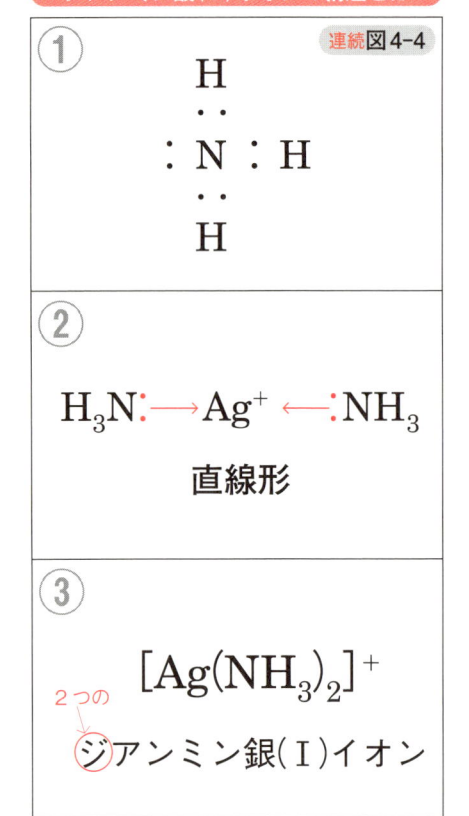

そうしていきますと，ジアンミン銀（Ⅰ）イオンは，ほら，2つ（ジ）のアンモニア分子（アンミン）がくっついた銀のプラス1価（Ⅰ）のイ

ジアンミン酸（Ⅰ）イオンの構造とは
① 連続図4-4 　　　H 　　‥ 　：N：H 　　‥ 　　　H
② $H_3N: \longrightarrow Ag^+ \longleftarrow :NH_3$ 直線形
③ $[Ag(NH_3)_2]^+$ 　　　2つの 　　ジアンミン銀（Ⅰ）イオン

単元 2　金属イオンの反応と分離　121

オンです。わかりますね 連続図4-4 ③。

こういうことだってあります。銀イオンに H_2O が配位結合してもいい 図4-5。何が配位結合しても同じようにできるんです。ポイントは，とにかく銀は配位数2，直線形の構造だということです。

$[Ag(H_2O)_2]^+$ だから，名前は「ジアクア銀（Ⅰ）イオン」ですね。

図4-5

$$[Ag(H_2O)_2]^+$$
ジアクア銀（Ⅰ）イオン

$$H_2O : \longrightarrow Ag^+ \longleftarrow : OH_2$$

■ **テトラアンミン銅（Ⅱ）イオンの原理**

次に $[Cu(NH_3)_4]^{2+}$，テトラアンミン銅（Ⅱ）イオンです。**このイオンの色は深青色です**。入試によく出題されます。銅の2価のイオンはかならず**配位数が4**で，形状が**正方形**だという事実があります 図4-6。

これはもう自然界でそうなっているということで覚えてください。

図4-6

$[Cu(NH_3)_4]^{2+}$
テトラアンミン銅（Ⅱ）イオン

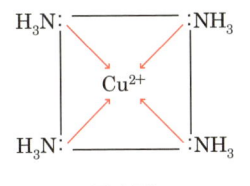

（正方形の構造図：H_3N, $:NH_3$, Cu^{2+}, H_3N, $:NH_3$）

正方形

■ **テトラアンミン亜鉛（Ⅱ）イオンの原理**

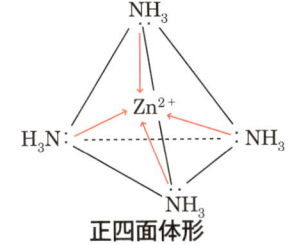

それから，$[Zn(NH_3)_4]^{2+}$，テトラアンミン亜鉛（Ⅱ）イオンです 図4-7。このイオンの色は無色です。亜鉛の場合も**配位数が4**です。でも，こちらは正四面体形なんですね。**同じ4ですが，片一方の銅は正方形で，亜鉛は正四面体形**です。どうぞ，この違いをしっかりとおさえてください。4つのことを「**テトラ**」といい，アンミン（NH_3），亜鉛（Zn）のプラス2価（Ⅱ）

図4-7

$[Zn(NH_3)_4]^{2+}$
テトラアンミン亜鉛（Ⅱ）イオン

（正四面体形の構造図：NH_3, Zn^{2+}, H_3N, NH_3, NH_3）

正四面体形

のイオンだから，テトラアンミン亜鉛（Ⅱ）イオンとよびます。

■ヘキサシアニド鉄（Ⅱ）酸イオン（ヘキサシアノ鉄（Ⅱ）酸イオンも可）の場合

最後に$[\mathrm{Fe(CN)_6}]^{4-}$，ヘキサシアニド鉄（Ⅱ）酸イオン（ヘキサシアノ鉄（Ⅱ）酸イオンも可）。このイオンの色は淡黄色です。 図4-8 を見てください。Fe^{2+}（鉄（Ⅱ）イオン）があって，そこにCN^-（シアン化物イオン）が6つくっつくんです。6つのことを「**ヘキサ**」とよびます。ちょうどテントが張られたような形で，正八面体形になります。正三角形が全部で8つある，だから**正八面体構造**です。

図4-8

$[\mathrm{Fe(CN)_6}]$ 4−
ヘキサシアニド鉄（Ⅱ）酸イオン
（ヘキサシアノ鉄（Ⅱ）酸イオンも可）

正八面体形

それで，今までと違う点として，CN^-はマイナスイオンですね。マイナスが全部で6つあるんですよ。プラスイオンは，Fe^{2+}が1つだけ。

価数に注目すると$-6+2=-4$だから，全体で価数が-4でしょう。**全体にマイナスがついた場合には「酸」という言葉が入ります。**

つまり，錯イオンが陰イオンのとき名前に「酸」をつけるわけです。逆に$[\mathrm{Cu(NH_3)_4}]^{2+}$みたいにプラスのイオンには「酸」をつけません。ここまでがわかっていただければ，もう錯イオンは全然怖くないですよ。

ただ，さきほどからしつこく言いますが，銅の場合は正方形で配位数4，亜鉛の場合は正四面体形で配位数4といった，自然界の事実だけは覚えておいてください。

単元2 金属イオンの反応と分離

単元2 要点のまとめ③

● 主な錯イオン

名　称	化学式	配位数	形状
ジアンミン銀(Ⅰ)イオン	$[Ag(NH_3)_2]^+$	2	直線形
テトラアンミン銅(Ⅱ)イオン	$[Cu(NH_3)_4]^{2+}$	4	正方形
テトラアンミン亜鉛(Ⅱ)イオン	$[Zn(NH_3)_4]^{2+}$	4	正四面体形
ヘキサシアニド鉄(Ⅱ)酸イオン（ヘキサシアノ鉄(Ⅱ)酸イオンも可）	$[Fe(CN)_6]^{4-}$	6	正八面体形
ヘキサシアニド鉄(Ⅲ)酸イオン（ヘキサシアノ鉄(Ⅲ)酸イオンも可）	$[Fe(CN)_6]^{3-}$	6	正八面体形

配位子：NH_3……アンミン，Cl^-……クロリド（クロロも可），
　　　　CN^-……シアニド（シアノも可），H_2O……アクア，
　　　　OH^-……ヒドロキシド（ヒドロキソも可）
　　（注）錯イオンが陰イオンのとき「酸」をつける。

錯イオン：金属イオンに非共有電子対をもつ分子や陰イオン（配位子）
　　　　　が配位結合して生じたイオン。

配位数：配位結合した配位子の数。

図4-9

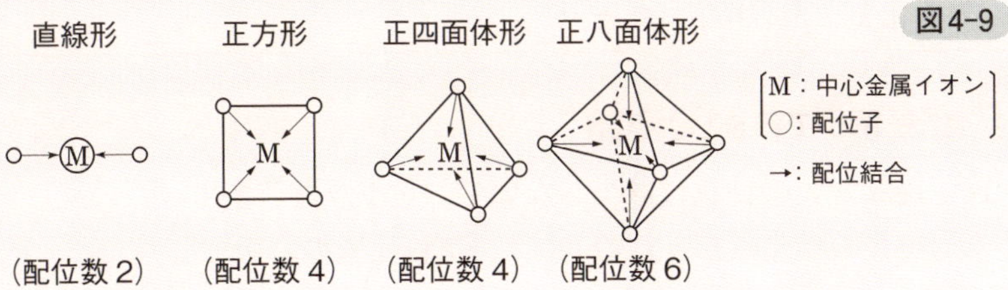

直線形　　正方形　　正四面体形　　正八面体形

（配位数2）（配位数4）（配位数4）（配位数6）

M：中心金属イオン
○：配位子
→：配位結合

数を表す接頭語

1 － mono（モノ）	6 － hexa（ヘキサ）
2 － di（ジ）	7 － hepta（ヘプタ）
3 － tri（トリ）	8 － octa（オクタ）
4 － tetra（テトラ）	9 － nona（ノナ）
5 － penta（ペンタ）	10 － deca（デカ）

演習問題で力をつける⑦
錯イオンを自由自在にマスターせよ！（1）

問 下の各問いに答えよ。

(1) 遷移元素の性質には多くの共通点が見受けられる。次の記述のうちで，その性質に該当しないものを1つ選び，記号で答えよ。
① 複数の酸化数がとれる（酸化数の異なるいろいろな化合物をつくる）。
② 周期表中で上下の元素間だけではなく，隣どうしの元素にも性質は類似する。
③ 酸化物は酸にも塩基にもよく溶ける。
④ 単体は重金属で，融点が高い。
⑤ 化合物は有色のものが多い。

(2) 下の表の金属イオンと配位子の組み合わせにより生じる錯イオンの名称，化学式，配位数およびその形状を記せ。

	(a)	(b)	(c)	(d)
金属イオン	Ag^+	Cu^{2+}	Fe^{2+}	Zn^{2+}
配 位 子	NH_3	H_2O	CN^-	NH_3

(3) 塩化銀の沈殿にアンモニア水を加えると，沈殿は溶解する。このときの変化をイオン反応式で記せ。

さて，解いてみましょう。

(1)…遷移元素の性質に該当しないものを1つ選びます。

「①複数の酸化数がとれる」のは，遷移元素の特徴でしたね。

「②周期表中で上下の元素間だけではなく，隣どうしの元素にも性質は類似する」，はい，これも正しかった。

岡野の着目ポイント 「③酸化物は酸にも塩基にもよく溶ける」。これは間違いです。これは両性元素の性質であって，遷移元素の特徴ではありませんね。

「④単体は重金属で，融点が高い」。正しい。遷移元素のほとんどすべてが重金属だということですね。
「⑤化合物は有色のものが多い」。これもそのとおり，正しいですね。
　　　③……(1)の【答え】
(2)…錯イオンの問題です。(a)はさきほどやったとおりです。
　　　名称：ジアンミン銀(Ⅰ)イオン　　化学式：$[Ag(NH_3)_2]^+$
　　　配位数：2　　形状：直線形……(a)の【答え】

岡野の着目ポイント　(b)は，まず 連続 図4-10① を見てください。H_2O は非共有電子対が2ヵ所あります。そのうちの1ヵ所が，一方的に電子を貸し与えます 連続 図4-10②。合計4つの配位子をくっつけます。配位数4という銅の性質があるわけです。そして，形としては正方形になります。

テトラアクア銅(Ⅱ)イオンの構造とは
連続 図4-10

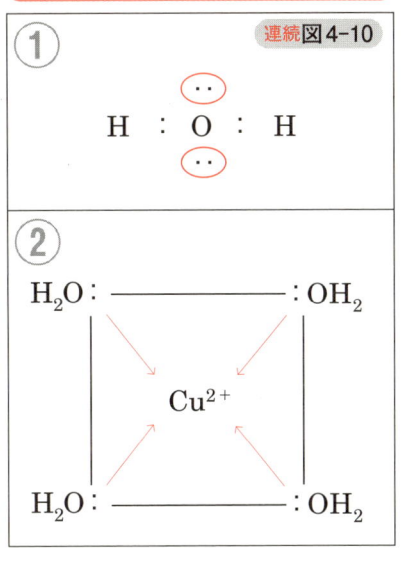

①　H : O : H （非共有電子対が丸で示されている）

②　H_2O 　　　　　$:OH_2$
　　　　　　＼　／
　　　　　　Cu^{2+}
　　　　　／　＼
　　H_2O 　　　　　$:OH_2$

　　　名称：テトラアクア銅(Ⅱ)イオン
　　　化学式：$[Cu(H_2O)_4]^{2+}$
　　　配位数：4
　　　形状：正方形……(b)の【答え】
(c)，(d)については，さきほど詳しく紹介したとおりです。
　　　名称：ヘキサシアニド鉄(Ⅱ)酸イオン（ヘキサシアノ鉄(Ⅱ)酸イオンも可）
　　　化学式：$[Fe(CN)_6]^{4-}$
　　　配位数：6　　形状：正八面体形……(c)の【答え】
　　　名称：テトラアンミン亜鉛(Ⅱ)イオン　　化学式：$[Zn(NH_3)_4]^{2+}$
　　　配位数：4　　形状：正四面体形……(d)の【答え】
(3)…「塩化銀の沈殿にアンモニア水を加えると沈殿は溶解する」ですが，これは第1講の「ハロゲン化物」でやった反応式です。
　　　$AgCl + 2NH_3 \longrightarrow [Ag(NH_3)_2]^+ + Cl^-$ ……(3)の【答え】
このように，錯イオンとなって溶けるわけです。

演習問題で力をつける⑧
錯イオンを自由自在にマスターせよ！（2）

問 Ag^+，Al^{3+}，Ba^{2+}，Cu^{2+}，Pb^{2+}，Zn^{2+}の6種の金属イオンを含む硝酸水溶液がある。これを次のような操作で分離した。

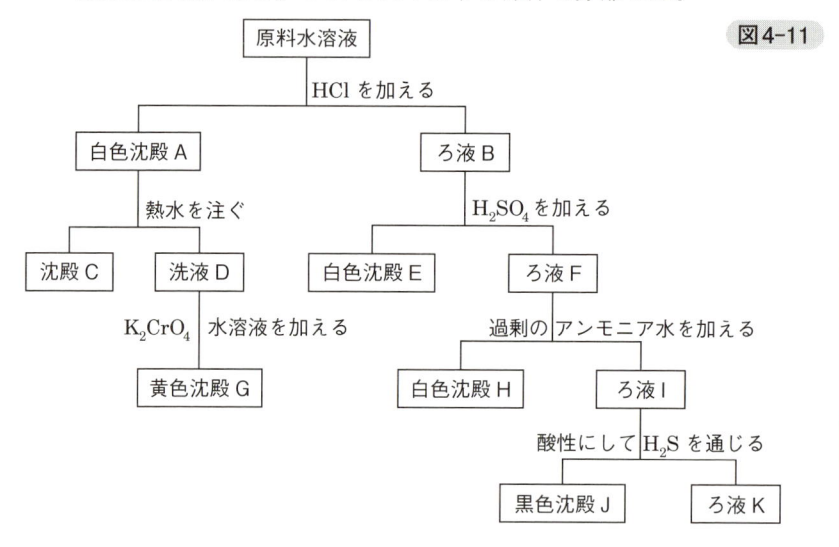

図4-11

```
原料水溶液
   │ HClを加える
 ┌─┴─┐
白色沈殿A  ろ液B
 │熱水を注ぐ │ H₂SO₄を加える
┌┴┐    ┌─┴─┐
沈殿C 洗液D  白色沈殿E ろ液F
      │K₂CrO₄水溶液を加える  │過剰のアンモニア水を加える
      黄色沈殿G          ┌─┴─┐
                    白色沈殿H ろ液I
                         │酸性にしてH₂Sを通じる
                        ┌┴┐
                      黒色沈殿J ろ液K
```

(1) 沈殿Cはアンモニア水に溶解した。沈殿Cの化学式を書け。
(2) 洗液Dの中に含まれる金属化合物の化学式を書け。
(3) 沈殿E，H，Jの化学式を書け。
(4) ろ液Kの中に最も多く含まれる金属イオンは何か。

さて，解いてみましょう。

(1)(2)(3)(4)…これは今までの沈殿の知識を総合して解く問題です。これはいきなり解答を示してしまいましょう 図4-12 。

では，見てください。Ag^+，Al^{3+}，Ba^{2+}，Cu^{2+}，Pb^{2+}，Zn^{2+}という6つの金属イオンがあります。そこに塩酸を加えました。そうすると$AgCl$と$PbCl_2$が沈殿してきます。これが「白色沈殿A」と書いてある部分です。

単元 2 　金属イオンの反応と分離

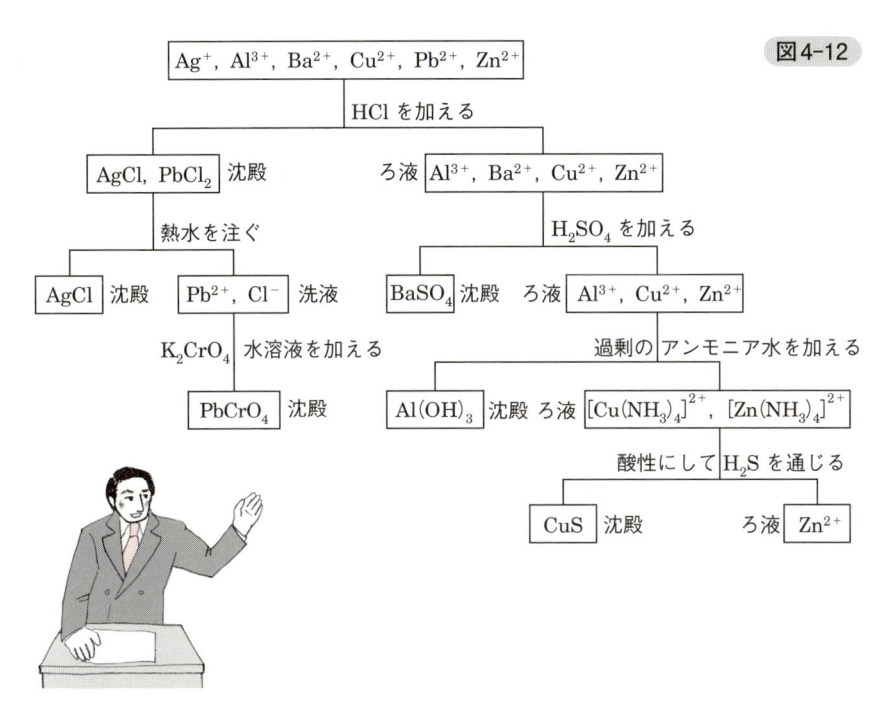

図4-12

```
      Ag⁺, Al³⁺, Ba²⁺, Cu²⁺, Pb²⁺, Zn²⁺
                  │ HCl を加える
        ┌─────────┴─────────┐
    AgCl, PbCl₂ 沈殿    ろ液 Al³⁺, Ba²⁺, Cu²⁺, Zn²⁺
        │ 熱水を注ぐ              │ H₂SO₄ を加える
    ┌───┴───┐              ┌────┴────┐
  AgCl 沈殿  Pb²⁺, Cl⁻ 洗液  BaSO₄ 沈殿  ろ液 Al³⁺, Cu²⁺, Zn²⁺
              │ K₂CrO₄水溶液を加える       │ 過剰のアンモニア水を加える
           PbCrO₄ 沈殿             ┌─────┴─────┐
                              Al(OH)₃ 沈殿  ろ液 [Cu(NH₃)₄]²⁺, [Zn(NH₃)₄]²⁺
                                              │ 酸性にして H₂S を通じる
                                          ┌───┴───┐
                                       CuS 沈殿   ろ液 Zn²⁺
```

　そこに熱水を注ぐと，PbCl₂は溶けてしまいます。洗液Dですね。どういうふうにして溶けるか？　これはただPb²⁺とCl⁻になって分かれるだけです。AgClは溶けませんから，そのまま沈殿Cとなります。

　　　C：AgCl ……（1）の【答え】
　　　洗液D：PbCl₂ ……（2）の【答え】

　Pb²⁺とCl⁻というイオンに分かれた洗液DにK₂CrO₄水溶液を加えると，PbCrO₄になる。これが黄色沈殿Gです。

岡野の着目ポイント　さて，Ag⁺とPb²⁺が取れたから，残り4つのもの（Al³⁺，Ba²⁺，Cu²⁺，Zn²⁺）がろ液Bに含まれているわけです。そこに硫酸を加えると，「**硫ちゃんはバカなやつ**」でBaSO₄が沈殿します（白色沈殿E）。

　残りの3つ（Al³⁺，Cu²⁺，Zn²⁺）がろ液Fに出てきます。これらは少量のアンモニア水では，Al(OH)₃，Cu(OH)₂，Zn(OH)₂という形で全部沈殿します。過剰なアンモニア水では，Cu²⁺，Zn²⁺が，テトラアンミン銅（Ⅱ）イオン，テトラアンミン亜鉛（Ⅱ）イオンという形で溶ける。

Al(OH)$_3$ だけは溶けないので，白色沈殿Hが生じます。

岡野の着目ポイント　最後に，酸性にして硫化水素を通じます。**酸性で硫化水素を加えて沈殿を生じるのは，もともとイオン化傾向の小さい金属です。**ですから，CuSが沈殿して黒色沈殿Jとなります。一方，テトラアンミン亜鉛（Ⅱ）イオンは酸性では沈殿しません。**ZnSにならない。**

　　　E：BaSO$_4$　　H：Al(OH)$_3$　　J：CuS ……（3）の【答え】

　ろ液Kは，酸性にすることによって酸とアンモニアが中和反応を起こすから，錯イオンではなくなってイオンに分かれます。それがZn^{2+}となるわけです。

　　　　Zn^{2+} ……（4）の【答え】

　結局この辺りは，今日の講義の内容をしっかりおさえて覚えるしかないんです。丸暗記だと忘れてしまうから，理論的に，ある程度理屈を知った上で覚えましょう。

　これで無機化学の分野が終わりました。しっかりやっておけば確実に点が取れるところです。きっちりと復習をしておきましょう。

第5講

有機化学の基礎

単元1 有機化合物の初歩 化/Ⅰ

単元2 有機化合物の命名法 化/Ⅰ

第5講のポイント

　第5講からは「有機化学の基礎」について説明していきます。異性体と同一物質の区別がわかるようになりましょう。有機化合物の国際名のつけ方もマスターしましょう。ひとつひとつていねいにおさえていってください。

単元 1　有機化合物の初歩 化/Ⅰ

1-1　有機化合物って何？

　有機化合物とは「**炭素を含む化合物**」という意味です。炭素を含まなければその逆，無機化合物なんです。一般的に無機化合物は炭素を含んでいないと言われてます。

　だけど，中には例外がありまして，例えば CO_2（二酸化炭素）または CO（一酸化炭素），それから「炭酸塩」は無機化合物です。

　炭酸塩とは何か？　酸の水素原子が金属に置き換わったものを塩といいました（『理論化学①』第6講単元3）。

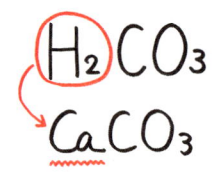

$$H_2CO_3$$
$$CaCO_3$$

　炭酸（H_2CO_3）の H_2 のところが Ca や Na などの金属に置き換えてできた物質，これを炭酸塩というんです。具体的には，$NaHCO_3$ や Na_2CO_3 さらに $CaCO_3$ のように CO_3 を含んでいる塩は，C があっても有機化合物とはいいません。

　このような一部の例外があっても，炭素を含んでいればほとんどすべて有機化合物だといって構いません。

　無機化合物の場合は，112種類の元素がただ組み合わされるだけです。しかし，有機化合物の場合は，C が2個で H が6個のとき C_2H_6（エタン），H が4個のとき C_2H_4（エチレン），H が2個のとき C_2H_2（アセチレン）とか，場合の数で考えるとすごい数になるわけです。物質の種類として非常に多くなってしまい，現在1000万以上存在すると言われています。

> **単元1　要点のまとめ①**
>
> ● **有機化合物**
> 　炭素を含む化合物（ただし，CO_2，CO，炭酸塩は除く）。

1-2 式の分類

■ ①分子式：1個の分子に存在する原子の数を右下に小さく書き表した式

　例えば $C_6H_{12}O_6$，これはグルコース（ブドウ糖）といっています。それから H_2O，こういうのは全部「分子式」です。

■ ②組成式（実験式）：原子数を最も簡単な整数比で表した式

　例えば分子式に出てきたグルコース（ブドウ糖）$C_6H_{12}O_6$ は，各原子の数が全部6で割れますね。そうすると1対2対1になって，CH_2O という形になる。この一番簡単な整数比に直したものが，「組成式」または「実験式」です。だから，H_2Oのように，これ以上簡単な整数比がないものは，分子式も組成式も同じになるんです。

$$C_6H_{12}O_6 \Rightarrow CH_2O, \quad H_2O \Rightarrow H_2O$$
　　分子式　　　組成式　　分子式　　組成式

■ ③構造式：価標を用いて表した式

　価標，これは「手」とよぶことがあります。図5-1 を見てください。原子の結びつきを表す線のことを「**価標**」といいます。このような書き方の式を「**構造式**」といいます。価標の数は元素ごとに決まっています。**主な元素の価標の数をぜひ覚えてください** 図5-2 。

図5-1

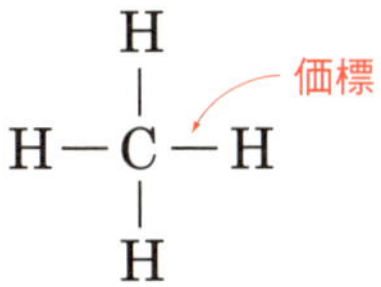

$$H-\underset{\underset{H}{|}}{\overset{\overset{H}{|}}{C}}-H \quad \text{価標}$$

図5-2

$-\underset{	}{\overset{	}{C}}-$ 4本	$-N-$ 3本
$H-$ 1本	$Cl-$ 1本
$-O-$ 2本	$Br-$ 1本

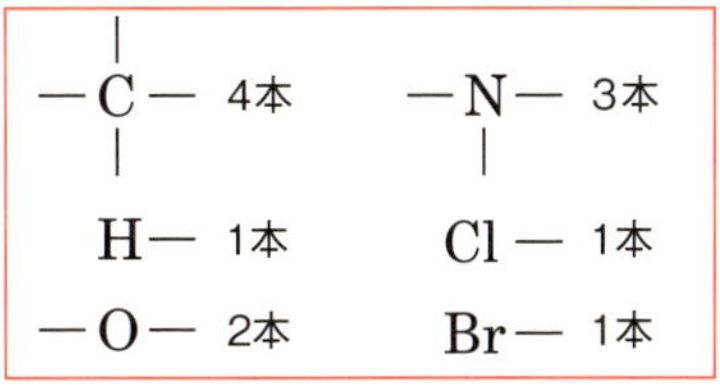

まず**C が 4 本，H は 1 本，O が 2 本**。それから，**N が 3 本，Cl が 1 本，Br が 1 本**。これは知っておいたほうがいいですよ。

有機の反応の多くは，ちゃんと理屈があるんです。だから，構造式を使って反応式を書く練習をして，暗記じゃなくて自分でつくれるようにしておく。そうすると非常にわかりやすく説明ができるんです。

■ ④示性式：官能基を区別して表した式

「示性式」は官能基を区別して表した式です。官能基とは何か。第6講で詳しくやりますが，一言で言うと原子のまとまりなんです。官能基がこれから出てくるたびに，付録の「主な官能基」の表（→303ページ）をチェックしていただければいい。

例を2つ挙げましょう。1つ目は，CH_3OH。

　　メチル基　ヒドロキシ基　　メチル基　カルボキシ基（カルボキシル基）
　　　(CH_3)(OH)　　　　(CH_3)($COOH$)
　　　　メタノール　　　　　　　　酢酸

CH_3 を「**メチル基**」，OH を「**ヒドロキシ基**」といいます。また，メチル基（CH_3）とヒドロキシ基（OH）が結びついてできたものを「メチルアルコール（CH_3OH）」または「メタノール」といいます。

もう1つの例は，CH_3COOH。CH_3 はメタノールと同じメチル基で，$COOH$ は「**カルボキシ基**」（「カルボキシル基」ともいう）といいます。メチル基（CH_3）とカルボキシ基（$COOH$）が結びついてできたのが CH_3COOH で「酢酸」といいます。

こういう原子のまとまりを組み合せたものが示性式です。なかなかわかりにくいところですが，この辺もだんだん講が進むにつれて慣れてきます。

単元 1　要点のまとめ②

● **式の分類**

① **分子式**……1個の分子に存在する原子の数を右下に小さく書き表した式
　　　　例：$C_6H_{12}O_6$，H_2O

②**組成式**……原子数を最も簡単な整数比で表した式
　（実験式）

$$例：C_6H_{12}O_6 \longrightarrow CH_2O$$
$$分子式 組成式$$

③**構造式**……価標を用いて表した式

④**示性式**……官能基を区別して表した式

　　　　例：CH_3OH，CH_3COOH

1-3 異性体

　分子式は同じだけど，構造の異なる化合物が2種類以上存在する場合，それらの物質を「**異性体**」といいます。これは大きく2つに分類できます。最初にまとめておきましょう。

単元1 要点のまとめ③

●**異性体**

異性体
- **構造異性体**……分子式が同じで構造式が異なる物質。
  （骨格構造が異なるもの。官能基や二重結合の位置が異なるもの。）
- **立体異性体**
  - 幾何異性体（シス，トランスの関係にあるもの。）
  - 光学異性体（不斉炭素原子をもつもの。）

　まず「**構造異性体**」，これは「分子式が同じで構造式が異なる物質」です。
　もう1つは，「**立体異性体**」で，その中にさらに2つあるわけです。立体異性体のグループは，言葉として大事なところを覚えていただければOKです。
　「**幾何異性体**」，「**シス**」，「**トランス**」，「**光学異性体**」，あと，「**不斉炭素原子**」。これらの言葉を覚えてください。言葉の意味はまた第6講以降に説明していきます。
　さて，構造異性体，「分子式が同じで構造式が異なる物質」にもどりましょう。まず例ですが，「C_2H_6O」と，どこかに書いてみてください。

$$C_2H_6O$$

これは分子式です。図5-3の2つを見比べてください。この2つはC_2H_6Oですが，確かに構造が違うでしょう。こういう場合に「2つの異性体がある」といいます。名前がよくわからなくても今は大丈夫。こういう構造がわかっていくように，練習していきましょう。

図5-3

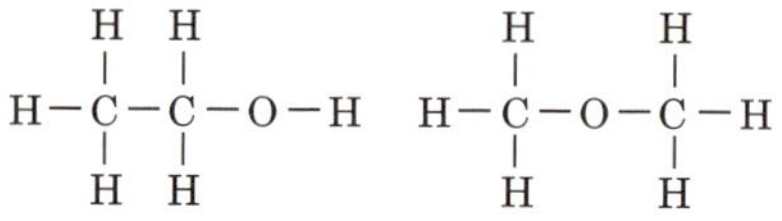

$$H-\overset{\overset{H}{|}}{\underset{\underset{H}{|}}{C}}-\overset{\overset{H}{|}}{\underset{\underset{H}{|}}{C}}-O-H \qquad H-\overset{\overset{H}{|}}{\underset{\underset{H}{|}}{C}}-O-\overset{\overset{H}{|}}{\underset{\underset{H}{|}}{C}}-H$$

エタノール　　　ジメチルエーテル

エタノールの構造式を見てください。C2個に続いてO，Hが並んでいる。**1-2**③（→131ページ）でやった手の数を思い出して。Cは手が4本と決まっています。だから，左側のCに4本入っているわけです。右側のCも4本入っていますね。Hは決まりどおり手が1本あるわけ。Oは手が2本でしょう。数がちょうど合っていますよね。

今度はジメチルエーテルを見てください。これもCの手が4本あるでしょう。Oが2本。Cが4本，Hが1本ですよね。だから，これで構造式がきれいに成り立つんですよ。

エタノールというのは飲めるアルコール。これを飲むと多少明るくなって陽気になる人もいますね。

だけど，ジメチルエーテルはエーテルです。これは気体なんです。これは冷却剤に使用し，飲めません。エタノールは飲める。このように性質が全然違うでしょう。

でもほら，Cが2個，Hが6個，Oが1個ずつだから，分子式は同じですね。だけど構造式が違うから，性質も全然違う。このことを「異性体の関係」といいます。有機化学の第1関門は異性体であるのか，同一物質であるのかの区別です。詳しくは「演習問題で力をつける⑨」（→142ページ）のところで説明しましょう。

1-4 炭化水素の分類

次に炭化水素の分類です。**炭化水素とは，炭素と水素だけでできている化合物**です。

単元1　有機化合物の初歩　135

Oが入っちゃいけない。CとHしか入れない。その炭化水素には**鎖状の化合物と環状の化合物**があります。これはまとめた表を見て覚えてください。今から覚えるべきところを説明していきます。

単元1 要点のまとめ④

● 炭化水素の分類

	種　類	一　般　式	化　合　物
鎖式炭化水素	メタン系炭化水素 **アルカン** （単結合のみ）	C_nH_{2n+2} （飽和炭化水素）	CH_4 …… メタン C_2H_6 …… エタン C_3H_8 …… プロパン
鎖式炭化水素	エチレン系炭化水素 **アルケン**　オレフィン （二重結合1個を含む）	C_nH_{2n} $n≧2$ （不飽和炭化水素）	C_2H_4 …… エチレン C_3H_6 …… プロピレン またはプロペン
鎖式炭化水素	アセチレン系炭化水素 **アルキン** （三重結合1個を含む）	C_nH_{2n-2} $n≧2$ （不飽和炭化水素）	C_2H_2 …… アセチレン C_3H_4 …… プロピン
環式炭化水素	脂環式炭化水素 **シクロアルカン** （単結合のみ）	C_nH_{2n} $n≧3$ （飽和炭化水素）	C_3H_6 …… シクロプロパン C_4H_8 …… シクロブタン
環式炭化水素	芳香族炭化水素 （ベンゼン環を含む）	C_nH_{2n-6} $n≧6$	C_6H_6 …… ベンゼン C_7H_8 …… トルエン

鎖式炭化水素……炭素原子が鎖状の構造をもつ炭化水素。脂肪族炭化水素ともいう。

環式炭化水素……炭素原子が環状の構造をもつ炭化水素。ベンゼンのように特殊な形の環状構造をもつものを芳香族炭化水素といい，それ以外の環式炭化水素を脂環式炭化水素という。

飽和炭化水素……炭素原子間のすべての結合が単結合である炭化水素。

不飽和炭化水素……炭素原子間に二重結合や三重結合を含む炭化水素。

■ **鎖式炭化水素**

図5-4 を見てください。Cがずっとつながっていて，途中，炭素が枝分かれして出てきたりしても構わないけれど，とにかく鎖状に並んでいる

ものを「**鎖式**」といいます。それに対して，輪っか状につながってる，こういうのを「**環式炭化水素**」といいます。

図5-4

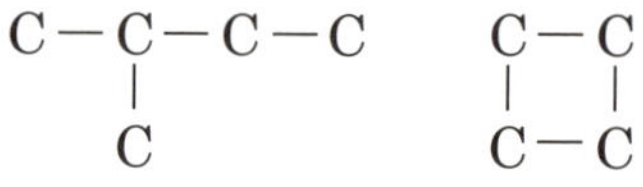

```
C—C—C—C        C—C
      |          |  |
      C          C—C
    鎖式        環式
```

■ メタン系炭化水素（アルカン）

まずは，「**メタン系炭化水素**」，「**アルカン**」。この2つは同じことです。日本語名で言うとメタン系炭化水素になるし，外国語名で言うとアルカンという言い方になる。でも両方とも覚えてください。それから，一般式も覚えてください。

> **重要★★★**　　C_nH_{2n+2}

C_nH_{2n+2} という形をしています。あと「単結合のみ」ということも要チェックです。アルカンは二重結合を含みません。

■ エチレン系炭化水素（アルケン）

そして「**エチレン系炭化水素**」，「**アルケン**」，「**オレフィン**」。3つとも試験に出てきますよ。中でもアルケンが一番頻出です。

この3つは同じことだということを知っておいてください。あと一般式は，

> **重要★★★**　　C_nH_{2n}

さらに「二重結合1個を含む」ということも要チェックです。

■ アセチレン系炭化水素（アルキン）

次に「**アセチレン系炭化水素**」，「**アルキン**」。この2つも同じことで，一般式は，

> **重要★★★**　　C_nH_{2n-2}

ここは「三重結合」を1個含むんです。

覚えることをまとめましょう。「アルカン」，「アルケン」，「アルキン」という名前と，アルカンが「単結合のみ」，アルケンが「二重結合1個を含む」，アルキンが「三重結合1個を含む」。それから，一般式が「$\mathbf{C_nH_{2n+2}}$」，「$\mathbf{C_nH_{2n}}$」，「$\mathbf{C_nH_{2n-2}}$」となること。これらのことをしっかりとおさえてく

単元1　有機化合物の初歩　137

ださい。

　「単元1　要点のまとめ④」の表の中に代表的な化合物が書いてあります。メタン，エタン，プロパンとか，エチレン，プロピレンとか，アセチレン，プロピンとか。この辺も書けるようにしておきましょう。

■ **一般式のつくり方**

　一般式は次のように理解しましょう。図5-5 を見てください。

図5-5

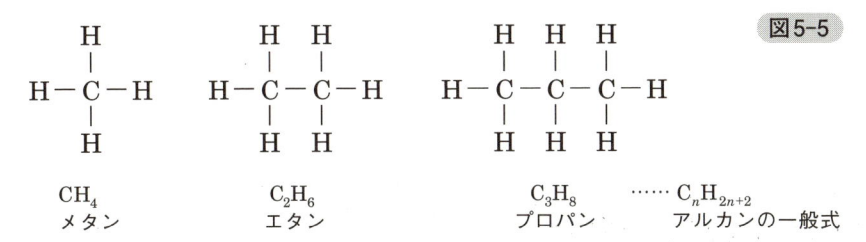

CH_4　メタン
C_2H_6　エタン
C_3H_8　プロパン
…… C_nH_{2n+2}　アルカンの一般式

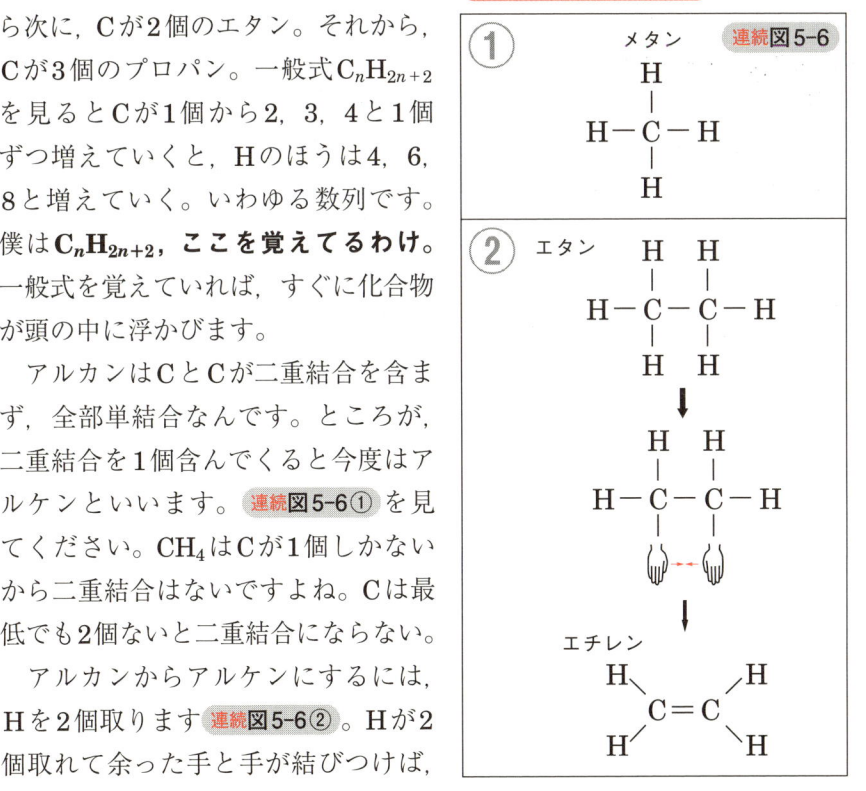

　一番左はアルカンのメタン。それから次に，Cが2個のエタン。それから，Cが3個のプロパン。一般式 C_nH_{2n+2} を見るとCが1個から2, 3, 4と1個ずつ増えていくと，Hのほうは4, 6, 8と増えていく。いわゆる数列です。僕は C_nH_{2n+2}，**ここを覚えてるわけ。**一般式を覚えていれば，すぐに化合物が頭の中に浮かびます。

　アルカンはCとCが二重結合を含まず，全部単結合なんです。ところが，二重結合を1個含んでくると今度はアルケンといいます。連続図5-6① を見てください。CH_4はCが1個しかないから二重結合はないですよね。Cは最低でも2個ないと二重結合にならない。

　アルカンからアルケンにするには，Hを2個取ります 連続図5-6②。Hが2個取れて余った手と手が結びつけば，

単結合から二重結合へ

① メタン　連続図5-6

② エタン

↓

↓

エチレン

ほら，二重結合が1個のものになったでしょう。これをエチレン（C_2H_4）といい，アルケンの一種です。

連続 図5-6② のことを一般式で書いてみます。

$$C_nH_{2n+2}$$
$$C_nH_{2n}$$

（$-2H$）

アルカン C_nH_{2n+2} から H が2個取れた（$-2H$）から，$2n+2-2$ で，アルケンの一般式は C_nH_{2n} という式になるわけです。

図5-7

$$H-C=C-H$$
（H, H が上に付く）
↓
$$H-C=C-H$$
↓
$$H-C\equiv C-H$$

つまり，H が2個取れて二重結合が1個増えました，って考えればいいわけです。僕は，いちいち全部丸暗記するのは無理なんで，この考え方を覚えています。

さらにアルキンの**三重結合にするためには**どうすればいいか。**また H を2個取ればいい** 図5-7 。そうすると余った手と手が結びついて三重結合になるでしょう。

$$H-C\equiv C-H$$

アルケンから H を2個取ってやって，三重結合ね。それが一般式にまた出てくるわけです。

$$\left.\begin{array}{l} C_nH_{2n+2} \\ C_nH_{2n} \end{array}\right\} -2H$$
$$\left.\begin{array}{l} C_nH_{2n} \\ C_nH_{2n-2} \end{array}\right\} -2H$$

　C_nH_{2n}から，また H を 2 個引いたら C_nH_{2n-2}。**アルカンから考えると，$2n+2$から$2n$になって，さらに$2n-2$，**ということです。これがアルカン，アルケン，アルキンといわれている流れの一般式のつくり方です。いいですか。

■ 環式炭化水素

　ここからは環式炭化水素です。まずは「脂環式炭化水素」または「シクロアルカン」。"**シクロ**"とは"**輪っか**"という意味ですね。サイクリング（cycling）の cycle と同じ。シクロ（輪っか）のアルカンという意味なんですよ。「単元 1 要点のまとめ④」（→135 ページ）には「単結合のみ」と書いてありますね。

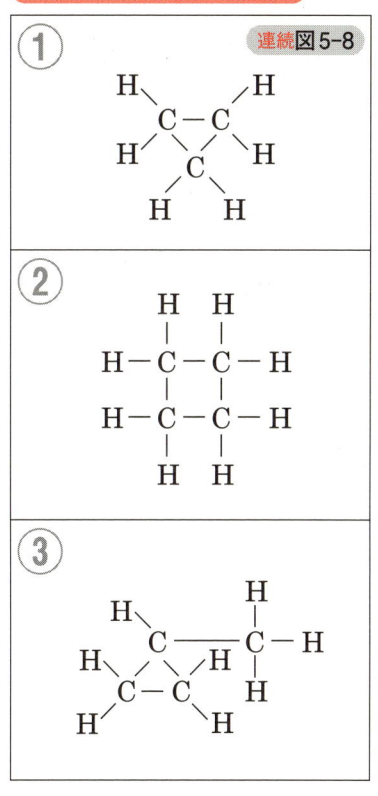

　例を挙げてみましょう。C は 3 個から始まります 連続図5-8①。最低 3 個ないと輪っかにならないんですね。C が 3 個だと，手が 6 本出ますから。H はちょうどそこにくっついてくるので，6 個になるんです。

　C が 4 個の場合は，C 4 個が輪っかになって，手が 8 本出ますから，そこに 8 個の H がくっつきます 連続図5-8②。

　それから，こういうのもあるでしょう。C が 3 個で輪っかをつくって，C があと 1 個輪の外に飛び出ている 連続図5-8③。こういう場合も出ている手の数を数えると，手は 8 本になります。

　ということは，今の式を書くと C_nH_{2n} なんですよ。**かならず H の数が C の 2 倍になる。それがシクロアルカンの一般式です。**

連続図5-8　輪っかの周りの手に注目！

①
```
    H   H
     \ /
      C—C
     / \
    H   C   H
       / \
      H   H
```

②
```
    H   H
    |   |
  H—C—C—H
    |   |
  H—C—C—H
    |   |
    H   H
```

③
```
        H
        |
    H   C—H
     \ / \
      C   H
     /|\
    H | H
      C—C
     / \ \
    H   H H
```

そうすると，アルケンの場合と同じになるんです。**シクロアルカンのC_nH_{2n}とアルケンのC_nH_{2n}は一般式が同じです。**ぜひ覚えておきましょう。

> **!重要★★★** アルケンとシクロアルカンの一般式は共にC_nH_{2n}である。

■芳香族炭化水素

最後に「**芳香族炭化水素**」。これはベンゼン環といわれるものが含まれるんです。

C_6H_6を「**ベンゼン**」といいます 図5-9。ベンゼン環は，ここでは簡単に触れますが，これの構造を決めるのが，非常に難しかったんですよ。C6個が，二重結合と単結合を含んだ状態で存在していると考えてください。

図5-9

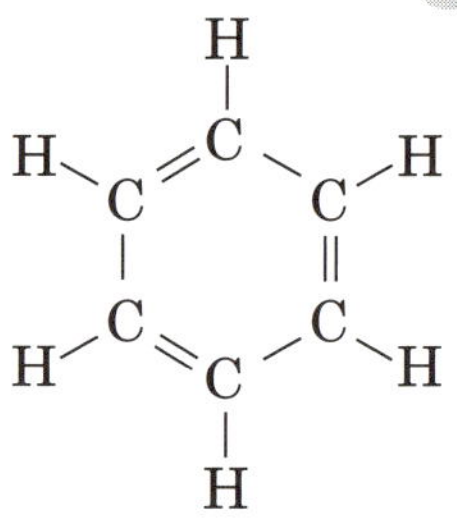

すべての炭素(C)は手が4本出ていて，水素(H)は1本ずつ手が出ている。確かに構造式が成り立っていますよね。こういうものを「ベンゼン環」といい，**ベンゼン環を含む炭化水素のことを芳香族炭化水素というんです。**

芳香族とは消毒薬のにおいのことです。病院の待合室に座ってると，クレゾールとかフェノールとかいろんな消毒薬のにおいがしてきますね。あの手の特殊なにおい，あれがこのベンゼン環をもったものの特徴なんですよ。それで芳香族といっているんです。

他の芳香族炭化水素の例を挙げましょう。 図5-9 のHの場所に$-CH_3$が来ると，この名前を「トルエン」といいます 図5-10 。芳香族に関しては第9講でもうちょっと詳しくやりますので，今はそのぐらいにしておきましょう。

図5-10

芳香族炭化水素の一般式は覚えないでいいです。炭化水素の分類の表の**上から4つは絶対出ますから，一般式をしっかりとおさえてください。**

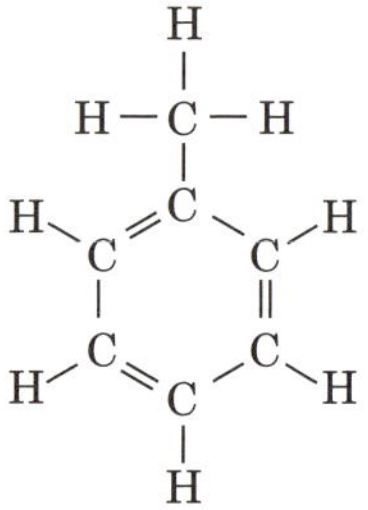

単元1　有機化合物の初歩　141

■飽和炭化水素と不飽和炭化水素

あと，「単元1　要点のまとめ④」（→135ページ）の表には「飽和炭化水素」とか「不飽和炭化水素」という言葉がありますね。

飽和というのは単結合のみからできている化合物。**不飽和とは，二重結合，三重結合をもつ，特にCとCの間に二重結合，三重結合を含む化合物**をいいます。

図5-11 を見てください。二重結合，三重結合が切れると手が伸びて，そこにまたHとか他の原子がくっつく余地がある。だから不飽和といいます。飽和というのは，もうこれ以上他の原子をくっつけられないことですね。

例えば，メタンはCの手は4本までしか出ないから，もうこれ以上Hがくっつく余地がない 図5-12 。それで飽和炭化水素，不飽和炭化水素と区別して言っているわけです。

図5-11

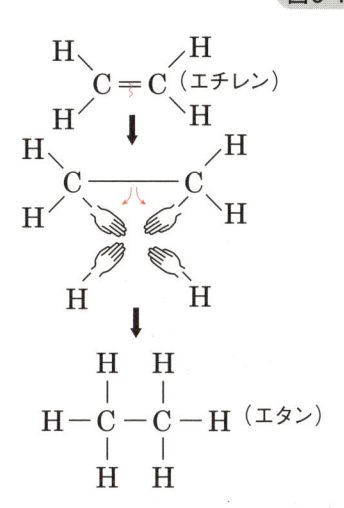

図5-12

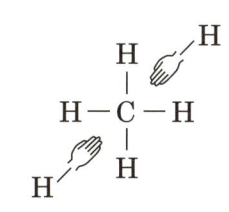

■有機化合物のポイントは異性体

有機化合物を学ぶときに，何がポイントになるか？　これは異性体なんですよ。**1-3** で例を簡単に書きましたが，C_2H_6Oにはエタノールとジメチルエーテルと2つありました。これらが異性体の関係であるかどうかを区別すること，そこがやっぱりポイントになるんです。同じ分子式でありながら，これらが同一物質なのか異性体の関係なのかということが判断しにくいんですね。では演習問題にいきましょう。

演習問題で力をつける⑨
異性体か同一物質かの区別

問 次の文の□に適切な語句または数字を記せ。

(1) メタンの水素原子2個を塩素原子で置換した化合物には異性体が存在 ① 。このことはメタンの分子構造が平面形で ② ことを示している。

(2) 一般式 C_nH_{2n+2} で表される ① （国際名）では，n が ② 以上になると異性体が存在する。

🙂 さて，解いてみましょう。

(1)…本問は解答することよりも，解答の説明に意義があるので，解答を先にやってしまいます。あとから答えを確かめてみましょう。

①は，存在「する」か「しない」かどちらかを入れます。

②は，平面形で「ある」か「ない」かです。

まず①，これは存在「しない」んです。なぜかというと，②メタンの分子構造が平面形で「ない」からなんです。

　　「しない」……　①　の【答え】

　　「ない」……　②　の【答え】

(2)…①と②を一緒にやってしまいます。

①一般式 C_nH_{2n+2} は **1-4**（135ページ）に書いてあります。この一般式で表されるものを何というか。アルカンといいましたね。しっかり覚えておきましょう。

　　アルカン……　①　の【答え】

② n が何個以上になると異性体が存在するか。結論から言うとCが4個になったときに，はじめて異性体というのが存在していきます。n が4，C_4H_{10} ですね。

　　4……　②　の【答え】

単元1　有機化合物の初歩　143

1-5 異性体か同一物質か

「演習問題で力をつける⑨」の(1)(2)を通して，本当に答えのとおりになっているかどうか，ちょっと確かめてみましょう。

(1)です。とりあえずメタンCH_4を書きました 連続図5-13①。問題文に「メタンの水素原子2個を塩素原子で置換した化合物」とありますね。"置換"というのは"置き換える"ということです。有機化学では，よく置換という言葉が出てきますから，理解しておきましょう。

どこでもいいのですが，水素2個を入れ換えてみます。連続図5-13② を見てください。Aでは上と右のHをClに置き換えました。もう1つ違う置き換え方がありますね。そう，Bのように上下のHをClに置き換える。AとBは違いますね。

わかりますか？　Aは隣どうしにClとClがあるけれども，Bは遠いところにClとClがあるでしょう。だからこの2つは何か違うように見えます。果たしてこれらは異性体なのか同一物質なのか？

では，ここで立体模型をつくってみましょう 連続図5-14①。この中心にある黒いもの(●)が炭素Cです。あと，手の先に■と○が2個ずつついています。○が塩素Cl，■は水素Hとしましょう。

水素2個を塩素に置換
連続図5-13

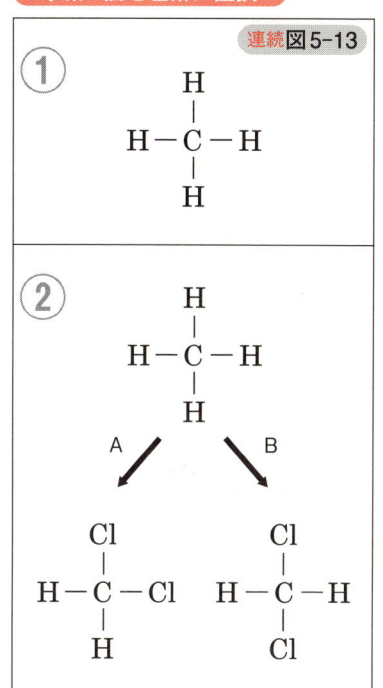

同じ物質は重なり合う
連続図5-14

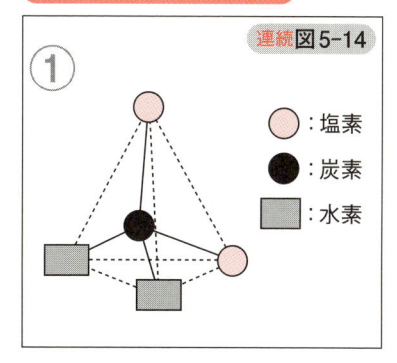

○：塩素
●：炭素
■：水素

連続図5-14①でつくった立体模型を2つ用意します。

連続図5-14 の続き

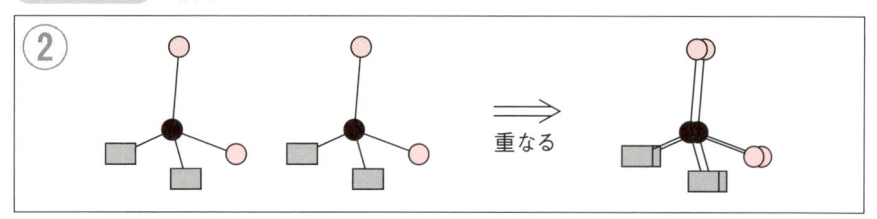

この2つの立体模型は全く同じように重なりました 連続図5-14②。だから，この2つは完全に同じもの。同一物質です。もし，2種類違う物質ができたとしたならば，かならずここに重なり合わないものができあがってくるはずです。

では，■と○を入れ換えてみます 連続図5-15①。このときできる物質をそれぞれ（イ）と（ロ）とします。ひょっとすると違う物質ができたかもしれません。ここで（イ）と（ロ）の立体模型をもう1回重ね合わせてみます。連続図5-15②を見てください。どうでしょうか。（ロ）を回転させて向きを変えると，（イ）とちょうど同じ物質になり，重なりますね。ですから，（イ）と（ロ）は全く同一物質なんです。

同じ要領で何回やっても全部同一物質になることが確認できます。この回転させる考え方にもどれば，同一物質か異性体かの区別がつけられるようになります。次の「**岡野流　必須ポイント⑧**」を見てください。

単元1　有機化合物の初歩

岡野流 必須ポイント ⑧　炭素原子の2本の手の入れ換え

同じ炭素原子から出る4本の手のうち，どの2つを入れ換えても同一物質になる

　これは大きなポイントです。異性体であるかどうかを区別していくときに，「同じ炭素原子から出る4本の手のうち，どの2つを入れ換えても同一物質になる」を大原則として判断するわけです。

　もう1回，「演習問題で力をつける⑨」の(1)の答えを考えてみましょう。「メタンの水素原子2個を塩素原子で置換した化合物には異性体が存在**しない**」と，今，図を見ておわかりいただけたと思います。

　しかし，連続図5-15①の(イ)と(ロ)は「回転させて同じになる」だったのに対して，■と●を「**入れ換えても同一物質**」という考え方からも答えは出せます。**このほうが絶対，簡単です。**

　このような方法を使って問(2)をやっていきましょう。**アルカン**という言葉は名前だからいいでしょう。nが何個以上になると異性体が存在するか？　答えは4個以上と言いましたが，とりあえず3個ぐらいから確かめてみましょう。Cが3個の場合，C_nH_{2n+2}より，C_3H_8，これは「プロパン」といいます。連続図5-16①のように書けますね。

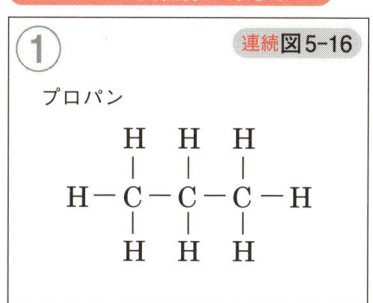

　これは異性体が存在するかしないかを，自分で確認できるかどうかが重要です。

プロパンに異性体はあるか？

連続図5-16

① プロパン

$$H-\underset{\underset{H}{|}}{\overset{\overset{H}{|}}{C}}-\underset{\underset{H}{|}}{\overset{\overset{H}{|}}{C}}-\underset{\underset{H}{|}}{\overset{\overset{H}{|}}{C}}-H$$

例えば，右側のCが折れ曲がって，連続図5-16②のようにHが入ってきたとき，これはプロパン連続図5-16①と同一物質なのか，または異性体なのか？

さきほどの「岡野流　必須ポイント⑧」を使って考えると，これらは同一物質です。

Hを○で囲みます。次にCH_3を□で囲みます連続図5-16②。

この○と□，これは入れ換えても同じ物質なんです。「**4本の手のうち，どの2つを入れ換えても同じ物質**」だからですね。実際に○と□を置き換えてみます連続図5-16③。前のページの連続図5-16①と同じ形になりましたね。連続図5-16①と連続図5-16②，すなわち入れ換える前と入れ換えた後では同一物質であり，異性体の関係になりません。

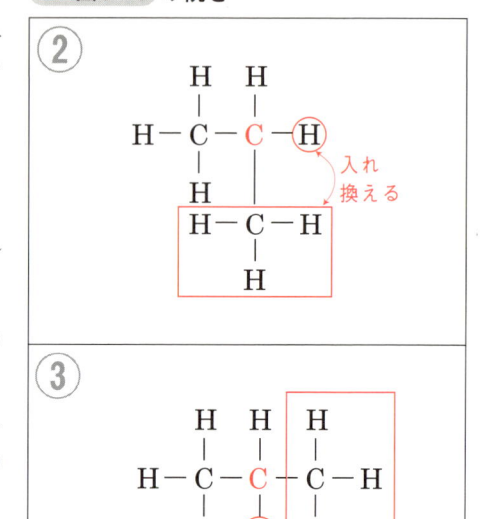

では，もう1つ確かめましょう。今度はCが4個の場合ですよ。C_4H_{10}は連続図5-17①のようにCを4個一直線に並べるパターンがまず1つできます。これはブタンといいます（名前についてはのちほどやります）。

Cを一直線に3個並べて，そのあとにCがもう1個くっついてくるときに連続図5-17②，Ⓐ右端にくっつく場合，Ⓑ左端にくっつく場合，Ⓒ真ん中にくっつく場合と全部で3通り考えるわけです。そ

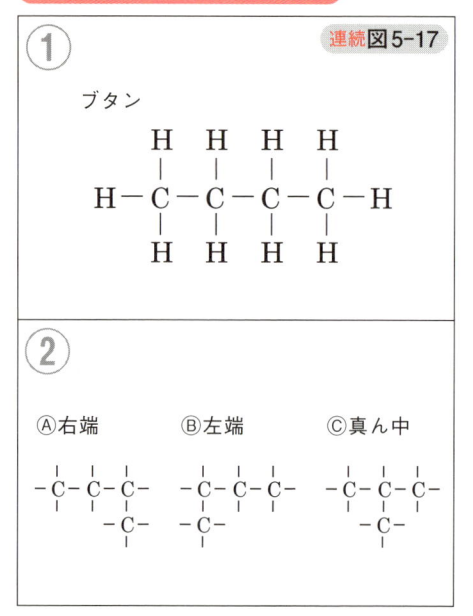

単元1　有機化合物の初歩　147

の中で同一物質なのか異性体なのかを区別していくんです。図ではわかりやすいようにHを省略しています。

連続図5-17②のⒶとⒷを見ていただくと，プロパンのときと同様に，これらⒶⒷは共にブタン 連続図5-17① と同一物質です。なぜかということを，もう1回簡単に説明しておきます。

Ⓐにおいて左から3つ目の炭素を見るんです 連続図5-17③ 。そこで，Hを○で囲み，次に，CH₃を□で囲みます。あとは，□と○を入れ換えれば，Cが4個並んで一直線になるでしょう。すなわち 連続図5-17① と同じになります。 連続図5-17④ を見てください。Ⓑも同じように○と□を入れ換えれば一直線になり， 連続図5-17① と同じになります。よって異性体の関係になりません。

連続図5-17 の続き

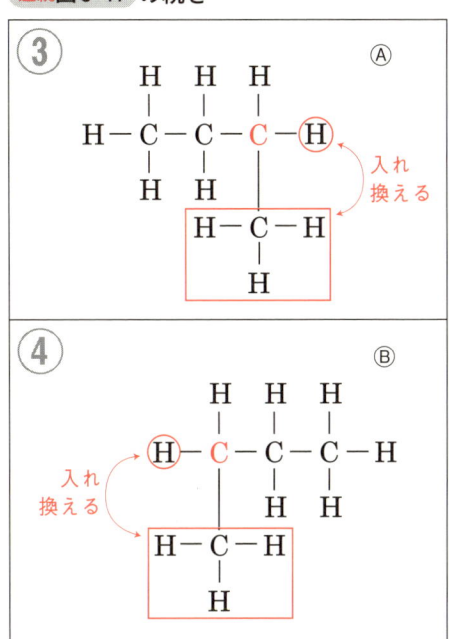

③

Ⓐ

```
   H  H  H
   |  |  |
H--C--C--C--H    入れ
   |  |  |       換える
   H  H
      |
   H--C--H
      |
      H
```

④

Ⓑ

```
   H  H  H
   |  |  |
H--C--C--C--H
   |  |  |
入れ H  H
換える   |
   H--C--H
      |
      H
```

ということは，プロパンのときもそうだったのですが，今回のブタンも，Cを3個並べて，もう1個Cをくっつけるというときに，**どちらの端っこにくっつけても，結局Cが4個一直線に並ぶパターンと同一物質になってしまうということです。**

真ん中のところにCがくっついてくるという， 連続図5-17② のⒸのパターンはどうでしょう？　これが同一物質か異性体なのかをちょっと考えてみましょう。

4本の手のうち，どの2つを入れ換えても同じになります。例えば，連続図5-18①において上のHの○と下のCH₃の□を入れ換えても，これは裏返しにしただけのことですね連続図5-18②。したがって連続図5-18①と連続図5-18②は同一物質です。

このように連続図5-18①の図のどの2つを入れ換えても，連続図5-17①のような一直線に並んでいる物質にはなりません。だからC4個が一直線に並んでいる物質と真ん中にくっついている物質は異性体の関係なんです図5-19。

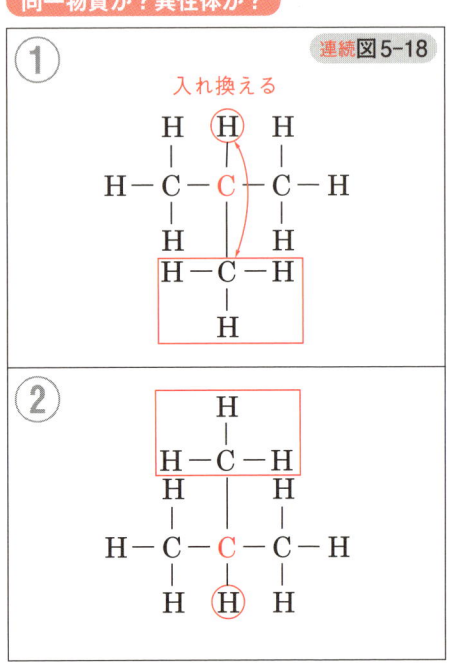

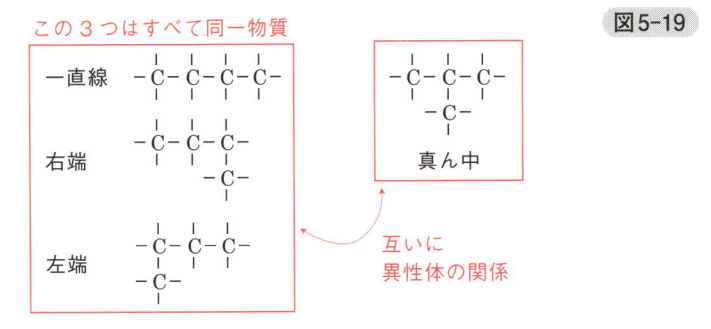

ということで，異性体がここでは**2個**ある，ということがわかりました。

Cが3個のプロパンのほうは，異性体なし，つまり**0個**なんです。異性体は0個のものから，あったときにはいきなり2個になる。1個の異性体というのは絶対ありえないんです。

繰り返しますが，**同じ炭素原子の4本の手のうち，どの2つを入れ換えても，それは同一物質である。この関係がわかれば，異性体であるかどうかを判断できます。**よろしいですか。

単元1　有機化合物の初歩　149

■「同じ炭素原子」がポイント

図5-20

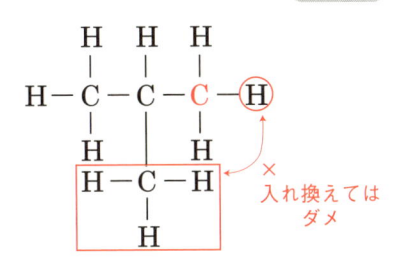

みなさん，よくこういう間違いをされます。図5-20を見てください。赤いCにくっついている○のHがあるでしょう。それに対して真ん中のCにくっついている□の部分のCH₃を入れ換えたらって言うんですよ。すると，Cが一直線になったものと同じになるから，同一物質ではないかと。

これは大マチガイです！　145ページの「岡野流　必須ポイント⑧」を見てください。最初の出だしの文章がおわかりになっていないんです。「**同じ炭素原子**」と書いてあります。そこがポイントです！　同じ炭素原子にくっついてないとダメなんです。

図5-20は，真ん中の炭素原子と，右の炭素原子と異なる炭素原子に着目してしまいました。そこが間違っていたわけです。

いいですね。その辺はどうぞお間違えにならないように。あとは練習して慣れていきましょう。

アドバイス　「4本の手のうち，どの2つを入れ換えても同一物質になる」と，ずっとやってきましたが，実は光学異性体（第6講 1-4）では成り立ちません。光学異性体のときは，2つを入れ換えると，入れ換える前と後では光学異性体の関係になってしまうのです。したがって，この関係が成り立つのは，構造異性体の区別のときだけです。

単元 2 有機化合物の命名法 化/Ⅰ

有機化合物の名前のつけ方をやってみましょう。
C_5H_{12}（ペンタン）を例にとり，その3種類の構造異性体の名前のつけ方を考えてみます。

2-1 異性体がいくつあるか

まずは異性体があるかどうかを調べていくときにはどうするか，もう一度復習しましょう。C_5H_{12} です。

最初にCを5個，一直線に書きます。一番長い鎖です。水素は省略します。Cの先に全部水素がついていると思ってください 連続図5-21①。まずは，これが1種類あるでしょう（❶）。

次はC4個が一本の鎖となる場合です。そして，あと炭素の1個が（1）〜（4）のどこにくっつくかを考えていきましょう 連続図5-21②。そうしますと，1-5（→143ページ）でも言ったように，**同じ炭素原子についている4本の手のうちの，どの2つを入れ換えても同じ**です。ここで 連続図5-21③ を見てください。両端の（1）あるいは（4）につく場合，その炭素についている水素と炭素を入れ換えますと，C5個が一直線になって 連続図5-21① と同じになってしまうんでしたね。だから両端（(1)または(4)）につけても意味がありません。ということは，2番目のところか，または3番目のとこ

C_5H_{12}の異性体は何個？

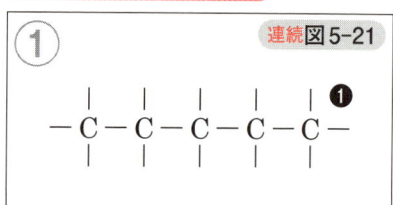

連続図5-21

① ❶
—C—C—C—C—C—

② (1) (2) (3) (4)
—C—C—C—C—

—C—

③ (1)あるいは(4)につく場合
　（両端につく場合）

H—C—C—C—
　　—C—
入れ換える

—C—C—C—C—
　—C—
　　H

ろ（(2)か(3)）につく場合が考えられます 連続図5-21④ 。でも2番目と3番目は，表から見たか，裏から見たかの関係で，同じことなんです。ですから，一番長いところの炭素が4個のときには，この1個しか存在しないんです（❷）。あるいは，連続図5-21⑤ のように考えるとわかりやすいでしょう。

連続図5-21 の続き

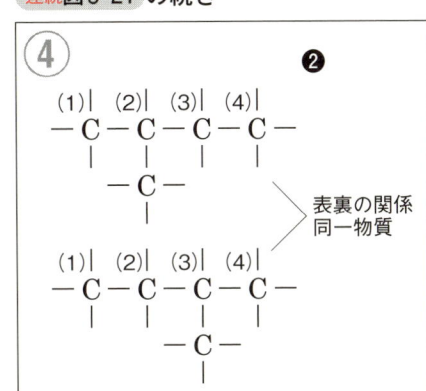

④

❷

(1) (2) (3) (4)
−C−C−C−C−
　　　　｜
　　　−C−
　　　　｜

(1) (2) (3) (4)
−C−C−C−C−
　　　　　　｜
　　　　　−C−
　　　　　　｜

表裏の関係
同一物質

⑤ 4本の手のうち，どの2つを入れ換えても同一物質なので

入れ換える

−C−C−C−C−
　　　｜
　−C−

⇒

−C−C−C−C−
　　　　　｜
　　　−C−

❷と同じ

次は，C3個が一番長い鎖の場合が考えられます。

3個の場合は，あと2個の炭素をくっつける 連続図5-21⑥ 。

両端につけると，連続図5-21① ❶ と同じになり，ダメですから，真ん中のCの上下に炭素をくっつけます 連続図5-21⑦ （❸）。

⑥

(1) (2) (3)
−C−C−C−
　　　｜　｜
　　−C− −C−
　　　｜　｜

⑦

❸

　　　｜
　−C−
　　｜
−C−C−C−
　　｜
　−C−
　　｜

では，真ん中の炭素の下に2つ炭素がくっつくかどうか 連続図5-21⑧ 。これは実は， 連続図5-21④ ❷と同じになってしまうんです。

なぜなら，同じ炭素原子の4本の手のうち，どの2つが入れ換わっても，それは同一物質ですから， 連続図5-21⑨ のように入れ換えると❷と同じになることがわかりますね。だから，いろいろと悩んでいただいて，同一なのか同一ではないのかということを判断していかなければいけない。

そうすると，結局，この3つ❶❷❸が異性体です。今からこれらの異性体に名前をつけます。

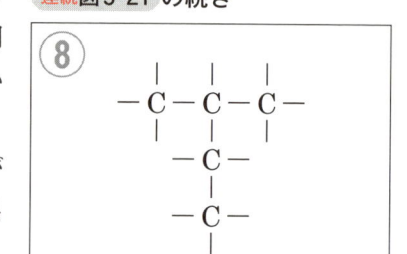

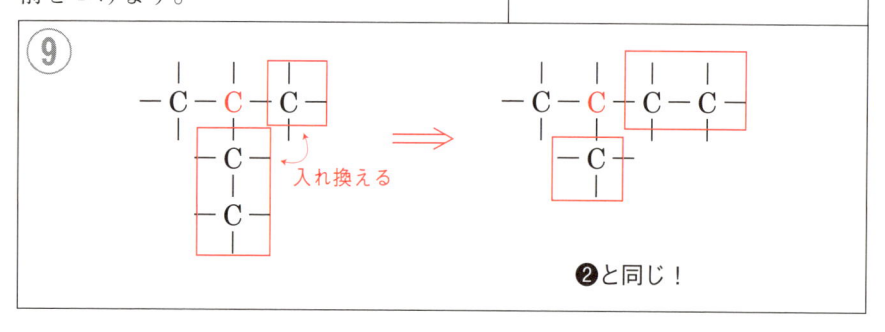

連続図5-21 の続き

⑧

⑨ 入れ換える → ❷と同じ！

2-2 アルカンの命名

名前には「**慣用名**」と「**国際名**」があります。慣用名というのは，昔ながらの言い方です。これはただ丸暗記するしかない。だけど，最近は国際名で出て来る場合が結構多くなってきました。数が多くて大変だから，やはりある程度は自分で名前をつくれるようにしておいたほうがいい。基本的な国際名の名前のつけ方は覚えておきましょう。

では国際名について説明します。まずはアルカンからですが，最初にまとめておきます。

単元2 要点のまとめ①

● 有機化合物の命名法 1　アルカン C_nH_{2n+2}

有機化合物の名称には慣用名と国際名があるが，ここでは国際名について説明する。

命名は，数字を表す接頭語の語尾に ane（アン）をつける。

アルカン C_nH_{2n+2}　（一般式）

接頭語	n	分子式	名称
1 — mono（モノ）	$n=1$	CH_4	メタン
2 — di（ジ）	$n=2$	C_2H_6	エタン
3 — tri（トリ）	$n=3$	C_3H_8	プロパン
4 — tetra（テトラ）	$n=4$	C_4H_{10}	ブタン
5 — penta（ペンタ）	$n=5$	C_5H_{12}	ペンタン
6 — hexa（ヘキサ）	$n=6$	C_6H_{14}	ヘキサン
7 — hepta（ヘプタ）	$n=7$	C_7H_{16}	ヘプタン
8 — octa（オクタ）	$n=8$	C_8H_{18}	オクタン
9 — nona（ノナ）	$n=9$	C_9H_{20}	ノナン
10 — deca（デカ）	$n=10$	$C_{10}H_{22}$	デカン

炭素数1〜4のアルカンは慣用名（メタン，エタン，プロパン，ブタン）を用いる。

アルカンの一般式 C_nH_{2n+2} はいいですね。命名法のポイントは，

数字を表す接頭語の語尾にane（アン）をつける

です。

ここで数字を表す接頭語を見てみましょう。モノ（mono），（モノレールの"モノ"。**1**本のレールの意味）。ジ（di），（ジレンマの"ジ"。**2**つから1つ選ぶときに陥る状態）。トリ（tri），（トリオの"トリ"。**3**人組という意味）。テトラ（tetra），（テトラポッドの"テトラ"。護岸用の**四**面体のコンクリートのこと）。ペンタ（penta），（ペンタゴンの"ペンタ"。アメリカ国防総省の**五**角形のビル）。ヘキサ（hexa），ヘプタ（hepta），オクタ（octa），（オクトパスの"オクト"。たこは足が**8**本）。ノナ（nona），デカ（deca），

できれば10番まで覚えておきましょう。

ところが，炭素数1〜4のアルカンは慣用名を用いるんです。これは丸暗記するしかありません。Cが1個のときはメタン，2個はエタン，3個はプロパン，4個はブタンといいます。**メタン，エタン，プロパン，ブタンまでは覚えてください。**

5個目からは違います。国際名の命名法を使います。5個は**ペンタ**といいます。pentaという接頭語の語尾にane（**アン**）をつけます。pentaのあとにaneをつけるからpentane（**ペンタン**）。Cが6個の場合は，hexaのあとにaneをつけるからhexane（**ヘキサン**）。Cが7個では，heptaのあとにaneをつけてheptane（**ヘプタン**）。Cが8個では，octaのあとにaneをつけてoctane（**オクタン**）。Cが9個なら，nonaのあとにaneをつけてnonane（**ノナン**）。Cが10個なら，decaのあとにaneをつけてdecane（**デカン**）。ということで，aneをつけて名前ができるんですね。これは練習してください。

Cが1〜4個の場合は昔ながらの慣用名を使いますので，この4つは覚えておくしかないです。5個以上の名前のつけ方は全部，語尾変化でできます。

2-3 側鎖のあるアルカン

次は，「側鎖のあるアルカンとハロゲンの置換体」の命名法です。

単元2 要点のまとめ②

● **側鎖のあるアルカンとハロゲンの置換体**

① 最も長い炭素鎖（主鎖）を基本骨格とする。
② 主鎖のC原子の位置番号は，置換基のつく位置番号が最小になるようにする。
③ 側鎖のアルキル基はアルファベット順。
④ ハロゲンを含む化合物は，ハロゲン・アルキル基・アルカンの順に命名。
⑤ 側鎖上に同じ基があるときは，位置番号を繰り返し，基の数を示す。

①**最も長い炭素鎖（主鎖）を基本骨格とする。**

「**最も長い炭素鎖**」，ここがポイントです。そこを一番基本に考えていきます。

②**主鎖のC原子の位置番号は，置換基のつく位置番号が最小になるようにする。**

「**最小**」というところが大切です。あとで具体的なもので説明します。

③**側鎖のアルキル基はアルファベット順。**

先に「**アルキル基**」について説明しましょう。一般式はC_nH_{2n+1}と表します。これは，アルカンの一般式C_nH_{2n+2}からHの部分が，-1（C_nH_{2n+2-1}）ということですから，アルカンからHが1個取れたものなんです。アルカンの一般式よりHが1個少ない基，これをアルキル基といいます。

■ **アルキル基の命名**

アルキル基の命名のポイントは，

アルカンのaneをyl（イル）にかえて表す

です。「yl（イル）」という語尾変化で命名できるから，非常にわかりやすい。どこの国の人も，この法則さえ知っていれば同じ名前をつくることができる。それが特徴です。

では，アルキル基の例を見てみましょう。

メタン（CH_4）があります 連続図5-22①。これには水素が4個あります。これをアルキル基にするには，どこでもいいのですがHを1個取ります。例えばメタンの右端のHを取ると， 連続図5-22② のようになって，手が1本余っている状態になります。このように手が余っている状態の原子のまとまりをアルキル基といっているわけです。 連続図5-22② は具体的な名前がついていまして，methaneのaneがyl（イル）にかわるから（methyl

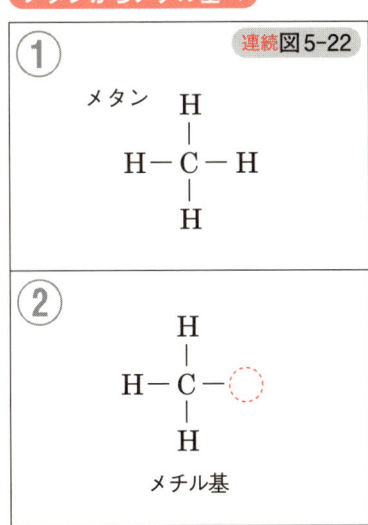

メタンからメチル基へ 連続図5-22

① メタン
$$H-\underset{\underset{H}{|}}{\overset{\overset{H}{|}}{C}}-H$$

②
$$H-\underset{\underset{H}{|}}{\overset{\overset{H}{|}}{C}}-$$
メチル基

メチル。つまり，これはメチル基といいます。語尾変化なんですね。

もう1つ例を見ましょう。エタン(C_2H_6)があります 連続図5-23①。エタンの水素原子，Hを取ります。どこでもいいです。どのHを取っても全部同一の物質になりますから。ここでは右端のHを取ってみます 連続図5-23②。基の名前は，ethaneのaneがylにかわるから(eth**yl**)エチル基となるわけです。よろしいですか？ そういうことで，アルキル基の名前は自分でもつくりやすいですね。

エタンからエチル基へ

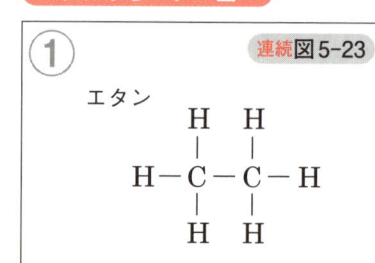

連続図5-23

① エタン

$$H-\underset{\underset{H}{|}}{\overset{\overset{H}{|}}{C}}-\underset{\underset{H}{|}}{\overset{\overset{H}{|}}{C}}-H$$

②

$$H-\underset{\underset{H}{|}}{\overset{\overset{H}{|}}{C}}-\underset{\underset{H}{|}}{\overset{\overset{H}{|}}{C}}-○$$

エチル基

単元 2 要点のまとめ③

●有機化合物の命名法2　アルキル基　C_nH_{2n+1}
（一般式，アルカンよりHが1つ少ない基）

命名はアルカンのaneをyl(イル)にかえて表す。

例：CH_4　メタン　　meth**ane**　－CH_3　メチル基　　meth**yl**基
　　C_2H_6　エタン　　eth**ane**　－C_2H_5　エチル基　　eth**yl**基
　　C_3H_8　プロパン　prop**ane**　－C_3H_7　プロピル基　prop**yl**基

例：$CH_3-\underset{\underset{CH_3}{|}}{CH}-CH_3$　2-メチルプロパン

（左から2番目の炭素に－CH_3（メチル基）が結合していて，最も長い炭素の鎖はプロパンである）

例：$CH_3-\underset{\underset{CH_3}{|}}{CH}-\underset{\underset{CH_3}{|}}{CH}-CH_3$　2,3-ジメチルブタン

（左から2番目と3番目の炭素に－CH_3（メチル基）が結合し，最も長い炭素の鎖はブタンである）

単元2　有機化合物の命名法　157

■名前をつける順番にも注意

　もう一度「単元2　要点のまとめ②」(→154ページ)の③にもどります。③に「**アルファベット順**」と書いてあります。エチルとメチルではアルファベットはどっちが先に来るか。エチル基はethylだからeから始まる。メチル基は，methylだからmから始まる。ということで，もしエチル基とメチル基が同時に出ている場合には，エチル基を先に，その次にメチル基の名前を読みましょう。これがアルファベット順ということです。

④**ハロゲンを含む化合物は，ハロゲン・アルキル基・アルカンの順に命名する。**

　ハロゲンは，出てくるとしたら，Cl(**クロロ**)かBr(**ブロモ**)，どっちかだと思っていい。F(**フルオロ**)が出ることはあまりないでしょう。それらのハロゲンを含む化合物は，ハロゲンを先に読んで，それからアルキル基，アルカンという順番で読み，名前をつけましょうということです。

⑤**側鎖上に同じ基があるときは，位置番号を繰り返し，基の数を示す。**

　「**繰り返し**」というところがポイントです。

■名前をつけてみよう！

　では，今の説明を頭においた上で，実際に化合物に名前をつけてみます。最初に 図5-24 の物質に名前をつけてみます。一番長い炭素の鎖が基本骨格です。Cを数えると，5個が一番長いですね。これが基本骨格で，Cが5個のアルカンだからペンタンといいます。

　連続図5-25① は，Cが一番長いところは4個です。左端から1，2，3，4と数えます(これは逆向きに数えてもいい)。さてここで「単元2　要点のまとめ②」の②に「**置換基のつく位置番号が最小になるように**」と

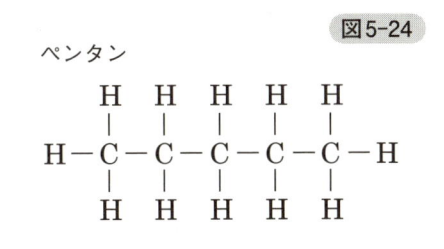

図5-24

ペンタン

```
    H   H   H   H   H
    |   |   |   |   |
H — C — C — C — C — C — H
    |   |   |   |   |
    H   H   H   H   H
```

2-メチルブタンの命名

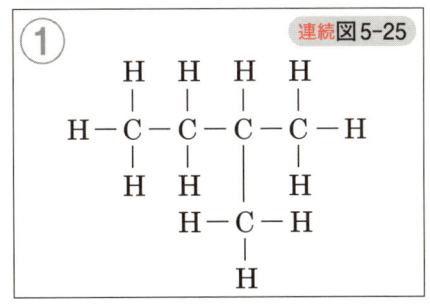

① 連続図5-25

```
    H   H   H   H
    |   |   |   |
H — C — C — C — C — H
    |   |   |   |
    H   H   H   H
            |
        H — C — H
            |
            H
```

あったのを思い出してください。

それはこういうことです。

連続図5-25②を見てください。C4個の部分が一番長い鎖だから、これはブタンです。だけど、ブタンはブタンでも、もう1個のC（この場合はメチル基（$-CH_3$）ですね）が炭素の右から2番目もしくは左から3番目のところにくっついた、ブタンなんです。連続図5-25②の場合、**3よりも2のほうが数字が小さいから、3番目ではなく2番目の炭素にメチル基がくっついた**、と考えるわけです。「2-メチルブタン」という書き方をします。数字と名前の間は**ハイフン**でつないでください。2番目の炭素にメチル基がくっついたブタンという意味です。

もう1つ考えてみましょう。

連続図5-26①の化合物です。今度はC3個の部分が一番長い鎖です。プロパンはプロパンなんだけど、どんなプロパンか？ 右から1、2、3と書いても、左から1、2、3と書いても両方とも2番目の炭素に、上下に2つのメチル基がくっついています連続図5-26②。

その場合に、「単元2　要点のまとめ②」（→154ページ）⑤で「**繰り返し**」とあったことを思い出してください。

2番目にそれぞれメチル基がくっついているので、**位置番号を"2, 2"と繰り返します**。数字の区別は**カンマ**で、あとはハイフンでつなぎます。ハイフンのあとはメチル基が2

連続図5-25 の続き

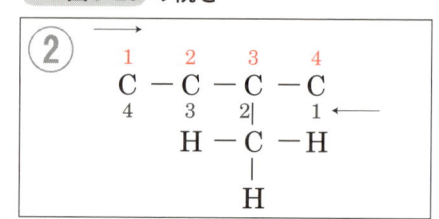

② 　　　1　　2　　3　　4
　　　C － C － C － C
　　　4　　3　　2│　1　←
　　　　　　　H － C － H
　　　　　　　　　│
　　　　　　　　　H

2,2-ジメチルプロパンの命名

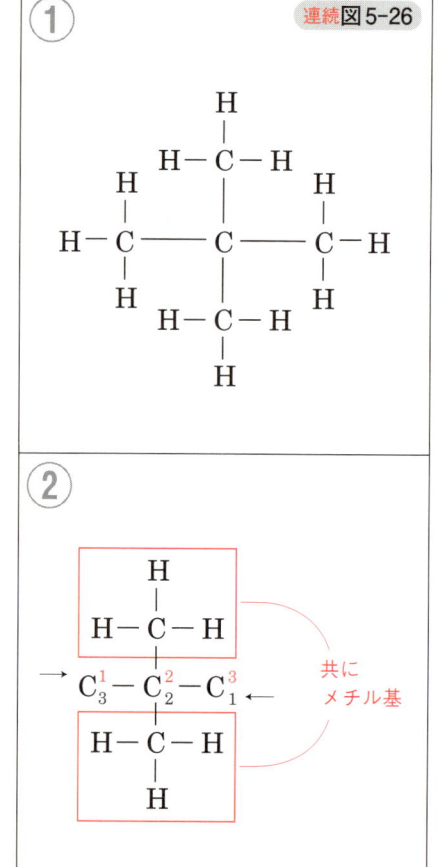

連続図5-26

①
　　　　　　　　H
　　　　　　　　│
　　　　　　H － C － H
　　　H　　　　│　　　H
　　　│　　　　│　　　│
　　H－C ───── C ───── C－H
　　　│　　　　│　　　│
　　　H　　H － C － H　H
　　　　　　　　│
　　　　　　　　H

②
　　　　　┌─────────┐
　　　　　│　　H　　　│
　　　　　│　　│　　　│
　　　　　│H － C － H│
　　　　　└─────────┘
　　→　$C_3^1 － C_2^2 － C_1^3$ ←　共にメチル基
　　　　　┌─────────┐
　　　　　│H － C － H│
　　　　　│　　│　　　│
　　　　　│　　H　　　│
　　　　　└─────────┘

つくっついたという言い方をします。だから"ジメチル"です。"ジ"というのは「2つの」という意味がありましたね（「単元2　要点のまとめ①」）。すなわち，"2,2-ジメチルプロパン"。これが，連続図5-26①の化合物の名前です。この"2,2-"の「2」は位置を表す数字です。"ジ"は数です。だからここでは，2つのメチル基が2番目と2番目のCにくっついたプロパンという意味です。

　ここで「じゃ，はじめに見た『2-メチルブタン』はおかしいよ。」という人がいるかもしれませんね。2番目の炭素に1個のメチル基なので，なぜ「1個の」という意味を表す"モノ"を入れないのかって。これには約束がありまして，**1個の場合はモノと入れる必要はない**んです。2個以上になったら"ジ"とか"トリ"とか，そういう言い方をします。これが基本です。

　今のことをしっかり理解していただいて，その確認は，「演習問題で力をつける⑩」でしてください。

演習問題で力をつける⑩
アルカンの構造式と名称

問 一般式C_nH_{2n+2}のnが6のとき異性体の構造式とその名称を国際名ですべて書け。

さて，では演習問題をやっていきましょう。
アルカンの一般式はC_nH_{2n+2}ですね。いきますよ。

さて，解いてみましょう。

異性体であるか，同一物質であるかの区別をしっかりつけてください。

岡野の着目ポイント これはCが6個ですね。水素はここでは省略します 連続図5-27①。Cが6個並んでいるのが一番長い鎖です。

次は，C5個が一番長い鎖の場合を考えます。C5個に対して，あとC1個をどこにくっつけるかです。両端に炭素が来ると同一物質になるので，まず2番目のところに入れました 連続図5-27②。

それから， 連続図5-27③ を見てください。真ん中の3番目に入るんです。これもやっぱり異性体と考えられます。

もう1つ，4番目に入れてみるとCが左から2番目と右から2番目は同一物質になっちゃいます 連続図5-27④。ですから，これは異性体には入れません。これで一番長い鎖が5個の場合は終わりま

C_6H_{14}の異性体を探せ！

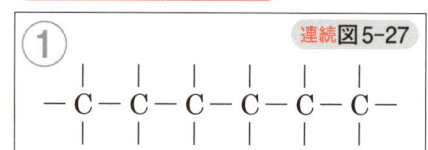

連続図5-27

① $-C-C-C-C-C-C-$

② $-C-C-C-C-C-$
         $|$
       $-C-$

③ $-C-C-C-C-C-$
           $|$
         $-C-$

④ $-C-C-C-C-C-$
       $|$
     $-C-$

$-C-C-C-C-C-$
         $|$
       $-C-$

⟩ 同一物質

単元 2　有機化合物の命名法　161

した。

　では次は，一番長い鎖がC4個の場合です。C4個に対して，あとC2個はどこにくっつくか？　右から2番目と3番目にくっつきます 連続図5-27⑤ 。Cから出ている手に水素がそれぞれ1個ずつつきますので，あとからつけたCの間はつなげてはダメですよ。

　あともう1つ考えられるのは，2番目のCに2個くっついてくるタイプです 連続図5-27⑥ 。

　異性体は 連続図5-27①，②，③，⑤，⑥ の5個しかありません。他に異性体はないんだということをしっかりと理解してください。

連続図5-27 の続き

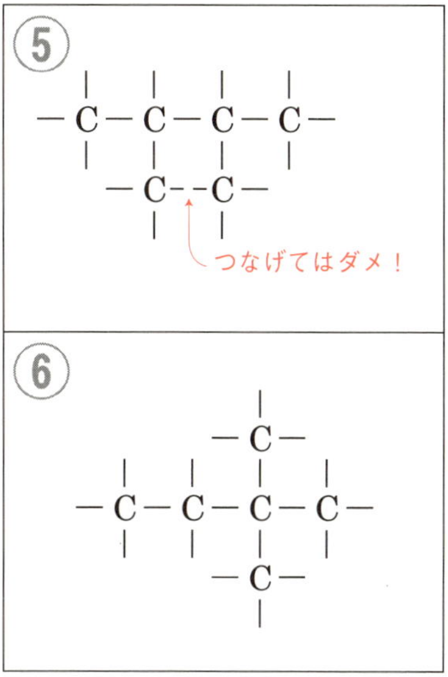

⑤
```
  |   |   |   |
 -C - C - C - C -
  |   |   |   |
     -C - C -
      |   |
```
つなげてはダメ！

⑥
```
          |
         -C -
          |
  |   |   |   |
 -C - C - C - C -
  |   |   |   |
         -C -
          |
```

岡野の着目ポイント　それでは，異性体に名前をつけていきます。 連続図5-27① の場合は，一番長い鎖はC6個のアルカンですから，「**ヘキサン**」ですね。

　それから， 連続図5-27② は一番長い鎖がC5個のアルカンですね。名前はペンタンですね。ここで 図5-28 を見てください。左から4番目，または右から2番目にメチル基がついています（Hは省略してあるので注意）。**4と2では2のほうが小さいですから2を選びます**。2番目の位置にメチル基がくっついたという意味で，「**2-メチルペンタン**」という名前がつきます。

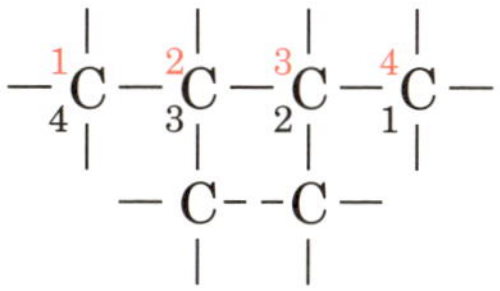

　次の 連続図5-27③ は左右どちらから数えても3番は変わらないから，3番目にメチル基がくっついたペンタンで，「**3-メチルペンタン**」です。

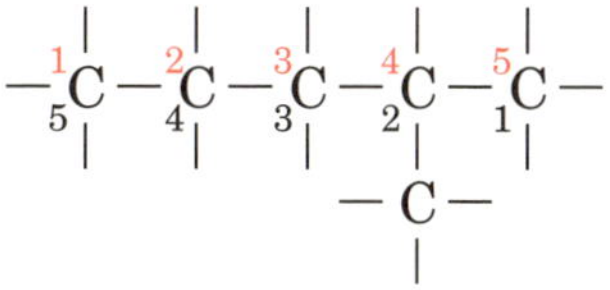

図5-28
```
  | 1  | 2  | 3  | 4  | 5
 -C - C - C - C - C -
  | 5  | 4  | 3  | 2  | 1
              |
             -C -
              |
```

図5-29
```
  | 1  | 2  | 3  | 4
 -C - C - C - C -
  | 4  | 3  | 2  | 1
         |
        -C - C -
         |   |
```

それから，連続図5-27⑤はCが4個の部分が一番長い鎖になるので，まずはブタンとよびます。そして図5-29を見てください。左右どちらから数えても，2番目，3番目にくっついています。"2，3"と位置が決まりますね。そこに2つメチル基があるので"ジメチル"となり「**2,3-ジメチルブタン**」といいます。

図5-30

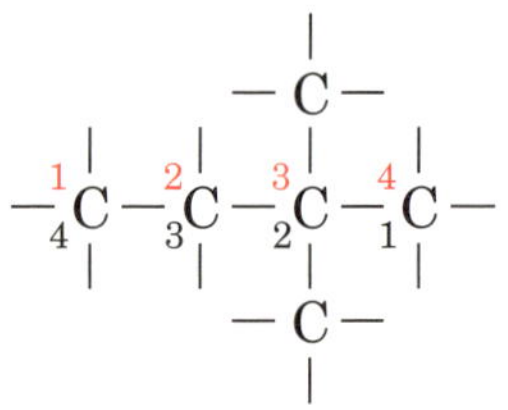

$$\begin{array}{c} | \\ -\underset{|}{C}- \\ -\underset{4}{C}-\underset{3}{C}-\underset{2}{C}-\underset{1}{C}- \\ | \\ -\underset{|}{C}- \end{array}$$
（1　2　3　4）

　連続図5-27⑥についてですが，メチル基が左側からは3番目，右側からは2番目の位置についています 図5-30 。2のほうが3よりも小さいですから，"2，2"と繰り返して位置を言い，2つメチル基があるので「**2,2-ジメチルブタン**」という名前がつきます。答えは 図5-31 にまとめたので，確認しましょう。

図5-31

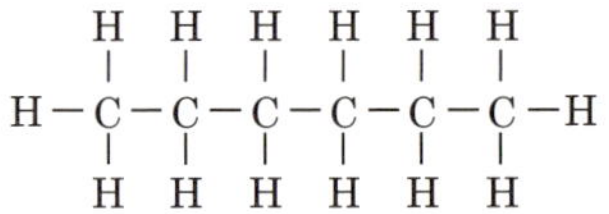

ヘキサン

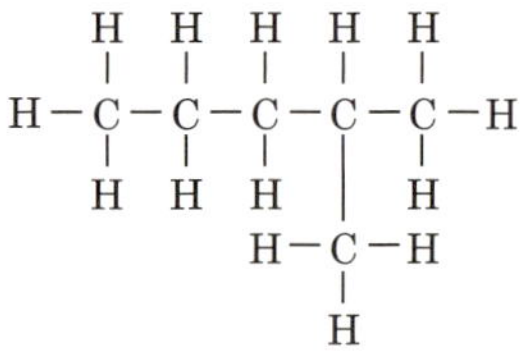

2-メチルペンタン

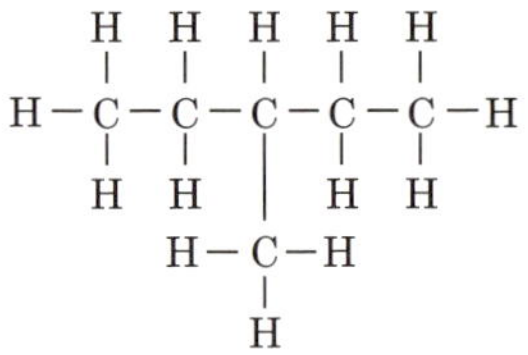

3-メチルペンタン

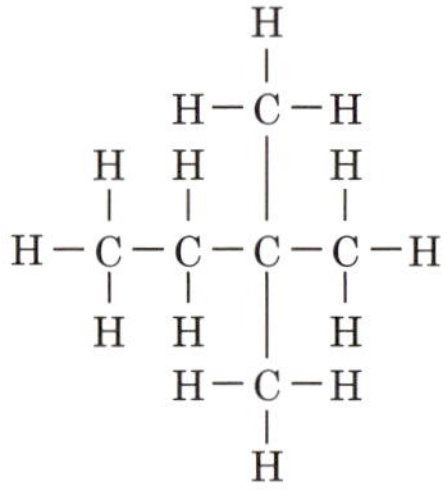

2,2-ジメチルブタン

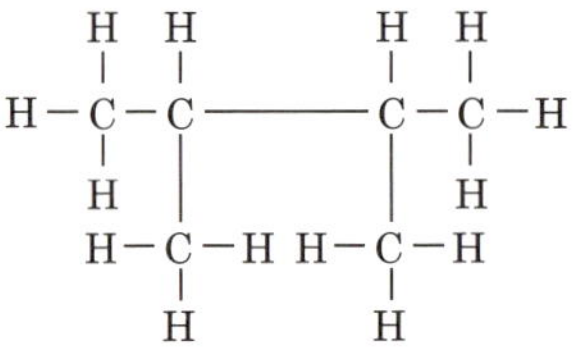

2,3-ジメチルブタン

……【答え】

　異性体の見分け方と名前のつけ方は，有機化学の最も大切な基本ですので，巻末（→300ページ）のC_7H_{16}の異性体の問題などを利用して，しっかり復習してください。では，今日はこれで終わっておきましょう。

第6講

異性体・不飽和炭化水素

単元1 異性体の種類 化/I

単元2 不飽和炭化水素 化/I

第6講のポイント

立体異性体をしっかり理解しましょう。「岡野流」でイメージすれば，幾何異性体はすぐわかります。付加反応は，暗記ではなく「自分で反応式をつくる」ことが肝心です。

単元 1　異性体の種類　化/I

第6講は異性体から始めましょう。異性体は第5講「単元1　要点のまとめ③」(→133ページ) に出てきましたね。ここでは異性体の種類について、もっと深く勉強します。

図6-1 を見てください。異性体を分類すると「**構造異性体**」と「**立体異性体**」の2種類に分かれます。さらに立体異性体の中には、「**幾何異性体**」と「**光学異性体**」があります。この中で入試で言葉としてよく問われる異性体は、構造異性体、幾何異性体、光学異性体の3種類です。

図6-1

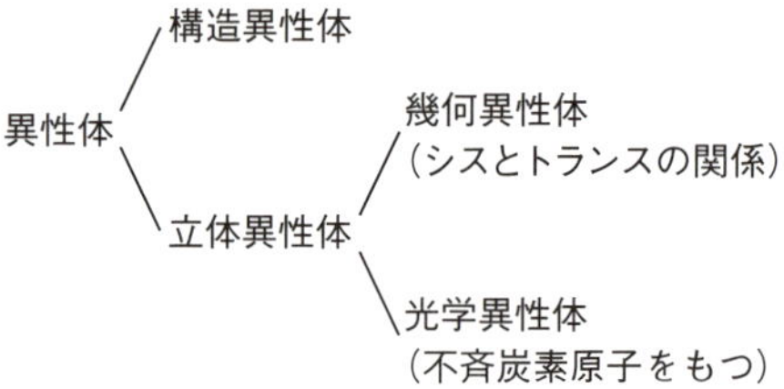

```
          ┌ 構造異性体
異性体 ─┤           ┌ 幾何異性体
          └ 立体異性体 ┤ (シスとトランスの関係)
                       └ 光学異性体
                         (不斉炭素原子をもつ)
```

では、説明しますから、いっしょに覚えてくださいね。

1-1　構造異性体

最初にまとめておきます。見てください。

単元 1　要点のまとめ①

● **構造異性体**

分子式は同じであるが、構造式が異なる化合物をいう。その物理的・化学的性質は異なる。

①炭素骨格の違いによるもの

例：

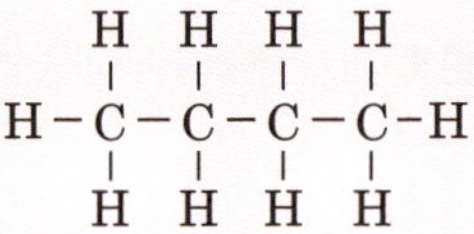

```
    H H H H                H   H   H
    | | | |                |   |   |
  H-C-C-C-C-H      と    H-C───C───C-H
    | | | |                |   |   |
    H H H H                H  H-C-H H
      ブタン                   |
                              H
                         2-メチルプロパン
```

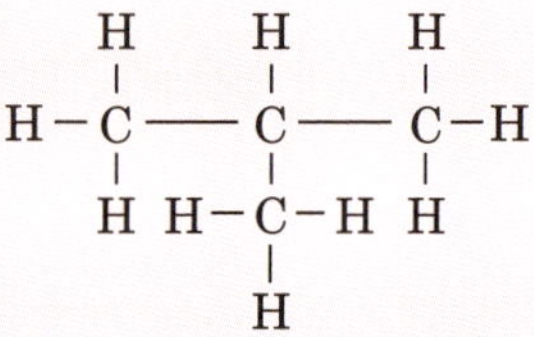

② 官能基の違いによるもの

例：

$$\underset{\text{エタノール}}{H-\underset{\underset{H}{|}}{\overset{\overset{H}{|}}{C}}-\underset{\underset{H}{|}}{\overset{\overset{H}{|}}{C}}-O-H} \quad と \quad \underset{\text{ジメチルエーテル}}{H-\underset{\underset{H}{|}}{\overset{\overset{H}{|}}{C}}-O-\underset{\underset{H}{|}}{\overset{\overset{H}{|}}{C}}-H}$$

③ 官能基の位置の違いによるもの

例：

$$\underset{\text{1-プロパノール}}{H-\overset{\overset{H}{|}}{\underset{\underset{H}{|}}{C}}-\overset{\overset{H}{|}}{\underset{\underset{H}{|}}{C}}-\overset{\overset{H}{|}}{\underset{\underset{H}{|}}{C}}-O-H} \quad と \quad \underset{\text{2-プロパノール}}{H-\overset{\overset{H}{|}}{\underset{\underset{H}{|}}{C}}-\overset{\overset{H}{|}}{\underset{\underset{O-H}{|}}{C}}-\overset{\overset{H}{|}}{\underset{\underset{H}{|}}{C}}-H}$$

　構造異性体とは，分子式は同じですが，構造式が異なる化合物のことです。その物理的・化学的性質は異なります。

　物理的性質とは，その物質本来の性質のことです。例えば沸点（沸騰する温度）とか，融点（固体が液体になるときの温度）ですね。これらは物質特有の値です。また，粘性（粘りっこさ）や色も物質特有のものです。

　化学的性質とは，化学変化が起こるか起こらないか，ということです。例えば，金属ナトリウムを加えると水素が発生するとか，炭酸水素ナトリウム（$NaHCO_3$）を加えると二酸化炭素が発生する，といったことがあります。

　もう一度言いますが，構造異性体の場合は物理的性質，化学的性質は共に異なるんです。ここはポイントです。

　この構造異性体には次の3種類があります。

■①炭素骨格の違いによるもの

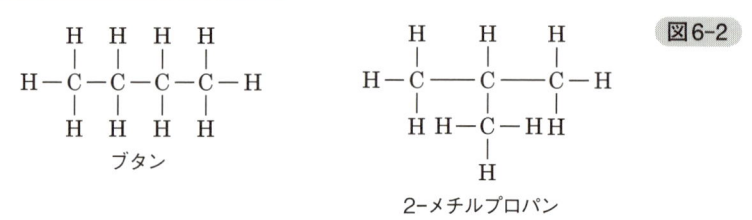

```
    H H H H              H   H   H
    | | | |              |   |   |
H - C-C-C-C - H      H - C - C - C - H
    | | | |              |   |   |
    H H H H              H H-C-H H
                             |
       ブタン                H

                         2-メチルプロパン
```
図6-2

図6-2 のようにCが4個のもので，ブタンと2-メチルプロパンという異性体がありますが，これは炭素の骨組みが違いますね。

■②官能基の違いによるもの

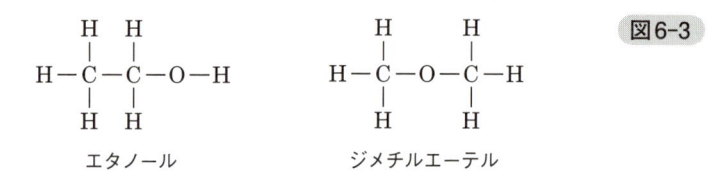

```
    H H                     H   H
    | |                     |   |
H - C-C-O - H           H - C - O - C - H
    | |                     |       |
    H H                     H       H

   エタノール              ジメチルエーテル
```
図6-3

図6-3 のエタノールとジメチルエーテルを見てください。分子式は共に同じC_2H_6Oです。ところが，完全に構造が異なります。エタノールでは右のCからOHのカタマリが出ています。この「-OH」は「**ヒドロキシ基**」という官能基です。一方，ジメチルエーテルではCとCの間にOが入っていますね。CとCの間にOがありますが，これを「**エーテル結合**」といいます。

303ページの「主な官能基」の表でヒドロキシ基をチェックしてください。これから官能基がたびたび出てきます。その度に官能基の記号，性質，例をこの表で全部チェックしてくださいね。

■③官能基の位置の違いによるもの

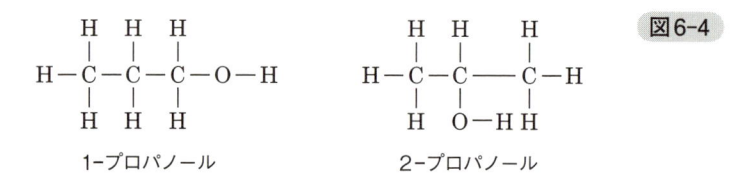

```
    H H H                   H   H   H
    | | |                   |   |   |
H - C-C-C-O - H         H - C - C - C - H
    | | |                   |   |   |
    H H H                   H   O-H H

   1-プロパノール           2-プロパノール
```
図6-4

図6-4 の1-プロパノール，2-プロパノール（アルコールの命名は第7講

で詳しく説明します）の分子式は共にC_3H_8Oです。3個のCの並び方は同じだから，そこを見ただけでは異性体が存在するかはわかりません。

では，－OH（ヒドロキシ基）の位置をよく見てください。1-プロパノールは右端のCにつき，2-プロパノールは真ん中のCについている。官能基の位置が違いますね。だから構造異性体といいます。

1-2 立体異性体は2種類

立体異性体は，構造を立体的に見ないと，異性体かどうかわからないんです。平面的に書いてもわからないんですね。立体異性体には「幾何異性体」と「光学異性体」，この2種類があります。まずは，まとめておきましょう。

単元1 要点のまとめ②

●**立体異性体**
分子式も構造式も同じであるが，分子の立体構造が異なる異性体。
①**幾何異性体**（シス-トランス異性体）…その物理的・化学的性質は異なる。

例：

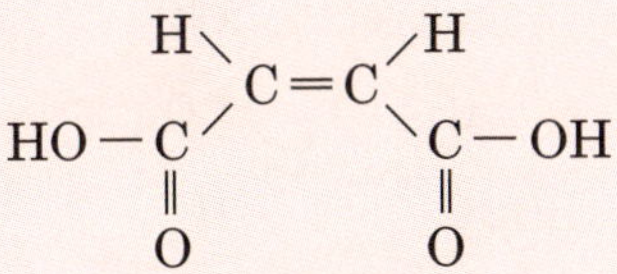

マレイン酸（シス形） と フマル酸（トランス形）

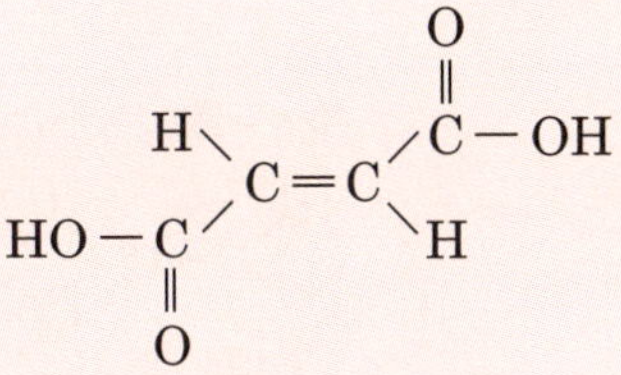

②**光学異性体**…その物理的・化学的性質は同じであるが，偏光面（※）を回転させる方向が異なる。

※偏光面…一平面内だけで振動する光の面をいう。

1-3 幾何異性体

幾何異性体は，物理的・化学的性質は異なります。この点では構造異性体と同じですね。

マレイン酸とフマル酸

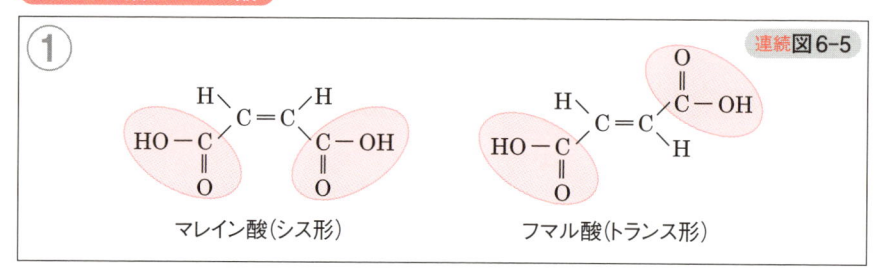

① 連続図6-5

[マレイン酸（シス形）の構造式：HOOC-C(H)=C(H)-COOH（シス配置）]
[フマル酸（トランス形）の構造式：HOOC-C(H)=C(H)-COOH（トランス配置）]

マレイン酸（シス形）   フマル酸（トランス形）

連続図6-5①を見てください。「マレイン酸」「フマル酸」は慣用名です。この2つは重要なので，構造式を書けるようにしてください。そして，

> **! 重要★★★ マレイン酸はシス形, フマル酸はトランス形**

と覚えてください。これは重要です。

連続図6-5①の赤い部分を見てください。ここを略して描くと－COOHとなります 連続図6-5②。

連続図6-5の続き

②
マレイン酸（シス形）   フマル酸（トランス形）

[HOOC-C(H)=C(H)-COOH シス形]   [HOOC-C(H)=C(H)-COOH トランス形]

同じ側＝近い！   反対側＝遠い！

おわかりですね。シス形とトランス形とは，構造を見て－COOHどうしが近い位置か遠い位置かを区別した言い方なんです。ちなみに－COOHは「カルボキシ基（カルボキシル基も可）」といいます。カルボキシ基も「主な官能基」の表で確認してくださいね。覚え方ですが，次のようにイメージしてください。

> **cis = this こちら側　trans = that あちら側**

シス（cis）は英語でthis，「**こちら側**」。やや**近め**のことを言っています。

単元1 異性体の種類

トランス (trans) は英語でthat,「**あちら側**」。これは**遠め**のことですね。

マレイン酸はCOOHとCOOHが近い位置にあるから「こちら側にある」,シス形といいます。

フマル酸のほうは, COOHとCOOHは明らかに遠い位置にありましたね。だからトランス形なんです。

■ 立体的に見て確認しよう

さて, 連続図6-5② がなぜ異性体なのか。立体的な図を見て考えなければ, それははっきりしません。では, 図6-6 を見てください。水素を白, カルボキシ基を赤で区別します。マレイン酸もフマル酸も炭素原子C（黒）が二重結合でガチッと固定されているので, 回転できません。だから, この2つは重ならず, 違う構造だとわかるんです。こういう関係になっている2つの物質を「**幾何異性体**」といいます。

二重結合がない場合を考えてみましょう 図6-7 。CとCが単結合になっている場合は固定されていないから, 結合されている部分が自由に回転できる。回転すれば赤と赤の部分が, 遠い位置になったり近い位置になったりしますね。だから異性体とは言えません。

もう1つマレイン酸とフマル酸と似ているものがあります 図6-8 。みなさん, よく勘違いしますので, 説明しましょう。 図6-8 はCOOHとCOOHが近いのに**シス形**だと言ってはいけないんです。

図6-6

マレイン酸

どうやっても重ならない

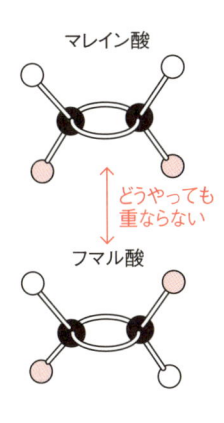

フマル酸

図6-7

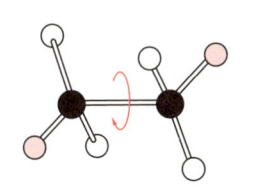

図6-8

$$\begin{matrix} H \\ H \end{matrix} \diagdown C = C \diagup \begin{matrix} COOH \\ COOH \end{matrix}$$

どういうときにシス形と言うか，もう一度確認です。**シス形**とは，**二重結合**があって，その二重結合の両側のCについている官能基どうしが，近いところにある場合に言います。また，同じ条件で官能基どうしが遠いところにある場合は，**トランス形**ですね。

1個の炭素原子Cについている官能基が近いものどうしであっても，それはシス形とは言いません。ただの**構造異性体**ということになります。そこのところ，注意してください。

■ **シス形→マレイン酸，トランス形→フマル酸**

さて，シス形がマレイン酸で，トランス形がフマル酸だというのは，こうやって覚えてください。ゴロですが，「**象**に**トラ**が**踏まれて，まれに死す**。」と覚えるんです。「トラ」というのは**トランス形**，「踏まれて」で**フマル酸**，「まれに」で**マレイン酸**，「死す」で**シス形**。慣用名ですから丸暗記で覚えておいてください。

この他に，幾何異性体の関係があるかないかを区別する方法として，図6-9 に示します。

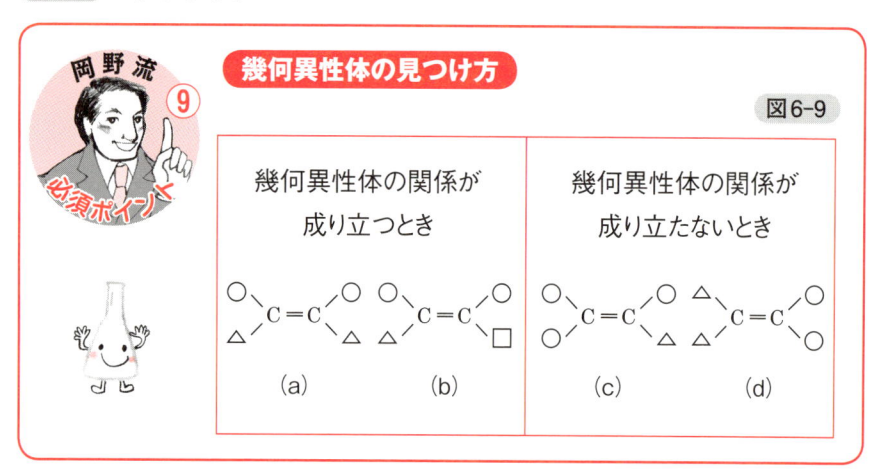

幾何異性体の見つけ方

図6-9

幾何異性体の関係が成り立つとき	幾何異性体の関係が成り立たないとき
○\C=C/○　○\C=C/○ △/　　\△　△/　　\□ (a)　　　　(b)	○\C=C/○　△\C=C/○ △/　　\△　○/　　\△ (c)　　　　(d)

(a)は例えば○がH，△がCOOHのとき，シス形（マレイン酸）となり，○と△を入れ換えるとトランス形（フマル酸）の幾何異性体の関係が成り

(b) は○がH，△がCH₃，□がC₂H₅ のとき，図6-10 のようにCH₃とC₂H₅ に注目する（またはHに注目する）と，シス形となり，○と△を入れ換えるとトランス形となり幾何異性体の関係は成り立ちます。つまり幾何異性体は原子団（官能基）が2種類だけでなくても存在可能なのです。

図6-10

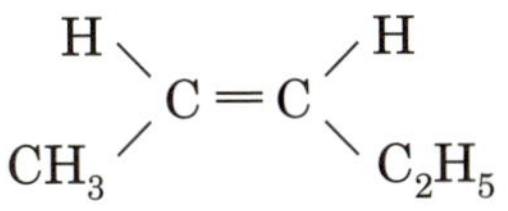

$$\begin{array}{c} H \\ CH_3 \end{array} C = C \begin{array}{c} H \\ C_2H_5 \end{array}$$

(c) は○がH，△がCH₃のとき。すなわち 図6-11 のようにHとCH₃のどれを入れ換えてもすべて同一物質になり，幾何異性体の関係になりません。

図6-11

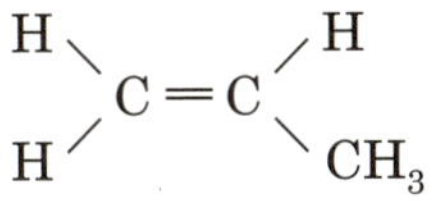

$$\begin{array}{c} H \\ H \end{array} C = C \begin{array}{c} H \\ CH_3 \end{array}$$

(d) は○がCOOH，△がHのとき。すなわち，さきほど 図6-8 で説明しましたとおり，(d) は幾何異性体ではなく構造異性体の関係になります。**これら(a)，(b)，(c)，(d)の関係を知っておくと，大変便利です。**

1-4 光学異性体

次にいきます。「光学異性体」という言葉は覚えましょう。これの特徴の1つは，

> ⚠ **重要★★★** 物理的・化学的性質はほとんど同じである

という点です。今までの異性体はずっと物理的・化学的性質は違っていたでしょう。今回は同じです。そこがポイントです。それからもう1つの特徴は，

> ⚠ **重要★★★** 偏光面を回転させる方向が異なる

です。化学では「偏光面」という言葉はあまり使いませんので，簡単におさえておいてください。偏光面とは一平面内だけで振動する光の面のことをいいます（のちほど詳しく説明します）。

■ 不斉炭素原子とは？

では，どうやって光学異性体を見つけるか。それを知るためには「**不斉炭素原子**」を覚えてください。不斉炭素原子の定義とは，

> **重要★★★** 相異なる4つの原子または原子団と結合した炭素原子のことを不斉炭素原子という

例を挙げましょう。図6-12 を見てください。乳酸です。**この構造式は重要なので書けるようにしてください。** 真ん中のCから出ている4本の手には，全部違うものがくっついていますね。このような炭素を「**不斉炭素原子**」とよんでいるんです。化学では不斉炭素原子には＊印をつけて表すことがあります。

図6-12

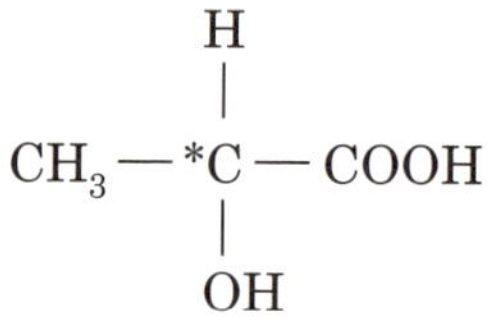

$$CH_3 - \overset{H}{\underset{OH}{\overset{|}{*C}}} - COOH$$

不斉炭素原子をもっていると，光学異性体が存在するんです。図6-13 を見てください。○と◎は重なっているけど，△と□は重なっていません。このような関係の2つの物質を「お互いに光学異性体の関係」と言っています。

図6-13

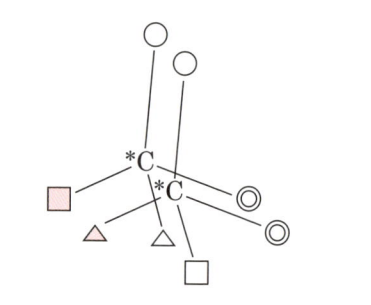

■ 立体図で光学異性体の関係を確認

図6-14 を見てください。この図は，真ん中に鏡を置いて乳酸を映したような形になっています。この場合，回転しても実像と鏡像は重なりませんね。鏡で映し出された関係のそれぞれの物質を「お互いに光学異性体の関係にある」というわけです。こういうのは立体的に見ないとわからないでしょう？ 平面的に見たのでは，ここに異性体があるなんてわからないです

図6-14

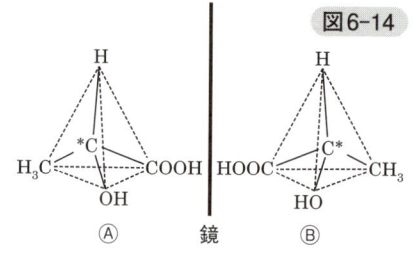

Ⓐ　鏡　Ⓑ

単元1 異性体の種類　173

よね。乳酸は立体異性体の中の光学異性体ということです。

■ 偏光面を回転させる方向とは？

　光学異性体のイメージはなかなかつかみにくいので，こんなものをつくってみました 図6-15 。図6-14 のⒶばかりを左側のビーカーに，Ⓑばかりを右側に入れました（ⒶとⒷは互いに光学異性体です）。

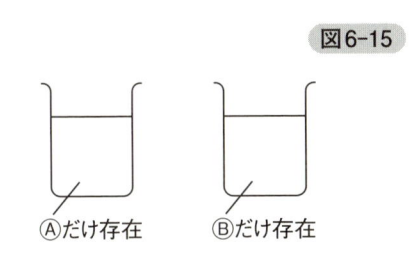

図6-15
Ⓐだけ存在　　Ⓑだけ存在

　ビーカーに光を当てると，「単元1　要点のまとめ②」にあるように，「**偏光面を回転させる方向が異なる**」んです。さきほども言ったように偏光面とは一平面内だけで振動する光の面をいいます。

　イメージがわきにくいですね。少し説明を加えましょう。

　単純に言うと光は，赤い波と白い波，2つが直角に組み合わさってできているんです 図6-16 。僕らは光を見るとまぶしいなと思いますね。実は，その光は直角に重なりながら目にぐーっと入ってきているんですね。光は一平面内だけの振動ではない。

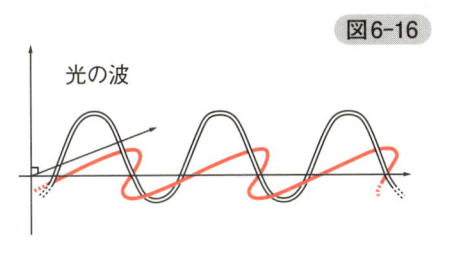

図6-16
光の波

　それを一平面内の振動にするために，顕微鏡のスライドガラスにろうそくの火ですすをつけて真っ黒にして，極めて細い線を1本引き，すき間をつくってみました 図6-17 。そのすき間に赤い波と白い波をぶつけると，白い波はすき間に対して直角だから大きくなってしまい，ぶつかって中に入っていけない。スルスルッと入っていくことができるのは，赤い波です。こんな感じで，一平面内だけで振動している赤い光（偏光面）が取れてくるわけです。

図6-17
すき間を通り抜けられる

すき間を通り抜けられない

図6-15 の光学異性体Ⓐ，Ⓑが入っているビーカーに，この偏光面をそれぞれ直角に当ててみます 図6-18 。

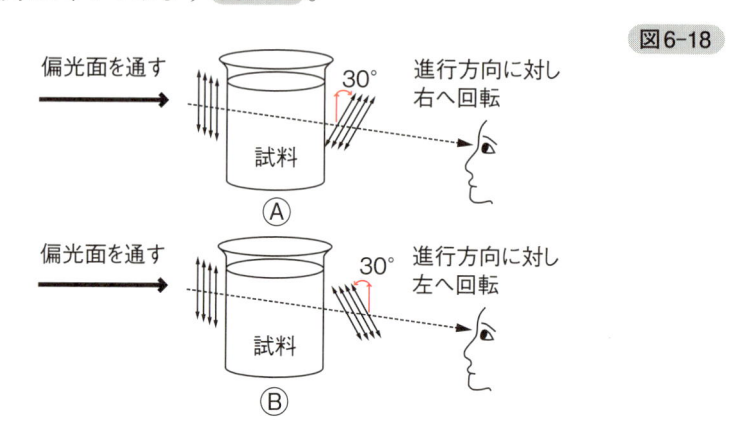

図6-18

そうすると，Ⓐのビーカーに進んだ光の波は仮に30°右に回転して通り抜けたとしたら，もう一方のⒷのビーカーでは，左に同じ30°で回転して通り過ぎていくんです。光に関係した異性体だということから，光学異性体という名前がついたんです。言葉で言うと，なかなかわかりづらいですが，このように偏光面を回転させる角度は同じで，回転させる方向が異なるんです。

では，少し問題を解いてみましょう。

単元1 異性体の種類 175

演習問題で力をつける⑪
立体異性体の構造式

問 (1) エチレンの水素原子2個を塩素で置換した化合物の異性体の構造式とその名称をすべて書け。

(2) 次の文の[　]に適切な語句または数字を書け。
アルケンC_nH_{2n}は，分子内に二重結合をもっているために[①]異性体をもつものが多く，C_4H_8の分子式で表されるアルケンには全部で[②]種の異性体が存在する。また，C_4H_8の分子式で表される炭化水素には，このほかに[③]種のシクロアルカンの異性体が存在する。

(3) 乳酸の対掌体の立体構造を図示せよ。

さて，解いてみましょう。

(1)…エチレンは二重結合をもっているので幾何異性体が存在するのではないか？と推理していけばいいのです。

エチレンの二置換体

① 連続図6-19

$$H_2C=CH_2$$
エチレン

② 4つのHのうち2つがClに置換

シス形 / トランス形

シス形: $\underset{Cl}{H}C=C\underset{Cl}{H}$　トランス形: $\underset{Cl}{H}C=C\underset{H}{Cl}$

岡野のこう解く エチレンはCが2個，Hが4個です 連続図6-19①。

そのHが，2個のClで置き換わりました 連続図6-19②。そうなるとシス形かトランス形かで判断です。二重結合がある両側の炭素原子にくっついたものの中で，同じもの（例えばClとCl）が近い位置か遠い位置かを考えます。

ところがもう1つあります 図6-20。Clが片方のCに2個くっついてくるものです。シス形，トランス形ではありませんね。構造異性体です（→170ページ 図6-9の(d)タイプ）。ということで**異性体は3種類あります**。

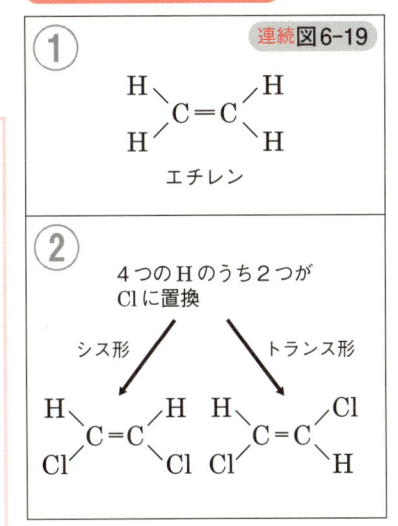

図6-20

$\underset{H}{H}C=C\underset{Cl}{Cl}$

構造異性体

アルケンの命名法

さて、連続図6-19②と図6-20にあった3種類の異性体の名称を考えましょう。この場合には一番長い炭素の鎖を見るんですね。Cが2個ですと、エタン。でも二重結合をもっているから、エテン（国際名）またはエチレン（慣用名）といいます。アルケンの国際名の命名はアルカンの語尾aneをene（エン）に変えて表します。また慣用名としてaneをylene（イレン）に変えて表すことを知っておきましょう。

さらに連続図6-21①②を見てください。塩素の位置ですが、①②とも、右からでも左からでも数えて1番と2番にClが1個ずつあります。合計で2個くっついているでしょう。だから1,2-ジクロロ（Clのときはクロロ、Brのときはブロモ）といいます。このあとにエチレン（慣用名）またはエテン（国際名）と続きます。「**1,2-ジクロロエチレン**」または「**1,2-ジクロロエテン**」。どちらでも構いません。

ここまでは、シス形の場合も、トランス形の場合も同じなんですよ。塩素の位置の順番が同じですからね。

でも、違う物質だから名前を変えなくてはいけない。そこで頭にシス、トランスという言葉をつけます。近い側が「**シス-1,2-ジクロロエチレン**」、遠い側が「**トランス-1,2-ジクロロエチレン**」です。

次はもう1つの異性体 図6-20 の名前です。図6-22 を見てください。塩素の位置は右から順に数えたときと、左から数えたときは違いますね。数は小さいほうで書く原則ですから、ここは1番です。1番の

幾何異性体の命名法

連続図6-21

①（1）の【答え】

シス-1,2-ジクロロエチレン

②（1）の【答え】

トランス-1,2-ジクロロエチレン

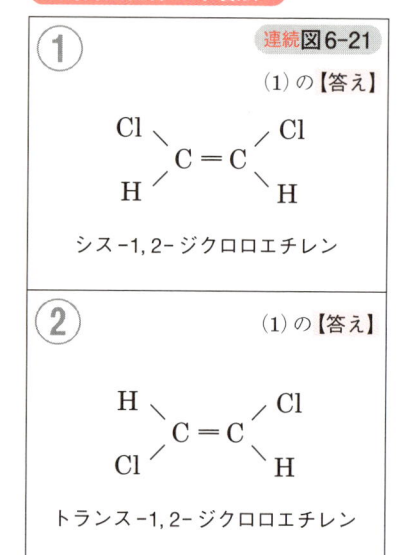

図6-22

（1）の【答え】

1,1-ジクロロエチレン

ところに塩素が2個くっついているから，"1,1"と繰り返し書いてください。「**1,1-ジクロロエチレン**」という名前がつきます。

> 構造式の書き方に注意！

　（1）の答えに，もう一度注目してください。幾何異性体の構造式は，直角に書いてはいけません。自分はシス形だと思って書いても，ただの構造式として見なされてしまいます。**幾何異性体を示すときの構造式は，かならず価標を炭素Cからカタカナのハの字のように斜めに出す**という約束になっています 図6-23 。覚えておきましょう。

図6-23

$$Cl-C=C-Cl \atop HH$$

○＼　　／○
　C＝C
△／　　＼△

単元1 要点のまとめ③

●アルケン C_nH_{2n}（一般式）の命名法

命名はアルカンの語尾aneをene（エン）に変えて表す。また，慣用名としてaneをylene（イレン）に変えて表す。

例：C_2H_4 は C_2H_6 エタンethaneのaneをeneかyleneに変えて，エテンethene（国際名），エチレンethylene（慣用名）と命名する。
C_3H_6 はプロペンpropene（国際名），プロピレンpropylene（慣用名）と命名する。

例：$CH_2=CH-CH_2-CH_3$　　1-ブテン
二重結合が左1番目と2番目の間にあるので，1-ブテンの1がつく。

例：$CH_3-CH=CH-CH_3$　　2-ブテン
二重結合が2番目と3番目の間にあるので，2-ブテンと命名する。

さて，解いてみましょう。

(2)…C_4H_8はアルケンとシクロアルカンの共通の分子式であること（第5講140ページ）に注目して構造式を推理しましょう。そして二重結合をもっているので，幾何異性体が存在することにも注意してください。

岡野のこう解く C_4H_8は一番長い鎖がC4個です。二重結合がどこに来るかということで化合物の構造が決まってきますね 連続図6-24①。端に二重結合がある場合と，真ん中に二重結合がある場合の2つの異性体が考えられます。これは二重結合の位置によって違う異性体です。

Ⓒのように反対側の端に二重結合が移っても，それはⒶと同じです。これらは端っこどうしだから，裏返しにすると同じですね。

あと，もう1つ考えられるのは，連続図6-24②です。Cが3個横に並び，1つ枝分かれした中で，二重結合はどこに来るか。左に二重結合が来る場合（Ⓓ）と右に来る場合（Ⓔ），下に来る場合（Ⓕ）を見てください。実はこれらは裏返したり回したりすると全部同じなんです。ということで，CとCが二重結合をもつものとしては，このⒶ，Ⓑ，Ⓓの**3タイプが考えられるわけです。**

C_4H_8のアルケンの異性体

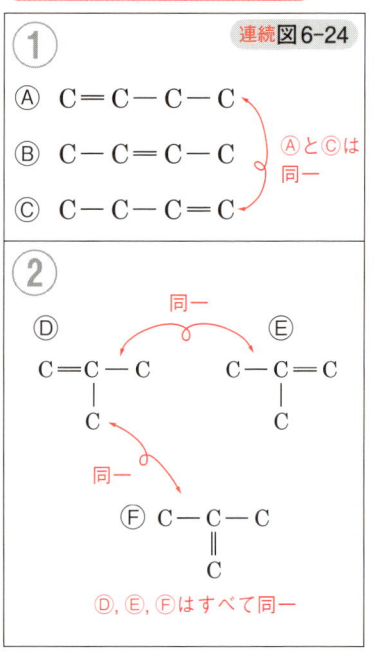

連続図6-24

①
Ⓐ C＝C－C－C
Ⓑ C－C＝C－C
Ⓒ C－C－C＝C

ⒶとⒸは同一

②
Ⓓ C＝C－C Ⓔ C－C＝C
    | |
    C   C

Ⓕ C－C－C
     ‖
     C

同一

Ⓓ, Ⓔ, Ⓕはすべて同一

次は幾何異性体かどうかを調べましょう。

図6-25 のⒶを見てください。このように，同じものを3個含む場合は幾何異性体の関係になりません。「岡野

図6-25

Ⓐ（連続図6-24① のⒶタイプ）

H   　　　H
 ＼C＝C／
 ／   ＼
H CH_2-CH_3

単元1 異性体の種類　179

流　必須ポイント⑨」 図6-9 の (c) タイプです。○が3個であと1つが△ということは，○と△をどういうふうに入れ換えたとしても同じ関係ですからね。

　図6-26 のⒷは，二重結合している2個のCにそれぞれ1個ずつ CH₃（メチル基）とHがついています。**CH₃が近い位置にある場合と，遠い位置にある場合によって，シス形とトランス形の幾何異性体に分かれます**（→170ページ 図6-9 の (a) タイプ）。

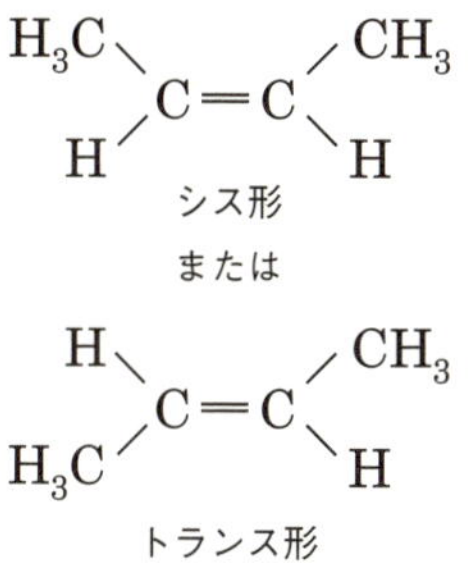

　図6-27 を見てください。Ⓓは二重結合している2つのCのうち，片方のCに2個の CH₃ がついています。これは**構造異性体**（→170ページ 図6-9 の (d) タイプ）。ということで，**全部で4種類**です。

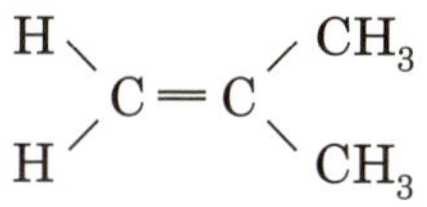

　　幾何 …… ①　の【答え】
　　4　　 …… ②　の【答え】

図6-26

Ⓑ（連続図6-24① のⒷタイプ）

$$\underset{H}{\overset{H_3C}{\diagdown}}C=C\underset{H}{\overset{CH_3}{\diagup}}$$

シス形
または

$$\underset{H_3C}{\overset{H}{\diagdown}}C=C\underset{H}{\overset{CH_3}{\diagup}}$$

トランス形

図6-27

Ⓓ（連続図6-24② のⒹタイプ）

$$\underset{H}{\overset{H}{\diagdown}}C=C\underset{CH_3}{\overset{CH_3}{\diagup}}$$

名前をつけてみよう

　ここで 図6-25 ， 図6-26 ， 図6-27 の異性体の名前を考えましょう。まずは 図6-25 のⒶの名前。 図6-28 は炭素原子だけ書き出しました。もともとは一番長い鎖がC4個で二重結合がありますから，ブテンといいます。

図6-28

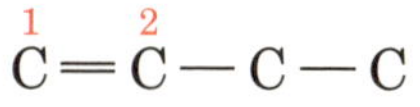

$$\overset{1}{C}=\overset{2}{C}-C-C$$

　命名では，**二重結合の位置を示す少ないほうの数を言います**。Ⓐの場合，左から1番と2番の炭素に二重結合があるので，**1-ブテン**という言い方をします。"1"というのは1番目のCと2番目のCが二重結合しているということです。

　次は 図6-26 のⒷの名前です。連続図6-29① を見てください。2番目と3番目の間に二重結合があるから**2-ブテン**です。さらに，次のページの 連続図6-29②

2-ブテンの幾何異性体の命名法

連続図6-29

①

$$-\overset{|}{\underset{|}{C}}-\overset{\overset{1}{|}}{\underset{|}{C}}=\overset{\overset{2}{|}}{\underset{|}{C}}-\overset{\overset{3}{|}}{\underset{|}{C}}-\overset{\overset{4}{|}}{\underset{|}{C}}-$$

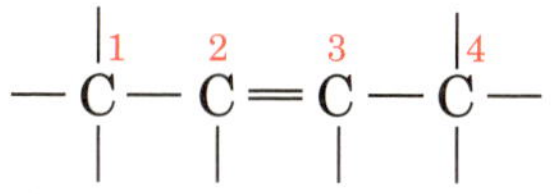

のように，2つの型に分かれます。Ⓑ-1はシス形だから「シス-2-ブテン」。Ⓑ-2はトランス形だから「トランス-2-ブテン」という言い方になります。

次は 図6-27 の Ⓓ の名前。これは 図6-30 を見てください。一番長い鎖がC3個なのでプロパンですが，このように二重結合を含んだものは「**プロペン**」といいます。さらに2番目の位置にメチル基CH₃がくっついているプロペンなので，「**2-メチルプロペン**」といいます。

> **岡野の着目ポイント** さきほどのブテンのように，1-プロペンとか2-プロペンというべきじゃないかと思われるかもしれませんが，今度はそれは必要ないんです。なぜならば二重結合の位置によって違う物質，つまり**異性体をつくるならば番号が必要です**が，**プロペンはどこに二重結合があろうが同じ物質です** 図6-31 。だから1-プロペンとか2-プロペンという言い方をする必要はないのです。

> **岡野の着目ポイント** それから，間違いの多い例を紹介しましょう。 図6-32 を見てください。これは 連続図6-29② のⒷ-1をそのまま抜き出した図です。Cを2個と考えるとエチレン（エテン）になります。さらに，1番目と2番目の位置にメチル基がそれぞれ1個ずつあるから，1番目と2番目の炭素2個のメチル基（ジメチル）をもつエチレンな

連続図6-29 の続き

② Ⓑ-1（シス形）
シス-2-ブテン

Ⓑ-2（トランス形）
トランス-2-ブテン

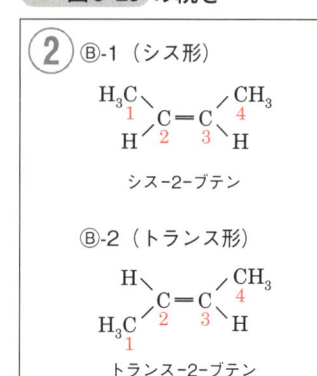

図6-30

2-メチルプロペン

図6-31

同一

図6-32

単元1　異性体の種類　181

ので，シス-1,2-ジメチルエチレンにしてしまう人が結構多い。**でも，大マチガイです。**

なぜならば，**一番長い炭素の鎖で考えなければいけないんです。**もとはCが4個で，2番と3番の間に二重結合があるから2-ブテン。しかも近いからシス形。「シス-2-ブテン」が正しい名称です。

命名法に関しては，次第にわかるようになってきます。第5講の「単元2　要点のまとめ①②③」を読むだけでも，わかるようになってくると思いますよ。

(2)の③にいきましょう。

③のシクロアルカンに関しては，図6-33のように2種ですね。

図6-33

　　H$_2$C ── CH$_2$　　　　　　　CH$_2$
　　│　　　│　　　　　　　　／　＼
　　H$_2$C ── CH$_2$　　　H$_2$C ── C ── CH$_3$
　　　　　　　　　　　　　　　　　　│
　　　　　　　　　　　　　　　　　　H

　　シクロブタン　　　　　　メチルシクロプロパン

命名はアルカンの名称の前に"**シクロ**"をつける。ここでは「シクロブタン」，メチル基がついたシクロプロパンで「メチルシクロプロパン」といいます。

　　2 ……　③　の【答え】

岡野のこう解く　(3)…「対掌体」と書かれていますが，光学異性体を意味します。では，立体構造を下に示しましょう。

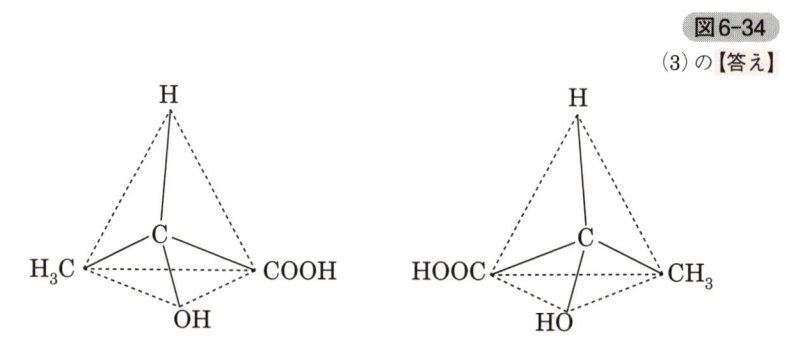

図6-34
(3)の【答え】

H$_3$C ─ C ─ COOH　　　　　HOOC ─ C ─ CH$_3$
　　　　│　　　　　　　　　　　　　│
　　　H,OH（立体）　　　　　　　H,HO（立体）

単元 2　不飽和炭化水素　化／Ⅰ

次は，不飽和炭化水素であるアルケンとアルキンの代表的な反応を見てみましょう。不飽和炭化水素は，炭素原子Cどうしの間に二重結合とか三重結合を1つ含む炭化水素のことでしたね（第5講 1-4 ）。

2-1　アルケンの付加反応

アルケンに水素，ハロゲン，ハロゲン化水素，水などを加えるとどうなるでしょうか。

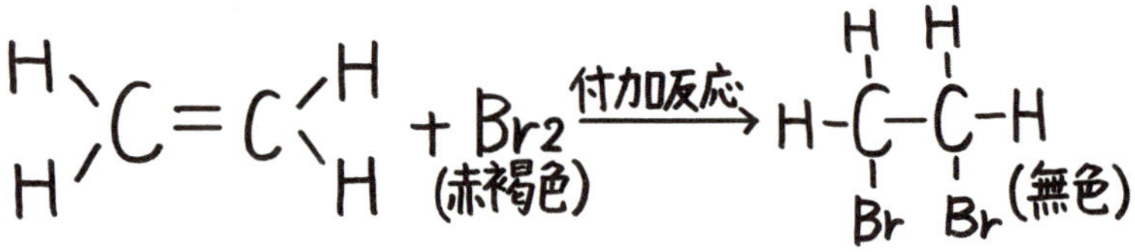

$$H_2C=CH_2 + Br_2 \text{（赤褐色）} \xrightarrow{\text{付加反応}} H-CH_2-CH_2-H \text{（無色）} \\ \quad\quad\quad\quad\quad\quad\quad\quad\quad\quad\quad\quad Br\ \ Br$$

例えば，二重結合とか三重結合を含んでいる化合物にハロゲンの1つである赤褐色の臭素水（Br_2）を加えると，Br_2の赤褐色が消えます。

連続図6-35① を見てください。

Cが二重結合になっていますよね。この二重結合のうち，1本が切れて手が2本出てきます。次に 連続図6-35② を見てください。Br_2はBrとBrの単結合が切れて，2本の手になります。そして，Cの手とBrの手がくっついたんです 連続図6-35③ 。そんなイメージで考えてください。これを「**付加反応**」といいます。文字どおり付け加わる反応で，もともとあった原子は減り

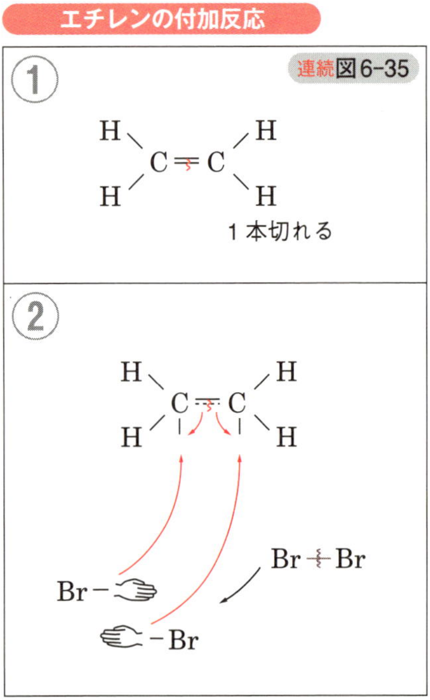

エチレンの付加反応　　連続図6-35

① $H_2C=CH_2$
1本切れる

② $H_2C\!=\!CH_2$
　　　　　　　$Br\!+\!Br$
　　$Br-$✋
　　　✋$-Br$

ません。Cが2個とHが4個は付加反応前と変わらず残っていますね。さらにBrが付け加わっています。

そして「**赤褐色**」が「**無色**」になる。この色の変化はポイントです。

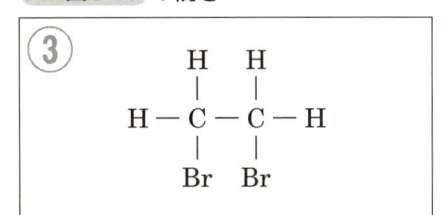

では，付加反応でできた物質 連続図6-35③ に名前をつけましょう。もとは何か。一番長い鎖はC2個だからエタンです。エタンはエタンなんだけども，HがBrに置き換わっていますね。

臭素のことを「**ブロモ**」といいます。ちなみに塩素のことは「**クロロ**」といいましたね。覚えておきましょう。Cの1番と2番の位置に，2個のブロモがくっついたエタンです，ということで，「**1,2-ジブロモエタン**」。ハロゲンの場合はこんなふうに名前がつけられます。

単元2 要点のまとめ①

● 不飽和炭化水素　アルケン

付加反応…水素，ハロゲン，ハロゲン化水素，水などを付加する。

エチレン　＋　臭素（赤褐色）　→（付加反応）→　1,2-ジブロモエタン（無色）

2-2 アルキンの付加反応

次はアルキンの付加反応について説明しましょう。アルキンはCどうしの間に三重結合を1つ含みましたね。アルケンの付加反応と同じ考え方でできます。

■ 水素を付加する

二重結合と三重結合について補足です。二重結合は，1本分は強く，も

う1本分は弱い結合。三重結合は，1本分は強く，あとの2本は弱いんです。

図6-36 を見てください。三重結合のうちの弱い1本分がポキンと切れて，Hがそれぞれにくっついてきました。

図6-36

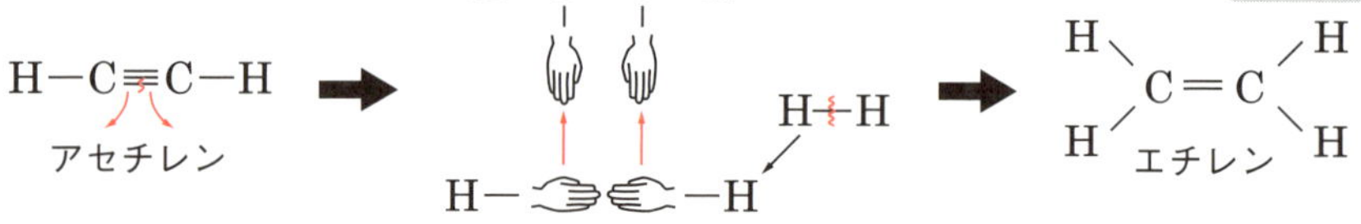

さらに 図6-36 の状態から二重結合の弱い1本分がまた切れ，Hがそれぞれもう1個ずつ，くっついてきます 図6-37 。

図6-37

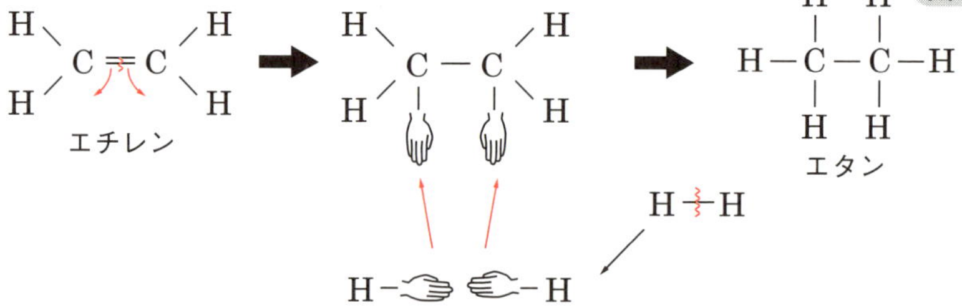

これが水素が付加した場合の反応です。これは，暗記ではなくて，自分でつくることができますね。

$$CH \equiv CH \xrightarrow{H_2} CH_2 = CH_2 \xrightarrow{H_2} CH_3 - CH_3$$

■ HCNの付加

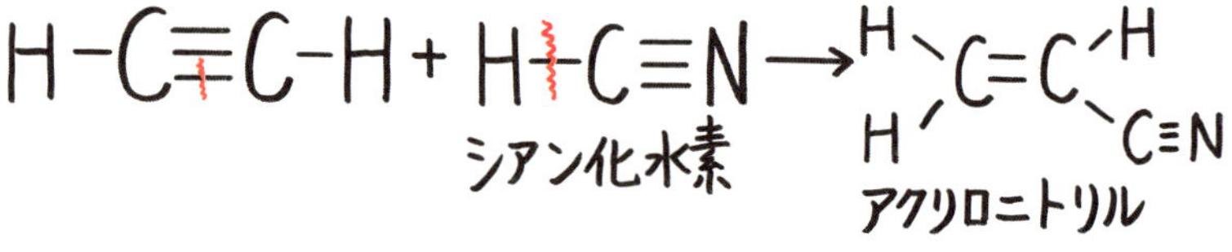

HCNは「**シアン化水素**」といいます。CとNの三重結合は強い結合で，切れにくく，付加反応は起きません。しかしCとCの三重結合は切れやすいんです。この切れる箇所だけ覚えてください。

あとは今までと同じですよ 図6-38 。三重結合の1本が切れ、H−C≡Nから切れたHが一方に入ってきて、残りの−CNがもう一方に入ってくる。この反応でできた物質を「**アクリロニトリル**」といいます。これは慣用名だから丸暗記していただくしかありません。

図6-38

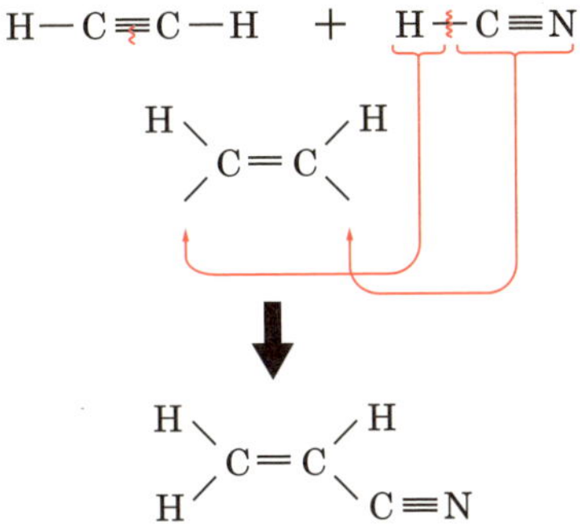

アクリロニトリル

■ HClの付加

HClは塩化水素です。塩化水素は水溶液ならばイオンに分かれるので、気体状態のものに触媒に加えてぶつけるんです。すると、今までやってきたのと同じような反応が起こります。

$$H-C\equiv C-H + H-Cl \longrightarrow \underset{\text{塩化ビニル}}{H_2C=CHCl}$$
（塩化水素）

三重結合の一本が切れ、一方で、HとClの結合が切れて、切れたものたちが手を結ぶんです。

できあがったものを「**塩化ビニル**」といいます。図6-39 の部分（Cの二重結合でHが3個の場合、ここに手が1本余ってますね）を「**ビニル基**」といいます。この辺は知っておいてください。303ページの「主な官能基」の表で、ビニル基を確認しましょう。

慣用名で覚えてください。塩素がくっついたビニルで塩化ビニルです。

図6-39

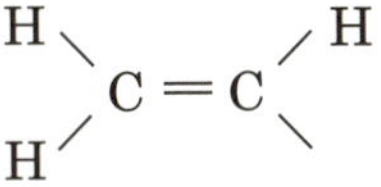

ビニル基

■ CH₃COOH の付加

CH₃COOHを付加する反応にいきます。

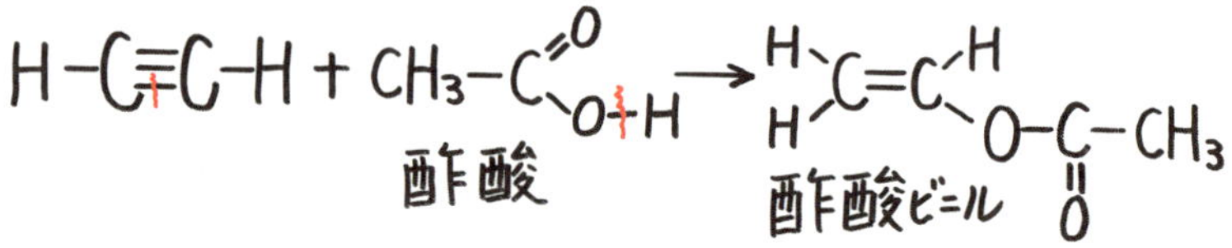

$$H-C\equiv C-H + CH_3-C{\overset{O}{\underset{O-H}{\lessgtr}}} \longrightarrow {\overset{H}{\underset{H}{\gtrless}}}C=C{\overset{H}{\underset{O-C-CH_3}{\lessgtr}}}$$

酢酸　　　　　　　　酢酸ビニル
　　　　　　　　　　　　　‖
　　　　　　　　　　　　　O

CH₃COOHを「**酢酸**」といいます。**酢酸は，構造式で書けるようにしてくださいよ。**図6-40の赤い囲みの部分はカルボキシ基ですね。カルボキシ基のOとHの間が切れるということが重要です。

図6-40

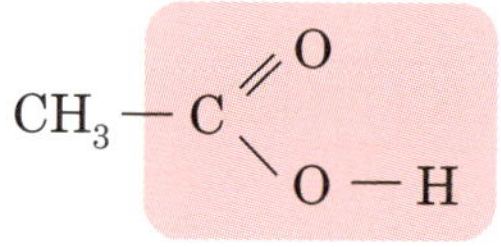

$$CH_3-C{\overset{O}{\underset{O-H}{\lessgtr}}}$$

図6-41

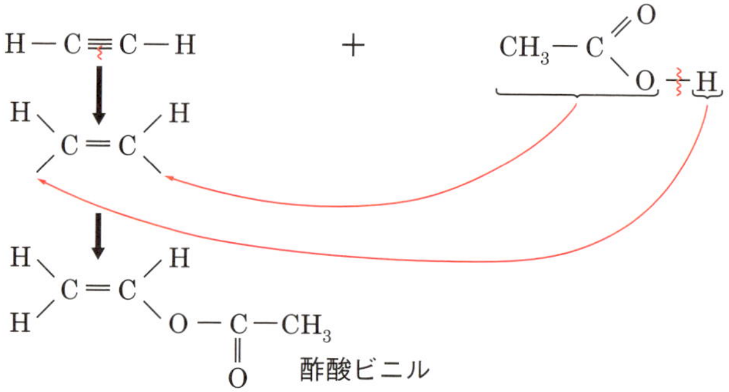

そして，今まで説明したとおりに，三重結合のうち切れて余った手と，OとHの手がくっついてできあがります 図6-41 。できあがったこの物質は「**酢酸ビニル**」といいます。これも名前を覚えておきましょう。

■ H₂O の付加

次はH₂Oを付加する反応です。

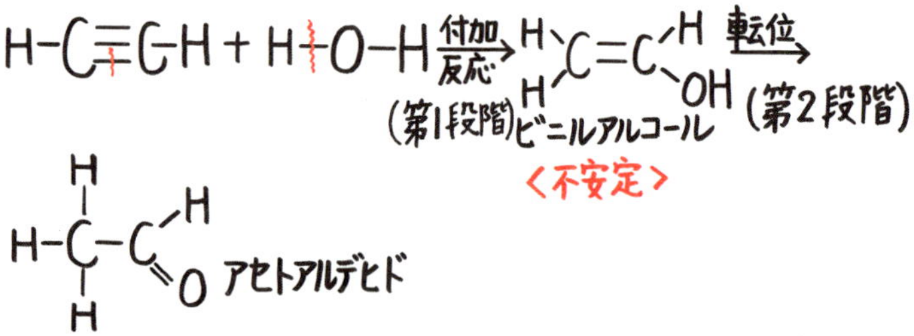

$$H-C\equiv C-H + H-O-H \xrightarrow[\text{反応}]{\text{付加}} {\overset{H}{\underset{H}{\gtrless}}}C=C{\overset{H}{\underset{OH}{\lessgtr}}} \xrightarrow{\text{転位}}$$

（第1段階）ビニルアルコール（第2段階）
　　　　　　　〈不安定〉

$$H-{\overset{\overset{H}{|}}{\underset{\underset{H}{|}}{C}}}-C{\overset{H}{\underset{O}{\lessgtr}}}\ \text{アセトアルデヒド}$$

単元2 不飽和炭化水素

第1段階は，今までどおりの付加反応です。水のH-O-HのHとOHの間が切れることがポイントです。付加反応でできた化合物を「**ビニルアルコール**」といいます。しかし，これは不安定で長い間このままの状態ではとどまっていられないんです。すぐに形を変えてしまう。

連続図6-42①のビニルアルコールを見てください。-O-Hの水素がもう一方側のCに飛び込んでいきます。飛び込まれたCは，CとCの二重結合が切れてメチル基になり，炭素の手1本と酸素の手1本が余ります 連続図6-42②。余ったこの2本が結合し，二重結合をつくります。こうしてできあがった化合物を，「**アセトアルデヒド**」といいます 連続図6-42③。これは慣用名ですから，覚えておいてください。

■ **3分子重合，Fe触媒**

アセチレン3分子が鉄を触媒にして，鉄管の中を通すと**ベンゼン**ができます。

アセチレンに水を付加する反応
① 連続図6-42 ビニルアルコール（不安定） 飛び込む／切れる
② 余った手どうしが握手！（余り）（余り）
③ アセトアルデヒド

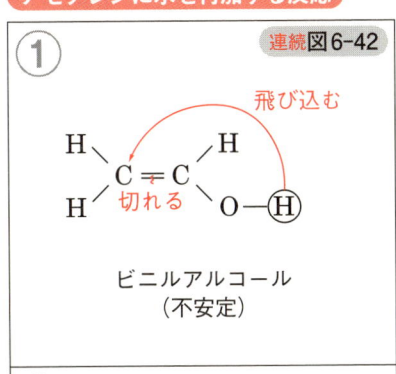

$$3\text{H-C≡C-H} \xrightarrow{3分子重合} \text{ベンゼン}$$

このように3分子のアセチレンの余った手と手が結びつくと，正六角形になり，ベンゼンになります。この事実，知っておきましょう。

単元 2 要点のまとめ ②

●アルキンの付加反応

①水素の付加

$$CH\equiv CH \xrightarrow{H_2} CH_2=CH_2 \xrightarrow{H_2} CH_3-CH_3$$
（アセチレン）　（エチレン）　（エタン）

②HCN の付加

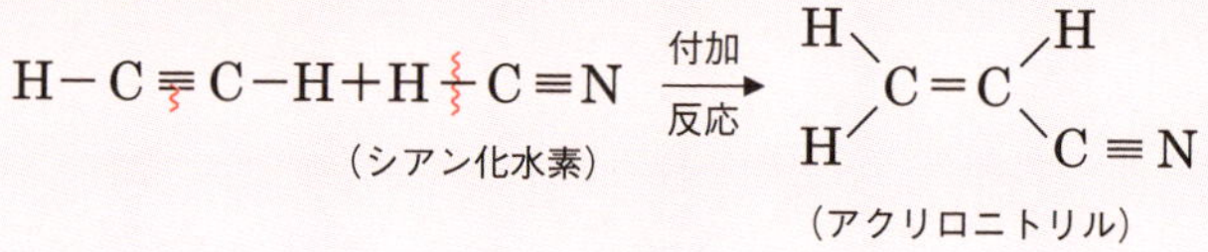

$H-C\equiv C-H + H-C\equiv N$ （シアン化水素） $\xrightarrow{付加反応}$ CH$_2$=CH-C≡N （アクリロニトリル）

③HCl の付加

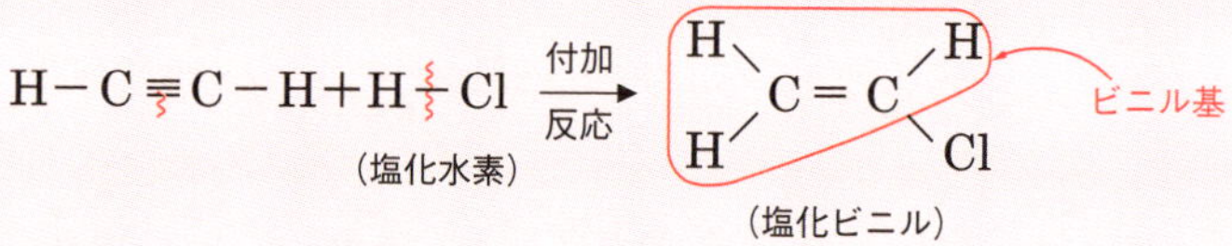

$H-C\equiv C-H + H-Cl$ （塩化水素） $\xrightarrow{付加反応}$ CH$_2$=CHCl （塩化ビニル）　［ビニル基］

④CH$_3$COOH の付加

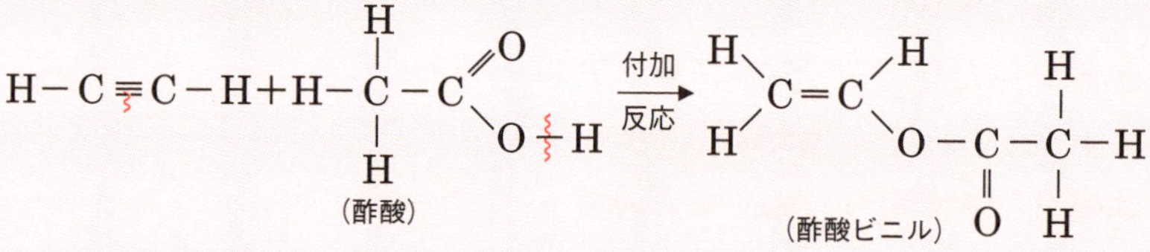

$H-C\equiv C-H + CH_3COOH$ （酢酸） $\xrightarrow{付加反応}$ CH$_2$=CH-O-CO-CH$_3$ （酢酸ビニル）

⑤H$_2$O の付加

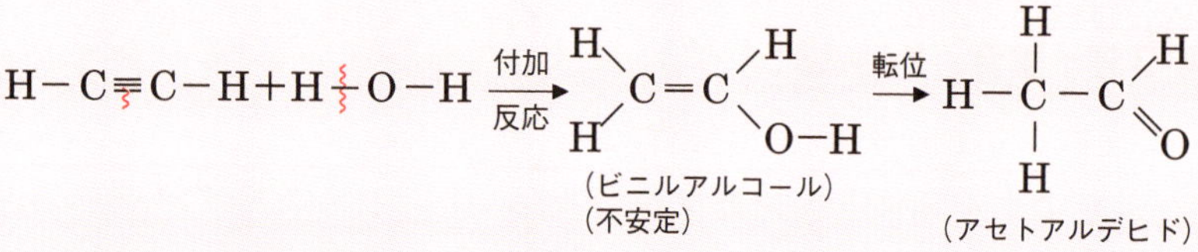

$H-C\equiv C-H + H-O-H$ $\xrightarrow{付加反応}$ CH$_2$=CH-OH （ビニルアルコール）（不安定） $\xrightarrow{転位}$ CH$_3$-CHO （アセトアルデヒド）

⑥3分子重合, Fe 触媒

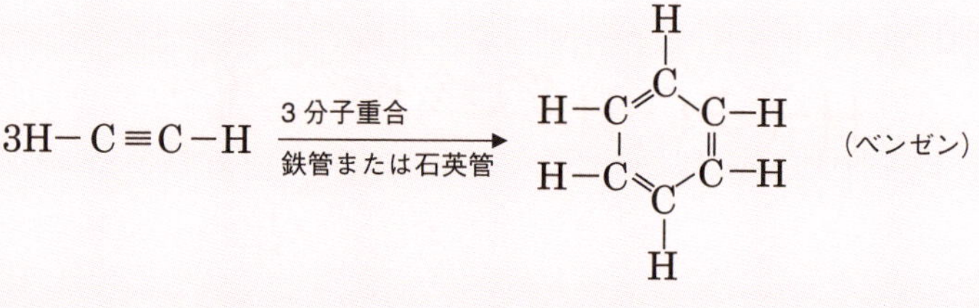

$3\,H-C\equiv C-H \xrightarrow[\text{鉄管または石英管}]{\text{3分子重合}}$ C$_6$H$_6$ （ベンゼン）

単元 2　不飽和炭化水素　189

演習問題で力をつける⑫
アセチレンの誘導体

問 アセチレンに関する記述①〜⑥のうちから，誤りを含むものを1つ選べ。

① 炭化カルシウムに水を作用させると生成する。
② 直線分子である。
③ 炭素原子間の距離は，エタンのそれより長い。
④ 触媒を用いて水を付加させると，アセトアルデヒドになる。
⑤ 触媒を用いて3分子を重合させると，ベンゼンになる。
⑥ 触媒を用いて酢酸を付加させると，酢酸ビニルになる。

さて，解いてみましょう。

　丸暗記をできるだけ少なくして，理屈を納得して解けるようにしましょう。

岡野のこう解く ①は○です。48ページのアセチレンの製法を思い出してください。

$$CaC_2 + 2H_2O \longrightarrow Ca(OH)_2 + C_2H_2 \uparrow$$

　この反応式は，覚えておかなくてはいけませんね。炭化カルシウム（CaC_2）またはカーバイドが水に加わると，アセチレンができます。**水の係数の2がポイントです。1ではダメでしたね。**

②…アセチレンは直線分子かどうか。正しいので○です　図6-43　。

図6-43

$$H-C \equiv C-H$$
アセチレン

③…これは×です。CとCは三重結合であり，単結合より結合力が強い。3本の手で引っ張っているから結合力が強く，短いんです。2本の二重結合は2本分で引っ張っているから三重結合よりちょっと弱い。単結合は1本でしか引っ張っていないから，引っ張る力はそんなに強くないんです。

　ということで，C－Cが一番結合力としては弱いから距離的に長い。C＝Cが2番目で，C≡Cが3番目で一番短い。C≡Cは引っ張る力が強いから，グッと引っ張られて炭素と炭素の距離が短くなる。

長い C−C ＞ C＝C ＞ C≡C 短い

というように，イメージしてください。

④…これは○です。

　アセチレンに水を加えると，途中で不安定なビニルアルコールができる。

図6-44

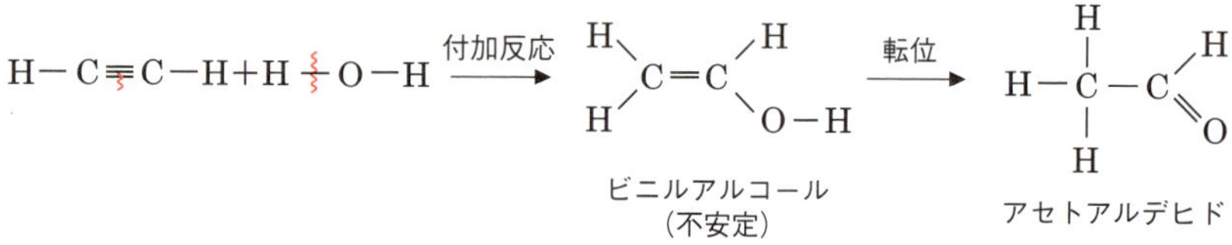

$$H-C\equiv C-H + H\text{-}O-H \xrightarrow{\text{付加反応}} \underset{\substack{\text{ビニルアルコール}\\(\text{不安定})}}{\overset{H}{\underset{H}{>}}C=C\overset{H}{\underset{O-H}{<}}} \xrightarrow{\text{転位}} \underset{\text{アセトアルデヒド}}{H-\underset{\underset{H}{|}}{\overset{\overset{H}{|}}{C}}-C\overset{H}{\underset{O}{\parallel}}}$$

不安定ですから短時間ですぐに形を変えまして，アセトアルデヒドになる 図6-44 。よって○ですね。

⑤…これも○です。アセチレン3分子の余った手どうしが結びつき，正六角形になり，ベンゼンを生じる。これは聞いたことがなければ，解けませんね。知識として知っておきましょう。

⑥…次の 図6-45 の反応より，酢酸ビニルを生じます。

図6-45

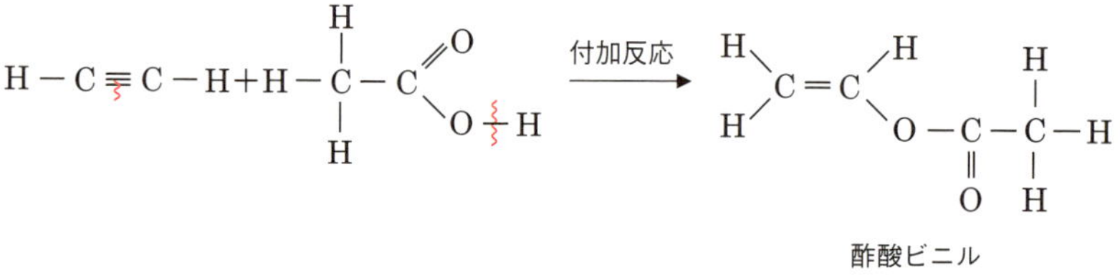

$$H-C\equiv C-H + H-\underset{\underset{H}{|}}{\overset{\overset{H}{|}}{C}}-C\overset{O}{\underset{O\text{-}H}{\nearrow}} \xrightarrow{\text{付加反応}} \underset{\text{酢酸ビニル}}{\overset{H}{\underset{H}{>}}C=C\overset{H}{\underset{O-C-C-H}{<}}\underset{\underset{H}{|}}{\overset{\overset{}{\parallel}}{\underset{O}{}}}}$$

酢酸の構造式がきっちり書けて，どの部分が切れて結合するかを覚えておけば丸暗記しなくてすむんでしたね。

①〜⑥のうち，誤りを含むものが解答ですから，③になります。

　　③……【答え】

では，6講はここまでにしておきます。次回またお会いしましょう。

第7講

元素分析・脂肪族化合物(1)

単元1 有機化合物の元素分析 化/Ⅰ

単元2 アルコール 化/Ⅰ

第7講のポイント

今日は7講です。元素分析の値から，組成式を決定できるようにしましょう。アルコールの反応は，生成する物質を覚えるのではなく，構造式から自分でつくれるようにしましょう。

単元 1 有機化合物の元素分析 化/I

まず最初に「有機化合物の元素分析」というところをやっていきます。

1-1 元素分析の実験

有機化合物を構成する元素とその量を調べて，その化合物の組成式を決める操作を「**元素分析**」といいます。次の 図7-1 に関する問題が入試によく出題されるので，意味を説明しておきましょう。

図7-1

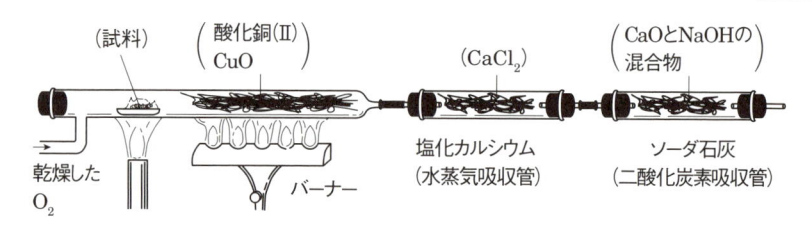

（試料）　（酸化銅(Ⅱ) CuO）　(CaCl₂)　（CaOとNaOHの混合物）
乾燥したO₂　バーナー　塩化カルシウム（水蒸気吸収管）　ソーダ石灰（二酸化炭素吸収管）

元素分析の実験に使われる試料というのは有機化合物です。CとHとO，またはCとHからできているような化合物を試料として，ガスバーナーで加熱します 図7-1 。このとき乾いた酸素を送り込みます。
CとHとO，またはCとHからできた化合物を燃焼（燃焼とはO₂と結びついて炎を出して燃えること）**させると，二酸化炭素と水になります。**

全部の試料が完全に燃えればいいですが，場合によっては不完全燃焼を起こし，一酸化炭素や，すすになってしまっているものがあるかもしれません。そこで**完全燃焼させるためにダメ押しという形で，酸化銅(Ⅱ) (CuO)の中を通り抜けさせます**。そうすると，この試料は完全にすべて二酸化炭素と水になって，管を通過していきます。

このとき大切なのは，酸化銅(Ⅱ)の次に塩化カルシウム管をセットしておくということです。そしてソーダ石灰。ソーダ石灰は，酸化カルシウムと水酸化ナトリウムの固体の混合物です。この**"塩化カルシウム→ソーダ石灰"の順番が重要**です。

酸化銅(Ⅱ)を通り抜けて二酸化炭素と水（水蒸気）になって通過してき

た混合気体は，最初の塩化カルシウム管で水が吸収されます。さらに，二酸化炭素がソーダ石灰管で吸収されます。この順番をかえますと，大変なことになります！

ソーダ石灰管を前にセットして，塩化カルシウム管を後にしますと，ソーダ石灰は乾燥剤でもありますので，水も二酸化炭素も両方とも吸収してしまいます。

試料が燃えたときに生じてきた**二酸化炭素の質量と，水の質量を別々に求めたいのです**。ソーダ石灰管を前にセットしてしまうと，両方とも吸い取ってしまうので，別々の質量を求めることができなくなりますね。ですから，かならず**塩化カルシウム管で最初に水だけを吸収させて，その質量を求め，次に二酸化炭素をソーダ石灰管に吸収させて，そこで二酸化炭素の質量を求める**。

図7-1 は，入試でよく出題されます。原理をよく理解しておきましょう。

1-2 組成式の決め方

図7-1 の試料のようにC，H，Oからなる有機化合物の組成式は，次の手順で決まります。

まず，元素分析によってわかったH_2OとCO_2の質量から，さらに細かくHとCとOの質量を求めます。それから各元素の質量を原子量で割り，**原子のmol数を簡単な整数の比にします**。そうして**組成式**が決まるんです。

具体例を示さないと理解しにくいところなので，「演習問題で力をつける⑬」を通して理解を深めましょう。

演習問題で力をつける⑬
元素分析により組成式を決める

問 (1) 炭素, 水素, 酸素からなる化合物5.00mgを完全燃焼させたら, CO_2 10.9mg, H_2O 6.12mgを得た。

この化合物の組成式を求めよ。ただし, 原子量はC = 12.0, H = 1.0, O = 16.0とする。

(2) ある化合物の元素分析の結果はC 39.9%, H 6.7%, O 53.4%であった。この化合物の分子量をある方法で測定したところ180という値が得られた。この化合物の分子式を求めよ。

さて, 解いてみましょう。

元素分析の問題で組成式を求める主な方法は2通りあります。1つ目は, 試料を燃焼させて生じたCO_2とH_2Oの質量から組成式を求める方法。2つ目は, 試料中のCとHとOの質量パーセントが与えられていて, そこから組成式を求める方法です。

CO_2とH_2Oの質量から組成式を求める方法

岡野の着目ポイント (1)…問題文に, 燃焼で生じたCO_2の質量10.9mgが与えられています。そこで 図7-2 を参考にして, Cだけの質量を次の比例式から求めます。

CO_2 : C
44g : 12g = 10.9mg : $x$mg
∴ $x = \dfrac{12}{44} \times 10.9$
  ≒ 2.97mg

図7-2

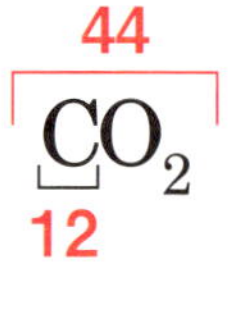

$\overset{44}{CO_2}$
  12

岡野の着目ポイント 次にH_2Oの質量が6.12mgと与えられているので, 図7-3 を参考にHだけの質量を比例式から求めます。

単元1　有機化合物の元素分析　195

H_2O ： $2H$
$18g$ ： $2g = 6.12mg$ ： ymg
∴　　$y = \dfrac{2}{18} \times 6.12$
　　　　$= 0.68mg$

図7-3

$\underset{2}{\overset{18}{H_2O}}$

岡野の着目ポイント　さらに酸素の質量を求めます。酸素の質量は化合物全体からCとHの質量を引いて求める方法しかありません。

$5.00 - (2.97 + 0.68) = 1.35mg$

岡野のこう解く　次に $n = \dfrac{w}{M}$（→巻末[**公式2**]）に代入してC，H，Oの原子のmol数の比を求めます。

$\begin{pmatrix} n = \dfrac{w}{M} \\ n：原子のmol数 \\ M：原子量 \\ w：原子の質量（g）\end{pmatrix}$

代入する前に単位を[g]にそろえましょう（$1g = 1000mg$）。

　Cの質量$2.97mg \Rightarrow \dfrac{2.97}{1000}g = 2.97 \times 10^{-3}g$

　Hの質量$0.68mg \Rightarrow 0.68 \times 10^{-3}g$

　Oの質量$1.35mg \Rightarrow 1.35 \times 10^{-3}g$

それぞれの質量を $n = \dfrac{w}{M}$ に代入し，C，H，Oの原子の**mol数の比**を求める。

$$\therefore C:H:O = \dfrac{2.97 \times 10^{-3}}{12} : \dfrac{0.68 \times 10^{-3}}{①} : \dfrac{1.35 \times 10^{-3}}{⑯}$$

　　　　　　　　　　↳2ではダメ！　↳32ではダメ！

$$= 0.247 : 0.680 : 0.0843$$

一番小さい数0.0843で割ると，
　　$= 2.9 : 8.0 : 1.0 ≒ 3 : 8 : 1$
よって，組成式はC_3H_8Oであることがわかります。

C_3H_8O ……(1)の【**答え**】

岡野の着目ポイント 10^{-3}は結局消去されるので，本番では計算式に書く必要はありません。ここでは公式に忠実に代入しました。

また，Hの原子量は1，Oの原子量は16です。2倍して2とか32にしてはいけませんよ。**原子のmol数を求めるとき，Mは原子量であることに気をつけましょう。**さらに計算された値は，**一番小さい値で割るということが重要です。**ここでは0.0843が一番小さいので，この数で割ります。このようにして，計算された簡単な整数比から組成式を決めます。

アドバイス Oの質量も「生じたCO_2やH_2Oの質量から，比例式でそれぞれ求めて合計すればいいのでは？」と思いませんか？ これは絶対やってはいけませんよ。というのは，ここでは試料の5.00mgに含まれていたOの質量を求めたいからです。CO_2やH_2OからOを求めると，燃焼するときに送り込んだOの質量も加わって算出されてしまいます。したがって，全体からCとHの質量を引いて求めるしか方法はないのです。

試料中のCとHとOの質量パーセントから求める方法

(2)…問題文に元素分析の結果（C，H，Oの質量パーセント）が与えられているときの求め方を説明しましょう。

岡野の着目ポイント (2)では，化合物の質量は与えられていません。こんなときは自分で**100gと決めていいのです。**「100gと決まっていないのに100を使うのはイヤだ」という人は，A〔g〕でも構いません。結局は同じ結果が出ますが，100gとするほうが，絶対にラクですよ。

この化合物を100gとすると，CとHとOの質量は次のようになります。

C　39.9%　⇒　39.9g
H　6.7%　⇒　6.7g
O　53.4%　⇒　53.4g

次にC：H：Oの原子のmol数の比を求めます。

$$C : H : O = \frac{39.9}{12} : \frac{6.7}{1} : \frac{53.4}{16}$$
$$= 3.325 : 6.7 : 3.337$$

（一番小さい数3.325で割る）

$$\fallingdotseq 1 : 2 : 1$$

よって，組成式はCH_2Oとなります。

岡野の着目ポイント ここから分子式を求めます。分子式は組成式の整数倍で表される式なので，その整数倍は分子量を組成式量で割って求められます。

$CH_2O = 12 + 1 \times 2 + 16 = 30$（組成式量）

$180 \div 30 = 6$ 倍
(分子量) (組成式量)

分子式は

$$(CH_2O)_6 \Rightarrow C_6H_{12}O_6$$

と求まります。

$C_6H_{12}O_6$ ……(2) の【答え】

もし，**1倍になるようなときは，分子式と組成式は同じ式になります。**

今回の問題には，分子量が直接与えられていましたが，場合によってはこれを求めさせるようなものもあります。よく出題されるタイプは，**気体の状態方程式，凝固点降下，気体の密度，浸透圧，中和滴定**などから分子量を決めさせるものです。有機化学で出題されるものは基本問題から標準問題なので，理論化学分野の関係のあるところを復習しておけば大丈夫ですよ。

単元1 要点のまとめ①

●有機化合物の元素分析と組成式の決定

化合物の成分元素を検出し，その割合を調べることを元素分析という。炭素・水素・酸素からなる有機化合物の組成式は，次のような手順で決定できる。

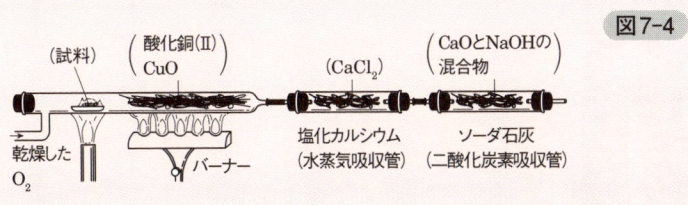

図7-4

（試料）　酸化銅(Ⅱ) CuO　（$CaCl_2$）　（CaOとNaOHの混合物）

乾燥した O_2　バーナー　塩化カルシウム（水蒸気吸収管）　ソーダ石灰（二酸化炭素吸収管）

① 精製した試料 W g を 図7-4 のように完全燃焼させ，生じる CO_2 と H_2O の質量それぞれ W_{CO_2}，W_{H_2O} を測定する。

試料 W g 中の

炭素の質量 $\quad W_C = W_{CO_2} \times \dfrac{C}{CO_2} = \dfrac{12}{44} \times W_{CO_2}$

水素の質量 $\quad W_H = W_{H_2O} \times \dfrac{2H}{H_2O} = \dfrac{2}{18} \times W_{H_2O}$

酸素の質量 $\quad W_O = W - (W_C + W_H)$

炭素：水素：酸素の質量比

$$W_C : W_H : W_O = \dfrac{W_C}{W} \times 100 : \dfrac{W_H}{W} \times 100 : \dfrac{W_O}{W} \times 100$$

② 質量比から実験式（組成式）を求める。

試料の組成式を $C_xH_yO_z$ とするとき，

$$x : y : z = \dfrac{W_C}{12} : \dfrac{W_H}{1} : \dfrac{W_O}{16} \quad (＝炭素：水素：酸素)$$

③ 分子量を別に求め，組成式と分子量から分子式を決定する。

単元 2 アルコール 化/I

単元2では「**アルコール**」について学んでいきましょう。

「脂肪族炭化水素（→135ページ，第5講「単元1　要点のまとめ④」の「鎖式炭化水素」と同義）の**H原子がヒドロキシ基（－OH）で置き換わった構造の化合物**」を「アルコール」といいます。簡単に言うと，Hが－OHに置き換わった物質です。

一番簡単な炭化水素のメタンやエタンを例に挙げましょう。図7-5 と 図7-6 を見てください。エタンのHを－OHにかえます。こういうのをアルコールといいます。このとき，どのHを－OHと置き換えても同一物質の関係になります。

名前ですが，図7-5 のほうを「メチルアルコール」とか「メタノール」。図7-6 の方を，「エチルアルコール」とか「エタノール」といいます。アルコールの命名については，のちほどまた詳しく説明いたします（→203ページ）。

図7-5

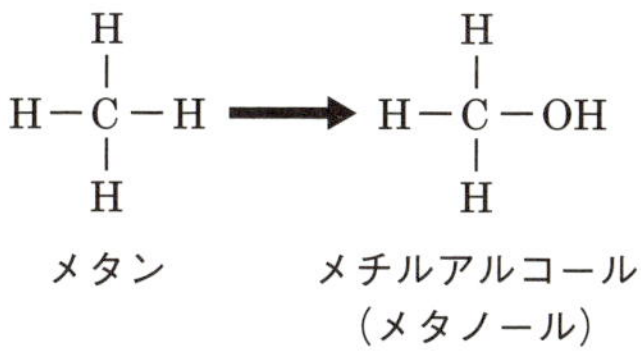

メタン → メチルアルコール（メタノール）

図7-6

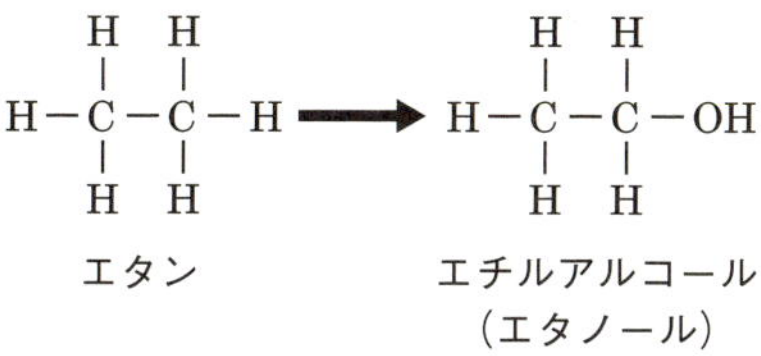

エタン → エチルアルコール（エタノール）

アドバイス 脂肪族とは炭素原子が鎖状の構造をもつことで，その化合物を脂肪族化合物といいます。特に炭化水素の場合が脂肪族炭化水素です。

2-1 アルコールの分類

■ヒドロキシ基の数による分類

アルコールはヒドロキシ基（－OH）の数によって分類されます。図7-7 にメタノールとエタノールがありますね。これは－OHが1個あるから，「**1価アルコール**」といっています。

その隣に「**エチレングリコール（1,2-エタンジオール）**」があります。これはエタンのそれぞれの炭素原子に1個ずつ－OHが入っています。

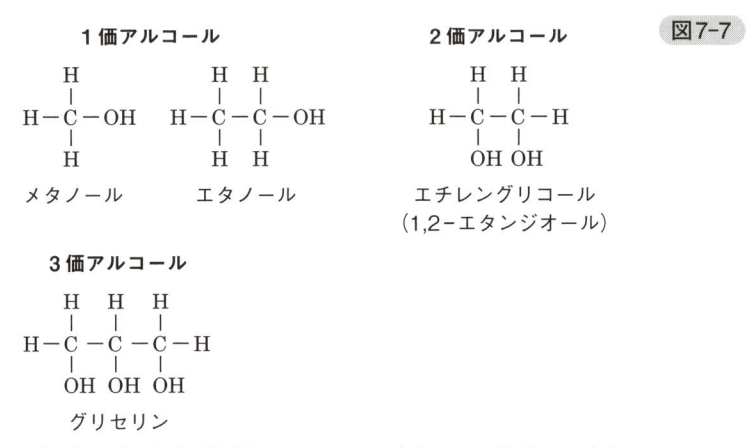

図7-7

1価アルコール

```
   H              H H
   |              | |
H－C－OH      H－C－C－OH
   |              | |
   H              H H
 メタノール        エタノール
```

2価アルコール

```
   H H
   | |
H－C－C－H
   | |
   OH OH
  エチレングリコール
  （1,2-エタンジオール）
```

3価アルコール

```
   H  H  H
   |  |  |
H－C－C－C－H
   |  |  |
   OH OH OH
     グリセリン
```

－OHが2個入ったから「**2価アルコール**」といいます。2価アルコールは「エチレングリコール」だけ覚えておけばいい。

エチレングリコールは自動車のラジエーターの中の冷却水に使われます。－OHが存在すると，水と大変仲がいいので，水に溶けやすいのです。

次に「**グリセリン**」。これは，プロパンのそれぞれの炭素原子のところに，1個ずつ－OHがついて全部で－OHが3個だから「**3価アルコール**」です。3価アルコールもグリセリンだけ覚えておきましょう。第9講の「油脂」のところでも，グリセリンが出てきます。

■ 炭化水素基（R）の数による分類

次の分類は，ヒドロキシ基が結合している炭素原子に，炭化水素基（R）が何個結合しているかによって，分類されます。この分類の仕方は大変重要です。**第5講でやった異性体の区別の仕方が有機化学の第1関門ならば，ここは第2関門に相当するところです。**

「炭化水素基」とはCとHからできている基のことで，化学では普通「R」と表します。例えば第5講の「単元2　要点のまとめ③」（→156ページ）でやったメチル基やエチル基のようなアルキル基（アルカンの水素原子1個が取れたもの）が含まれます。そういう場合も全部をひっくるめて，炭素と水素からできた基という意味で，炭化水素基（R）という言い方をしています。

単元2 アルコール 201

図7-8 のエタノールを見てください。－OHがついた炭素原子Cに，メチル基というRが1個ついている。このように**Rが1個の場合を**「**第一級アルコール**」とよびます。

隣のメタノールを見てください。－OHがついた炭素原子Cに，Rはついていませんね。それでも例外的に第一級アルコールといいます。

図7-8

第一級アルコール

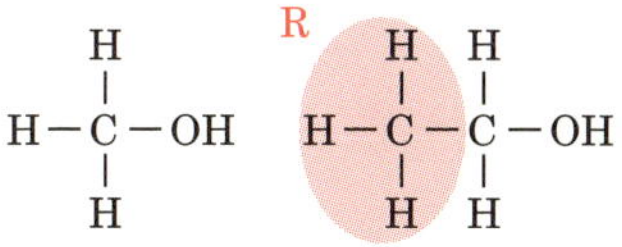

メタノール　エタノール

> !重要★★★　メタノールは例外的に第一級アルコールである

次に 図7-9 の2-プロパノールを見てください。－OHがついた炭素原子CにRのメチル基が2個くっついています。－OHがついた炭素原子に，**Rが2個ついているので**「**第二級アルコール**」。いいですね。Rの数によって決まっています。

連続図7-10① の2-メチル-2-プロパノールの図を見てください。－OHがついていた炭素原子に**Rが3つついているから，これは**「**第三級アルコール**」。2-メチル-2-プロパノールはRが全部メチル基です。しかし，これにエチル基（R′）があってもいいんです 連続図7-10②。エチル基を含むときは「2-メチル-2-ブタノール」といいます。

以上が，有機化学の第2関門でした。ここは図をよく見ながら復習してくださいね。

図7-9

第二級アルコール

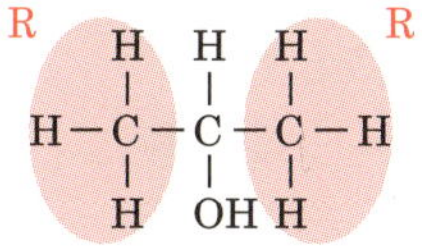

2-プロパノール

第三級アルコール

連続図7-10

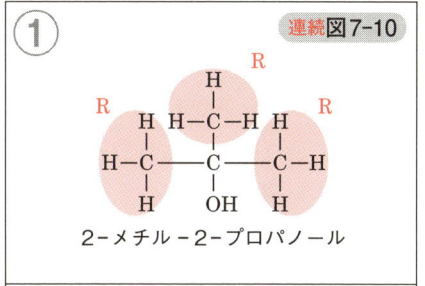

①
2-メチル-2-プロパノール

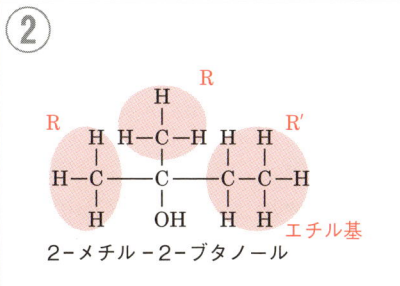

②
2-メチル-2-ブタノール
エチル基

■炭素原子の個数による分類

アルコールは，分子中の炭素数の多い少ないでも分類されます。

> **重要★★★**
>
> 低級アルコール………分子中の炭素数が少ないアルコール
>
> 高級アルコール………分子中の炭素数が多いアルコール

低級とは，分子量が小さいという意味です。炭素数が少ない。高級とは，分子量の大きい，つまり炭素数が多いんですね。

単元 2 要点のまとめ①

●**アルコールの分類**

脂肪族炭化水素のH原子がヒドロキシ基($-OH$)で置き換わった構造の化合物をアルコールという。

①ヒドロキシ基の数による分類

例：1価アルコール　　　　　2価アルコール　　　3価アルコール

CH_3-OH　　CH_3-CH_2-OH　　$\begin{array}{c}CH_2-OH\\|\\CH_2-OH\end{array}$　　$\begin{array}{c}CH_2-OH\\|\\CH-OH\\|\\CH_2-OH\end{array}$

メタノール　　　エタノール　　　　エチレングリコール　　グリセリン

②ヒドロキシ基が結合している炭素原子に，炭化水素基（R）が何個結合しているかによる分類

例：第一級アルコール　　第二級アルコール　　第三級アルコール

メタノール　　エタノール　　2-プロパノール　　2-メチル-2-プロパノール

③炭素原子の個数による分類

低級アルコール…分子中の炭素数が少ないアルコール

高級アルコール…分子中の炭素数が多いアルコール

2-2 アルコール類の命名法

アルコール類の命名法をやります。まず「飽和1価アルコール」について説明しましょう。「飽和」とは，二重結合や三重結合をもたないということで，単結合のみのアルコールという意味です。そして1価だから，－OHが1個ですね。一般式は，

$$C_nH_{2n+1}OH$$

となります。これは次のように考えてください。アルカンの一般式C_nH_{2n+2}から水素原子1個を取ると，C_nH_{2n+1}。そこに－OHが1個ついたと考えると，$C_nH_{2n+1}OH$ですね。

$n=1$のときの名前のつけ方には慣用名と国際名の2種類があります。慣用名では「メチルアルコール」といいます。－CH_3（メチル基）に－OH（ヒドロキシ基）が結合したので，「メチル基がついたアルコール」ということで「メチルアルコール」と命名します。

ところが国際名では，どこの国の人でも同じ名称でよべるように決められています。「CH_4 メタン（methane）→メタノール（methanol）」というようにアルカン語尾にol（オール）をつけて命名します。

> !重要★★★ **国際名はアルカンの語尾にol（オール）をつける**

次は$n=2$のときの慣用名です。Cが2個だからエタンです。エチル基に－OHがついたら「エチルアルコール」ですね。

それに対して，国際名は**エタンのあとに「オール」**をつけるから「**エタノール**」という言い方をします。

では$n=3$のときはどうでしょう。国際名は**プロパンのあとに「オール」**だから，「**プロパノール**」でしょう。ところが，Cが3個あって－OHがつくので，これが異性体をもつかどうかの区別をしなければなりません。－OHをつけるときに，Cの3個の骨格の中では異性体は存在しません。直角に曲がっても，これは同じものです。しかし－OHがついた位置で物質は違うものになります。端っこのCにつくか，または真ん中のCにつくかで違うんです。だからアルコールはさらに異性体ができてくるわけです。

連続図7-11①と連続図7-11②を見てください。基本的にはCの鎖が一番長いところを考えます。両方ともCが3個だから，名前はプロパノール。これでいいです。だけど，違う物質なのに同じ名前がついてはまずいじゃないですか。

プロパノールを構成している炭素に端から順に1番，2番，3番と番号をふります。また逆向きに1番，2番，3番と番号をふります。このとき「**小さいほうの数字を，位置を表す番号に使う**」という約束がありましたね。連続図7-11①は右端から1番目の炭素に−OHがついているというので，「**1-プロパノール**」といいます。「**1**」は**−OHの位置を表す番号**ですね。このアルコールの慣用名は「**プロピルアルコール**」といいます。

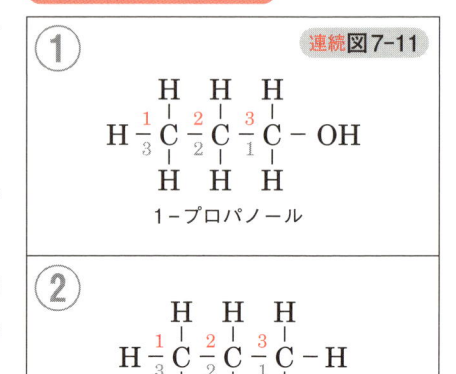

連続図7-11②のプロパノールは−OHの位置が2番目の炭素（右からでも左からでも，どちらも2番目になる）なので，「**2-プロパノール**」になります。また，慣用名では「**イソプロピルアルコール**」といいます。

もう少し複雑なものの名前を考えてみましょう図7-12。C3個が一番長いから，プロパンです。2番目のところについた−OHだから，まずは2-プロパノールでしょう。

次に赤い部分を見てください。2番目の炭素の位置にメチル基がついています。だから，「2-プロパノール」の前に「2-メチル」と入れなければいけません。よって図7-12の物質の名前は，「**2-メチル-2-プロパノール**」。名前を書くときの注意点ですが，**数字と数字の間だけカンマ，それ以外は全部ハイフンでつなぐ約束です。**

入試問題でアルコールの名前はよく問われます。そのときのためにも，どういう物質かがわかるようにしておかなければいけません。ポイントをまとめておきましょう。

単元2 アルコール 205

単元2 要点のまとめ②

● **アルコール類の命名**

飽和1価アルコールを$C_nH_{2n+1}OH$で表すと，$n=1$のとき　CH_3OH

(a) $-CH_3$（メチル基）に$-OH$（ヒドロキシ基）が結合したのでメチルアルコール（慣用名）と命名する。

(b) CH_4 メタン methane のH原子が$-OH$基で置換したので，メタノール methanol というようにアルカン語尾に ol（オール）をつけて命名する。同様に，

$n=2$のとき

　　　C_2H_5OH…エチルアルコール（慣用名）
　　　　　　　　エタノール ethanol（国際名）

$n=3$のとき

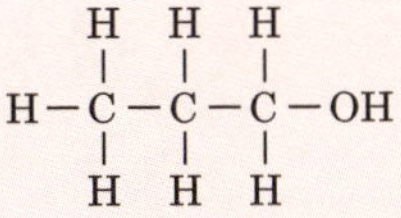

```
  H H H
  | | |
H-C-C-C-OH    1-プロパノール（国際名）
  | | |       プロピルアルコール（慣用名）
  H H H
```

```
  H H H
  | | |
H-C-C-C-H     2-プロパノール（国際名）
  | | |       イソプロピルアルコール（慣用名）
  H OH H
```

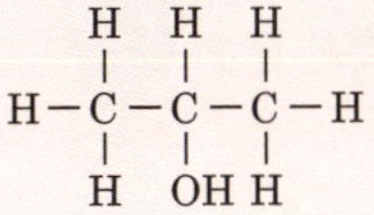

2-3 アルコールの製法と性質

アルコールの製法について，エタノールを例に説明しましょう。製法には2通りあります。

■ **アルコール発酵**

1つ目は$C_6H_{12}O_6$（「**グルコース**」，別名「ブドウ糖」）と「チマーゼ」という酵素を使って**発酵**させるとエタノールが生成します。

$$C_6H_{12}O_6 \rightarrow 2C_2H_5OH + 2CO_2$$

この製法を「**アルコール発酵**」といいます。

■ アルケンに水を付加させる

2つ目の製法は、エチレンに水を加えます。するとエタノールになります。

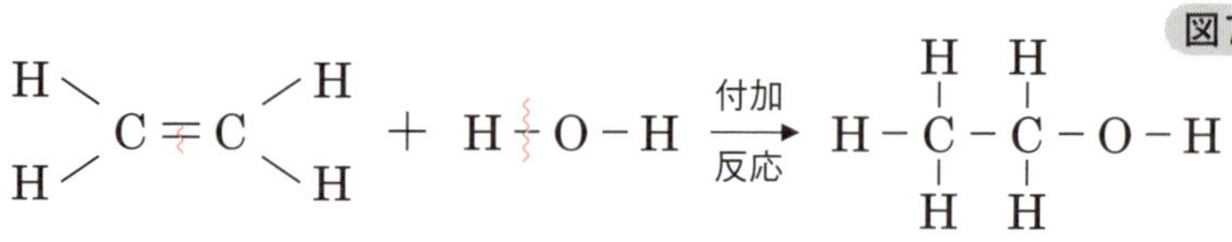

$$\underset{\text{エチレン}}{\begin{array}{c}H\\H\end{array}\!\!\!>\!C\!=\!C\!<\!\!\!\begin{array}{c}H\\H\end{array}} + H-O-H \xrightarrow{\text{付加}\atop\text{反応}} \underset{\text{エタノール}}{H-\overset{H}{\underset{H}{C}}-\overset{H}{\underset{H}{C}}-O-H}$$

図7-13

図7-13 を見てください。アセチレンに水を加えた（→186ページ）のと同様に、エチレンの二重結合のうち、1本は切れてしまいます。そこに水（H－O－H）を加えると、切れた結合にそれぞれH－, －OHが結びつきます。するとエタノールになるのです。切れるところをしっかり覚えておきましょう。

エチレンに限らず、アルケンに水を加えると、Cが3個のプロペン（慣用名ではプロピレン）でも同様の反応形式でアルコールができます。

■ アルコールの性質

次に性質を見てみましょう。アルコールは水素結合をもつので、沸点が高いんです。「**水素結合**」という言葉がポイントです。ですから、同じ分子式のエーテルよりも沸点は高いんです。

エーテルについてちょっと説明しましょう。図7-14 を見てください。

分子式 C_2H_6O

図7-14

$$\underset{\text{エタノール}}{H-\overset{H}{\underset{H}{C}}-\overset{H}{\underset{H}{C}}-O-H} \qquad \underset{\text{ジメチルエーテル}}{H-\overset{H}{\underset{H}{C}}-O-\overset{H}{\underset{H}{C}}-H}$$

これらはC_2H_6Oで分子式は同じです。エタノールはCが2個並んで－OH。もう1つは、CとCの間にOがついてきたもので、「ジメチルエーテル」といいます。C_2H_6Oで分子式は同じですが、これらの関係は異性体ですね。

ジメチルエーテルのCとCの間にOが入った結合を「**エーテル結合**」といいましたね。意外とこの辺は、正誤問題で出ます。

連続図7-15①を見てください。水は折れ線形の構造をもち，水素結合があります（『理論化学①』87ページ 連続図3-18②）。片方のHをC_2H_5に入れ換えてみましょう 連続図7-15②。

いつものごとく，「元気いい生徒ホンとに来るよ，合格通知」より**F, O, N, Cl が電気陰性度の大きい**ことを思い出してください。その中でもF, O, Nと水素との化合物は水素結合をもちましたね。図中の**点線は水素結合**です。

このようにアルコールは水素結合をもちました。けれどもジメチルエーテル 図7-14 には，－OHがないので水素結合にならない。C－O－Cでは$\delta+$，$\delta-$という極性はありません。

水とアルコールの水素結合

連続図7-15

① 水

② エタノール

水素結合

それではアルコールの製法と性質をまとめておきましょう。

単元2 要点のまとめ③

● **アルコールの製法**

① グルコース（ブドウ糖）$C_6H_{12}O_6$ を発酵させるとエタノールが生成する。

$$C_6H_{12}O_6 \longrightarrow 2C_2H_5OH + 2CO_2$$

② アルケンに水を付加させる。

エチレン ＋ H－O－H →（付加反応）→ エタノール

③ **性質**

分子間の水素結合により，同じ分子式のエーテルに比べ，沸点が高い。

2-4 アルコールの反応（1）

■ナトリウムとの反応

アルコールはナトリウムと反応して，水素を発生します。このことはエーテルとの識別に利用されます。なぜならエーテルはナトリウムとは反応を起こさないからです。化学反応式を見てください。この例も重要です。

$$2CH_3OH + 2Na \longrightarrow 2CH_3ONa + H_2$$
メタノール　　　　　　　　ナトリウム
　　　　　　　　　　　　メトキシド

重要★★★

$$2C_2H_5OH + 2Na \longrightarrow 2C_2H_5ONa + H_2$$
エタノール　　　　　　　　ナトリウム
　　　　　　　　　　　　エトキシド

「**ナトリウムメトキシド**」や「**ナトリウムエトキシド**」は書けるようにしておきましょう。

今の2本の式を，僕は次のように覚えています。−OH（ヒドロキシ基）をもっているものは，金属ナトリウムとどの場合でも反応します。この反応は無機化学でやったアルカリ金属と似ています（→77ページも参照してください）。

では$CH_3OH + Na$はどうなるか，反応式を見てください。

　　　$CH_3OH + Na \longrightarrow CH_3ONa + H$
2倍する
　　　$2CH_3OH + 2Na \longrightarrow 2CH_3ONa + H_2$

アルコールのOHのHと，Naが置換されて，$CH_3ONa + H$。でも，このままではダメ。原子状態のHではおかしいんです。必ずH_2にならないといけない。そのためには，**全部2倍してやればいい**。すると，HがH_2になります。Na_2ではおかしい。金属の場合は係数を前に書きます（$2Na$）。

同様に$C_2H_5OH + Na$もC_2H_5OHをNaと反応させて2倍（$2C_2H_5OH$）すると，反応式（$2C_2H_5OH + 2Na \longrightarrow 2C_2H_5ONa + H_2$）が書けます。

■この4つの物質を覚えよ！

ここで，**金属ナトリウム**と反応して**水素**を発生する化合物については，次の4つを覚えてください。非常に大きなポイントです 図7-16 。

単元 2　アルコール　209

Naは —OH をもつ化合物と反応して水素を発生する。
代表例4つは覚えよう。

図7-16

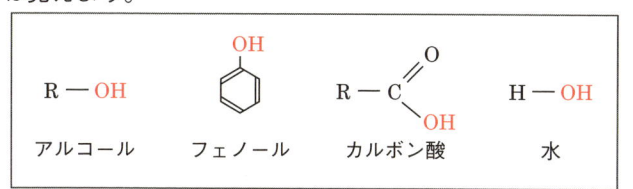

R—OH	⬡—OH	R—C(=O)OH	H—OH
アルコール	フェノール	カルボン酸	水

　アルコールは"R—OH"と書きます。Rは，炭化水素基ですね。それからベンゼン環に —OH がついたものを「**フェノール**」といいます（「ベンゼン環」の話は第9講で出てきます）。"R—COOH" は「**カルボン酸**」といいます。そして "H—OH" は水ですね。これらの物質は金属ナトリウムと反応して水素を発生します。

　これらはどうぞ全部，覚えておいてください。

　ここでちょっとアドバイス。試験で「**水酸化ナトリウム**と反応するのは何か」という問題がよくあります。水酸化ナトリウムは塩基なので，中性物質や塩基とは反応しません。アルコールと水は中性です。したがって，酸性の物質であるフェノールとカルボン酸と反応します。このとき塩基と酸が中和反応を起こすのです。これさえ覚えておけばいいですよ。

　第9講でやりますが，フェノールは弱酸性（非常に弱い酸性）なんです。また，カルボン酸のRがメチル基になれば，CH_3COOH。これはみなさんおなじみの酸性物質，酢酸ですね。こういう問題が何の脈絡もなく出てきます。

　金属ナトリウムと水酸化ナトリウムが同じものだと間違われることが多い。そこが実はかなり違うということで，今の話を理解してください。

> **岡野流⑩　NaとNaOHの反応の違い**
> アルコール，フェノール，カルボン酸，水は，Naと反応して水素を発生するが，NaOH（塩基）と反応するのは，この4つの中では酸性のフェノールとカルボン酸のみである。

■ **脱水反応**

　次はアルコールの脱水反応です。C_2H_5OH に濃硫酸を加えます。

!重要★★★ $2C_2H_5OH \xrightarrow[\text{濃硫酸}\,(\text{縮合})]{130\sim140℃} C_2H_5OC_2H_5 + H_2O$ （ジエチルエーテル）

　130〜140℃で濃硫酸を加えた場合は，エタノール分子2個が反応していきます。**130〜140℃という温度がポイントです**。これはどうぞ覚えておいてください。

図7-17

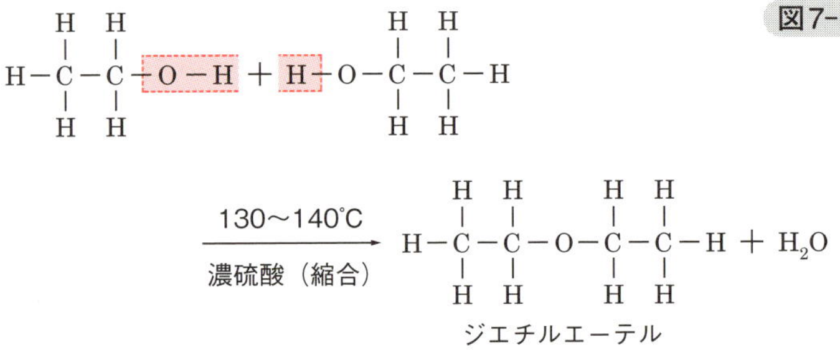

$$\begin{array}{c}H\ \ \ H\\|\ \ \ |\\H-C-C-O-H\ +\ H-O-C-C-H\\|\ \ \ |\ |\ \ \ |\\H\ \ \ H\ H\ \ \ H\end{array}$$

$\xrightarrow[\text{濃硫酸（縮合）}]{130\sim140℃}$

H-C-C-O-C-C-H + H$_2$O （ジエチルエーテル）

反応式は丸暗記しないで，構造式からつくれるようにしておきましょう
図7-17 。エタノールの水（OHとH）が取れます。あとは，残りを結んでやればいい。そうすると，ジエチルエーテルと水ができますね。CとCの間にOが入ったエーテル結合です。2つのエチル基がエーテル結合で結ばれたから「ジエチルエーテル」。

　次へいきます。今度は**160〜170℃**で濃硫酸を加えた場合です。エタノール分子1個から水が取れます。

!重要★★★ $C_2H_5OH \xrightarrow[\text{濃硫酸}\,(\text{脱離})]{160\sim170℃} CH_2=CH_2 + H_2O$ （エチレン）

この反応も構造式で覚えましょう。図7-18 を見てください。

図7-18

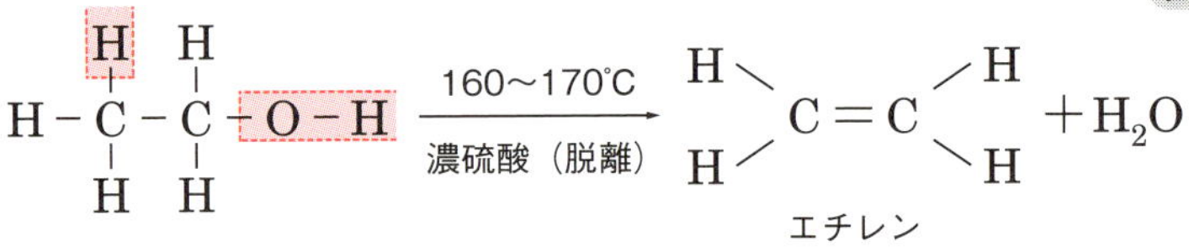

H-C-C-O-H $\xrightarrow[\text{濃硫酸（脱離）}]{160\sim170℃}$ H$_2$C=CH$_2$ + H$_2$O （エチレン）

　水（赤い部分）が取れると，2つの炭素は，手が1本ずつ余ってきますね。これらが結びついて，二重結合になります。このようにして，エチレン（$CH_2=CH_2$）ができます。

単元 2　アルコール　211

　ここで注意したいことがあります。水が取れるからと言って，これら2本の反応式を脱水とよんではいけません。濃硫酸を130〜140℃で加えた反応の正式名は「**縮合**」といい，160〜170℃で起こる反応は「**脱離**」といいます。濃硫酸（H_2SO_4）は触媒で，硫酸自身は変化しません。「分子間脱水」と「分子内脱水」と書かれている参考書もありますが，その言葉は入試にはまず出てきません。正式名のほうをどうぞ覚えてください。

　重要な反応式が2本もあると，ごちゃごちゃして覚えにくい，という人もいるでしょう。ゴロなんですが，僕はこれで覚えましたよ。

「**アル中**が**医務室**まで**歩けん**，**胃酸**の
　　160℃　　　アルケン　　　130℃
ゲ〜でる。」
　エーテル

　アルコール中毒の会社員が前の晩に飲みすぎて，気持ち悪いまま出社して医務室（**160℃**）まで歩けん（**アルケン**）歩けない状態で，そうこうしている間に胃酸（**130℃**）のゲ〜でる（**エーテル**）。…というあまり気持ちのいいゴロではないのですが，このように印象に残しておけば，間違いなく覚えられますよ。ここは両方とも絶対に出るパターンです。ここは必勝しないとダメ，絶対に勝たなくちゃいけない。

単元2 要点のまとめ④

● アルコールの反応

① ナトリウムと反応して，水素を発生する。エーテルとの識別に利用する。

例： $2C_2H_5OH + 2Na \longrightarrow 2C_2H_5ONa + H_2$
　　　　　　　　　　　　　　（ナトリウムエトキシド）

② 脱水反応

低温では縮合（分子間脱水），高温では脱離（分子内脱水）が起こる。

$$2C_2H_5OH \xrightarrow{130〜140℃} C_2H_5OC_2H_5 + H_2O$$
（エタノール）濃硫酸（縮合）　（ジエチルエーテル）

$$C_2H_5OH \xrightarrow{160〜170℃} CH_2=CH_2 + H_2O$$
（エタノール）濃硫酸（脱離）　（エチレン）

2-5 アルコールの反応（2）

■ 酸化反応のポイント

アルコールの酸化反応の具体的な説明の前に，そのポイントから紹介します。

岡野流 必須ポイント⑪　アルコールの酸化反応

アルコールの酸化反応は第何級アルコールかを区別し，その構造式から反応パターンにより，書けるようにしよう。

ここでは第何級アルコールかということに気をつけて，構造式を書けるようになってほしいんです。

■第一級アルコールの酸化反応

図7-19 を見てください。第一級アルコールが酸化されるとアルデヒドになって，さらに酸化されてカルボン酸になるという一般的な反応です。

図7-19

$$\underset{(第一級アルコール)}{R-\overset{H}{\underset{H}{C}}-O-H} \underset{還元}{\overset{酸化}{\rightleftarrows}} \underset{(アルデヒド)}{R-C\overset{\diagup O}{\diagdown H}} \underset{還元}{\overset{酸化}{\rightleftarrows}} \underset{(カルボン酸)}{R-C\overset{\diagup O}{\diagdown O-H}}$$

酸化と還元は，正反応と逆反応の関係で両方起こります。「酸化」が起こると逆向きは「還元」です。

この反応の代表例を挙げます。ここは，絶対に書けるようにしてください。暗記は暗記ですが，覚えるべきところをしっかりおさえればいいんです。いいですか。

■エタノールの酸化

エタノールが酸化されるとアセトアルデヒドになります。エタノールは第一級アルコールでしたね。

そして，酸化とはどういうことが起こるかをおさえていただきます。みなさん，「**酸化**」は**酸素がつくこと**だと考えますね。ちょっと見方を変えて，水素を基準にすると，水素がつくことは「還元」といいます（水化とはいわない！）。では，逆に**水素が取れることは**，「**酸化**」です。つまり第1段階目の酸化は，水素が取れる。これが重要なのです。

エタノールの酸化反応

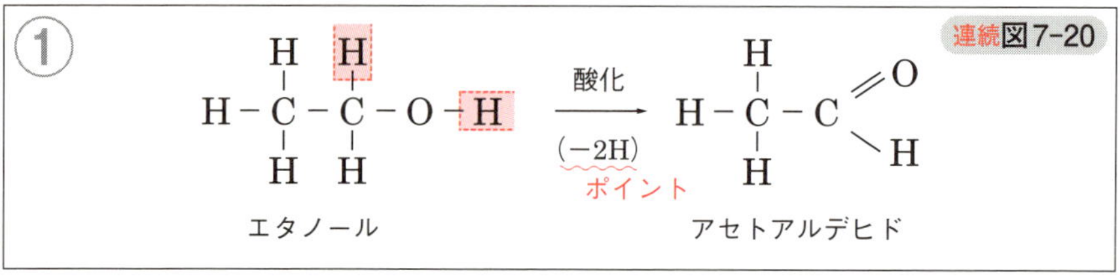

連続図7-20①のようにエタノールのヒドロキシ基（—OH）のHと，ヒドロキシ基がついたCから上でも下でもいいのでHを1個取ります。では上を取りましょう（赤い部分）。すると，余ったCの手と余ったOの手が結びついて，二重結合になります。これが「**アセトアルデヒド**」です。これは慣用名だから丸暗記で構いません。

さらにもう1回酸化が起こる。第一級アルコールの酸化は，全部で2回反応が起こります。この反応形式を覚えておけば，どんな第一級アルコールでも，酸化物質を構造式で書くことができます。

多くの受験生が，この式を示性式で暗記しています。しかし，酸化の状態が覚えきれずにわからなくなるんです。このように構造式にすれば，少ない暗記で簡単に書けるようになります。

連続図7-20 の続き

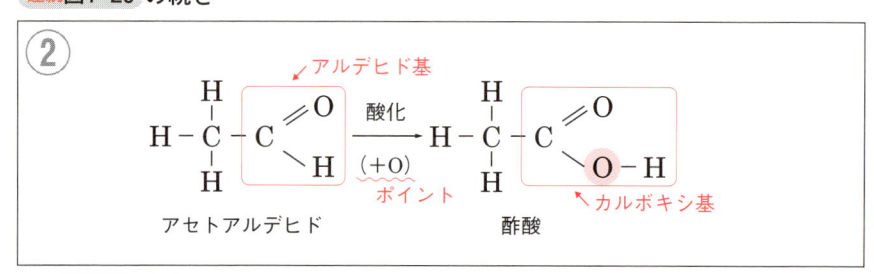

連続図7-20②を見てください。2段階目の酸化では，くっついてくるOの位置に注目してください。どこに入るか，それだけ覚えておけば大丈夫

なんです。アルデヒド基（303ページで確認してください）のCとHの間に，Oがポコッと1個入ってきます。このように酸化が起こる。「**アルデヒド基**」と「**カルボキシ基**」という名前はポイントですよ。

この反応形式をしっかりおさえておけば，絶対にどんな場合でも第一級アルコールの酸化反応は書けるようになります。メタノールの場合も見てください 図7-21。同じような反応形式になっています。いいですね。

図7-21

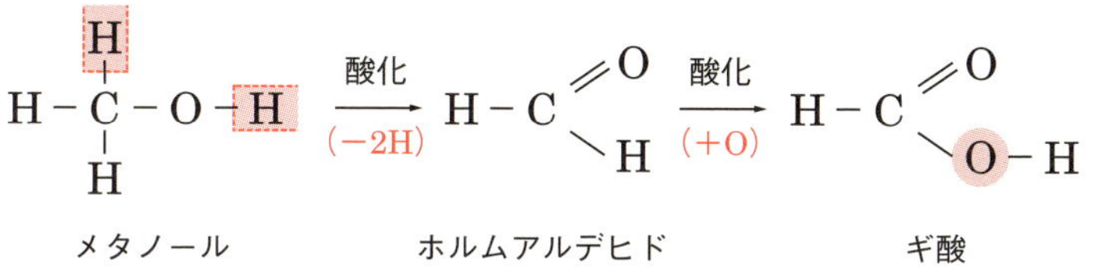

$$H-\underset{H}{\overset{H}{C}}-O-H \xrightarrow[(-2H)]{酸化} H-C\overset{\diagup O}{\diagdown H} \xrightarrow[(+O)]{酸化} H-C\overset{\diagup O}{\diagdown O-H}$$

メタノール　　　　　ホルムアルデヒド　　　　ギ酸

「**ホルムアルデヒド**」や「**ギ酸**」という名前も，ここで覚えておきましょう。

■「アルデヒド」や「カルボン酸」は総称（一般名）

ところで，図7-19 にあった「アルデヒド」や「カルボン酸」は，総称（一般名）の言い方です。

総称とは何でしょうか。動物園で鼻が長くて大きな動物を見ると，みなさんは「象」だと言うでしょ。でも「象」というのは総称です。実は個々にはインド象がいれば，アフリカ象もいる。耳が大きいとか小さいで区別するらしいけれども，個々にはちゃんとした名前がついています。このように，**アルデヒド基をもっている物質の総称を「アルデヒド」，カルボキシ基をもっている物質の総称を「カルボン酸」**といっているのです。

■ 第二級アルコールの酸化反応

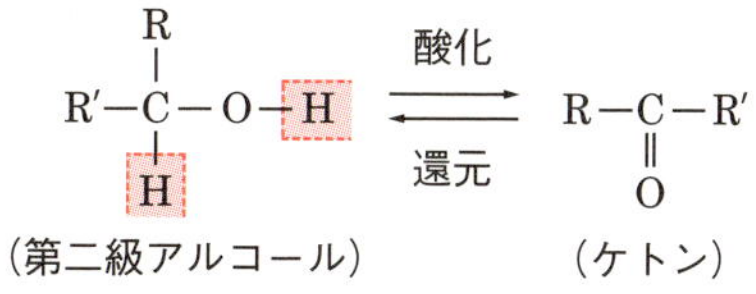

第二級アルコールの酸化は，1段階しかない。第一級アルコールより単純です 図7-22。

図7-22

$$R'-\underset{H}{\overset{R}{C}}-O-H \underset{還元}{\overset{酸化}{\rightleftarrows}} R-\underset{\parallel}{\overset{}{C}}-R'$$
　　　　　　　　　　　　　　　　O
（第二級アルコール）　　　（ケトン）

＞C＝Oを「カルボニル基」といいますが，特にCとOの二重結合の両サイドに炭素が入っている場合を「**ケトン基**」といいます。これは重要です。ちなみに「**ケトン**」もケトン基をもった物質の総称です。

では、図7-23 を見てください。第二級アルコールである2-プロパノールを例にとり、説明します。

代表例　　　　　　　　　　　　　　　　　　　　　　　　　図7-23

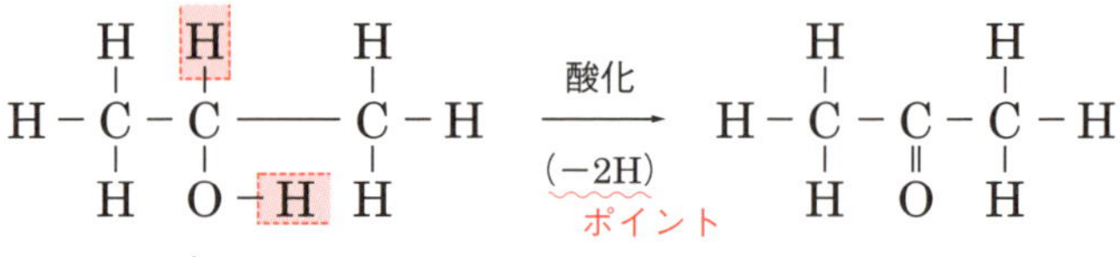

$$\underset{2\text{-プロパノール}}{\begin{matrix}H & H & H \\ | & | & | \\ H-C-C-C-H \\ | & | & | \\ H & O-H & H\end{matrix}} \xrightarrow[\text{(−2H)}]{\text{酸化}} \underset{\text{アセトン}}{\begin{matrix}H & & H \\ | & & | \\ H-C-C-C-H \\ | & \| & | \\ H & O & H\end{matrix}}$$

ポイント

2-プロパノールは −OH がついている炭素原子に、Rで表されるメチル基が2つあるから第二級アルコール。たまたま第二級アルコールの2と同じ"2"という数字がついていますが、これは偶然ですよ。

酸化すると、Hが2個（赤い部分）取れます。ヒドロキシ基のHとその真上にあるHが取れます。すると炭素の手が1本と、Oの手が1本余っているから、ここが二重結合になります。その結果できた物質を「**アセトン**」といいます。どうぞこの物質の名前を覚えてください。慣用名ですから丸暗記です。

■第三級アルコールの酸化反応

第三級アルコールは正しくは"酸化されにくい"のですが、**入試では確実に「酸化されない」と考えて構いません** 図7-24 。

第三級アルコール　　　　図7-24

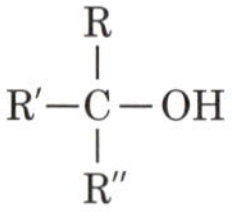

$$\begin{matrix} & R & \\ & | & \\ R'- & C & -OH \\ & | & \\ & R'' & \end{matrix}$$ 酸化されにくい（酸化されない）

単元2 要点のまとめ⑤

●アルコールの酸化反応

(1) 第一級アルコール

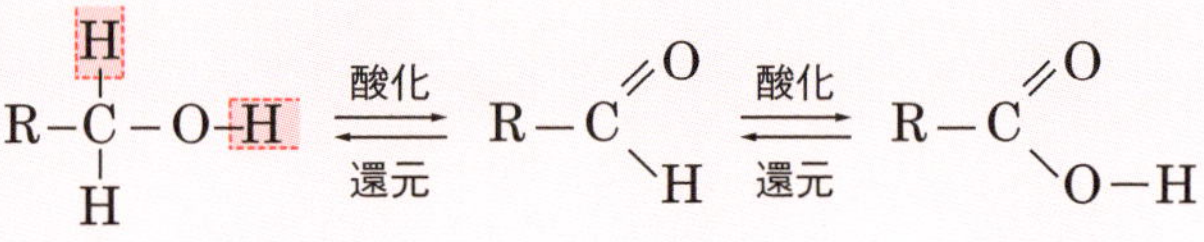

$$\underset{\text{(第一級アルコール)}}{R-\overset{H}{\underset{H}{C}}-O-H} \underset{\text{還元}}{\overset{\text{酸化}}{\rightleftarrows}} \underset{\text{(アルデヒド)}}{R-C\begin{smallmatrix}\nearrow O\\ \searrow H\end{smallmatrix}} \underset{\text{還元}}{\overset{\text{酸化}}{\rightleftarrows}} \underset{\text{(カルボン酸)}}{R-C\begin{smallmatrix}\nearrow O\\ \searrow O-H\end{smallmatrix}}$$

例：

$$H-\underset{H}{\overset{H}{\underset{|}{C}}}-O-H \xrightarrow[(-2H)]{酸化} H-C\overset{O}{\underset{H}{\diagup}} \xrightarrow[(+O)]{酸化} H-C\overset{O}{\underset{O-H}{\diagup}}$$

メタノール　　　　　ホルムアルデヒド　　　　ギ酸

例：

$$H-\underset{H}{\overset{H}{\underset{|}{C}}}-\underset{H}{\overset{H}{\underset{|}{C}}}-O-H \xrightarrow[(-2H)]{酸化} H-\underset{H}{\overset{H}{\underset{|}{C}}}-C\overset{O}{\underset{H}{\diagup}} \xrightarrow[(+O)]{酸化} H-\underset{H}{\overset{H}{\underset{|}{C}}}-C\overset{O}{\underset{O-H}{\diagup}}$$

エタノール　　　　　アセトアルデヒド　　　　酢酸

(2) 第二級アルコール

$$R'-\underset{H}{\overset{R}{\underset{|}{C}}}-O-H \underset{還元}{\overset{酸化}{\rightleftarrows}} R-\underset{\parallel}{\overset{}{C}}-R' \atop O$$

（第二級アルコール）　　（ケトン）

例：

$$H-\underset{H}{\overset{H}{\underset{|}{C}}}-\underset{O-H}{\overset{H}{\underset{|}{C}}}-\underset{H}{\overset{H}{\underset{|}{C}}}-H \xrightarrow[(-2H)]{酸化} H-\underset{H}{\overset{H}{\underset{|}{C}}}-\underset{\parallel}{\overset{}{C}}-\underset{H}{\overset{H}{\underset{|}{C}}}-H \atop O$$

2-プロパノール　　　　　　　アセトン

(3) 第三級アルコール

$$R'-\underset{R''}{\overset{R}{\underset{|}{C}}}-OH$$ 　酸化されにくい
　　　　　　　（酸化されない）

■ **エステル化**

次です。カルボン酸とアルコールが反応することを，「**エステル化**」といいます。エステル化が起きてできる物質は，エステルと水です。またその逆反応を「**加水分解**」といいます。

これだけではイメージしにくいでしょう。次のページの 図7-25 を見てください。

代表例

図7-25

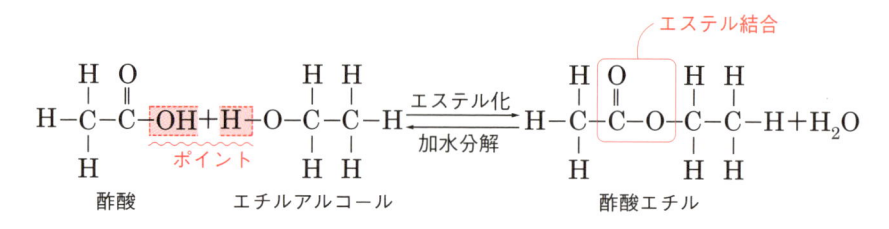

$$\text{H-}\underset{\underset{\text{H}}{|}}{\overset{\overset{\text{O}}{\|}}{\text{C}}}\text{-OH} + \text{H-O-}\underset{\underset{\text{H}}{|}}{\overset{\overset{\text{H}}{|}}{\text{C}}}\text{-}\underset{\underset{\text{H}}{|}}{\overset{\overset{\text{H}}{|}}{\text{C}}}\text{-H} \underset{\text{加水分解}}{\overset{\text{エステル化}}{\rightleftarrows}} \text{H-}\underset{\underset{\text{H}}{|}}{\overset{\overset{\text{O}}{\|}}{\text{C}}}\text{-}\boxed{\text{C-O}}\text{-}\underset{\underset{\text{H}}{|}}{\overset{\overset{\text{H}}{|}}{\text{C}}}\text{-}\underset{\underset{\text{H}}{|}}{\overset{\overset{\text{H}}{|}}{\text{C}}}\text{-H} + \text{H}_2\text{O}$$

酢酸　　　　エチルアルコール　　　　　　　　酢酸エチル

（OH＋H部分：ポイント／酢酸エチルのC-O-C部分：エステル結合）

　代表例として，酢酸とエチルアルコールのエステル化を説明します。ポイントは，酢酸とエチルアルコールを構造式で書けることと，**カルボン酸の－OHとアルコールのHが取れるということ**。これは覚えてください。

　カルボン酸とアルコールが反応してできあがった物質を，「**エステル**」といいます。どういうふうにできるか。－OHが取れた酢酸のCと，Hが取れたエチルアルコールのOが結びつきます。あとは－OHとHが結びついてH₂Oになります。

　できあがった物質の**名前は，酢酸とエチルアルコールの慣用名と慣用名を足して，「酢酸エチル」という慣用名になります**。また，ギ酸とメチルアルコールからできたエステルの慣用名は「**ギ酸メチル**」。サリチル酸とメチルアルコールなら「**サリチル酸メチル**」といいます。意外と簡単ですね。

　酢酸エチルの中にある赤く囲んだ部分を「**エステル結合**」といっています。**エステル結合をもつ物質の総称がエステルなのです**。

単元2 要点のまとめ⑥

● **エステル化**

$$\text{R-}\underset{\overset{\|}{\text{O}}}{\text{C}}\text{-OH} + \text{H-OR}' \underset{\text{加水分解}}{\overset{\text{エステル化}}{\rightleftarrows}} \text{R-}\underset{\overset{\|}{\text{O}}}{\text{C}}\text{-O-R}' + \text{H}_2\text{O}$$

（カルボン酸）（アルコール）　　　　　　（エステル）

例：

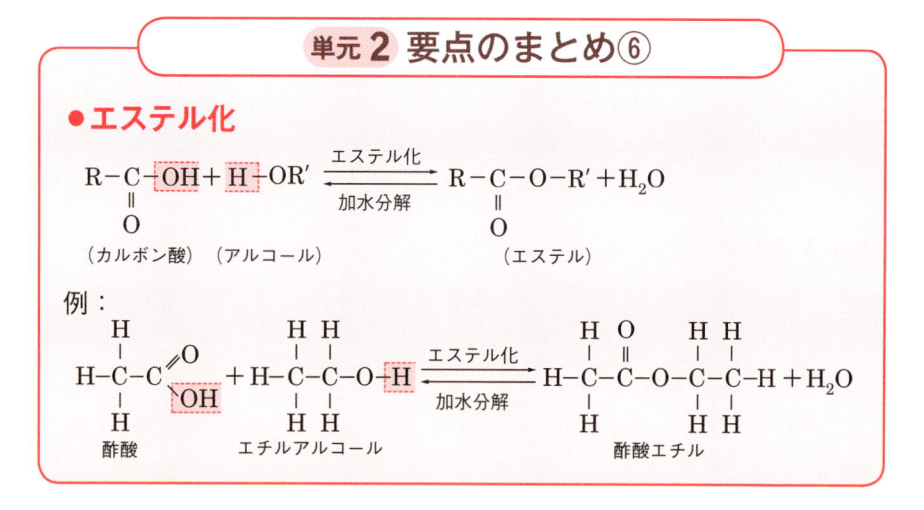

$$\text{H-}\underset{\underset{\text{OH}}{|}}{\overset{\overset{\text{H}}{|}}{\text{C}}}\text{=O} + \text{H-}\underset{\underset{\text{H}}{|}}{\overset{\overset{\text{H}}{|}}{\text{C}}}\text{-}\underset{\underset{\text{H}}{|}}{\overset{\overset{\text{H}}{|}}{\text{C}}}\text{-O-H} \underset{\text{加水分解}}{\overset{\text{エステル化}}{\rightleftarrows}} \text{H-}\underset{\underset{\text{H}}{|}}{\overset{\overset{\text{O}}{\|}}{\text{C}}}\text{-O-}\underset{\underset{\text{H}}{|}}{\overset{\overset{\text{H}}{|}}{\text{C}}}\text{-}\underset{\underset{\text{H}}{|}}{\overset{\overset{\text{H}}{|}}{\text{C}}}\text{-H} + \text{H}_2\text{O}$$

酢酸　　　　　エチルアルコール　　　　　　　酢酸エチル

単元2 アルコール 219

演習問題で力をつける⑭
アルコールの酸化反応について理解する

> **問** 次の(1)・(2)に当てはまる化合物を，下の①〜⑩のうちから1つずつ選べ。
> (1) 酸化するとアセトアルデヒドを生成するアルコール
> (2) 還元すると2-プロパノールを生成するケトン
>
> ① CH_3CH_3 ② $CH_2=CHCH_3$ ③ CH_3OH ④ CH_3CH_2OH
> ⑤ $CH_3CH_2CH_2OH$ ⑥ $HCHO$ ⑦ CH_3CHO ⑧ CH_3COCH_3
> ⑨ $CH_3COCH_2CH_3$ ⑩ $CH_2=CHOCOCH_3$

さて，解いてみましょう。

2-5 で学んだことを踏まえて解いていきます。

第一級アルコール ⇄(酸化/還元) アルデヒド ⇄(酸化/還元) カルボン酸

第二級アルコール ⇄(酸化/還元) ケトン

第三級アルコール ⟶ 酸化されない

これらの反応について，具体的に物質が思い出せれば解答できます。

岡野の着目ポイント (1)…酸化するとアセトアルデヒドになるアルコールは，第一級アルコールのエタノールでした。構造式から酸化される物質を書けるようにしておいてください。

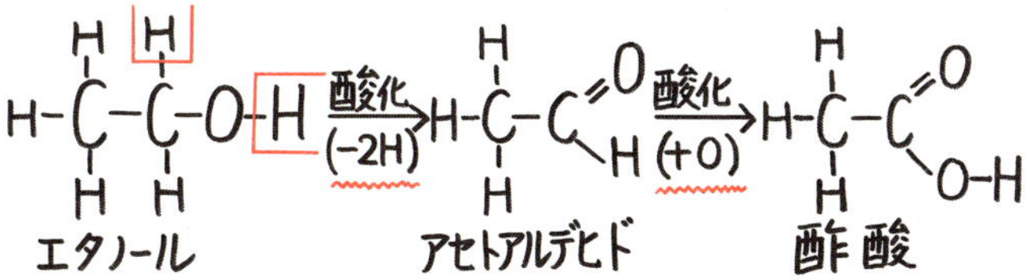

エタノール →(酸化, -2H) アセトアルデヒド →(酸化, +O) 酢酸

よってエタノール(CH_3CH_2OH)が解答です。
　④………(1)の【答え】

> **岡野の着目ポイント** (2)…還元すると2-プロパノールを生成するケトンは，第二級アルコールであるアセトンでしたね。第二級アルコールの酸化還元反応を構造式から書けるように，繰り返し練習してください。

$$\text{2-プロパノール} \quad \underset{\text{還元}}{\overset{\text{酸化}}{\rightleftarrows}} \quad \text{アセトン}$$

アセトンを還元すると，左向き矢印のように反応が進み，2-プロパノールになります。よってアセトン（CH_3COCH_3）が解答です。

⑧………(2)の【答え】

　入試では，アルコールの酸化反応がよく出題されますが，逆に還元反応もこのように出題されます。**両方の方向から，反応物と生成物がわかるように練習しておきましょう。**すべて構造式から自分で書いて物質をつくれるようになること，これがポイントです！　しっかり復習しましょう。

　では，第7講はここまでにしておきましょう。

第8講

脂肪族化合物(2)

単元1 アルデヒドの性質 化/I

単元2 エステルの構造式推定 化/I

第8講のポイント

第8講はアルデヒドの性質から勉強します。第7講でアルデヒド基が出てきたことを思い出してください。そして，銀鏡反応，フェーリング反応，ヨードホルム反応を理解しましょう。次に構造式推定にチャレンジしましょう。

単元 1　アルデヒドの性質　化/Ⅰ

1-1　アルデヒドの製法

　アルデヒド基を含む化合物はどのようにしてできるのでしょうか。1つは第7講でやったことです。**第一級アルコールを酸化するとアルデヒドができましたね。さらに酸化するとカルボン酸になるんでしたね**（→213ページ）。

　あともう1つ。第6講に出てきましたね。**アセチレンに水を付加させてビニルアルコールができ，これが不安定でさらに変化が起こって，アセトアルデヒドになる反応**がありました（→186ページ）。これらはよく出題されるところです。

> **単元 1　要点のまとめ①**
>
> ● アルデヒドの製法
> ① 第一級アルコールを酸化する。
> ② アセチレンに水を付加すると，アセトアルデヒドが生成する。

1-2　アルデヒドの性質

■ アルデヒドの検出反応

　ある化合物がアルデヒド基をもっているかどうかを調べる反応が2つあります。

　1つは「**銀鏡反応**」。文字どおり銀の鏡をつくる反応なんです。もう1つは「**フェーリング反応**」。とりあえずこの2つはセットにして覚えておいてください。まずは，まとめておきます。

単元1 要点のまとめ②

● **アルデヒドの検出反応**

銀鏡反応, フェーリング反応はアルデヒド基の検出反応である。

- ・銀鏡反応
- ・フェーリング反応

アルデヒド基を有する化合物に**陽性**である。これはアルデヒド基（ーCHO）に**還元性**があるためである。

アルデヒド基をもつ化合物…アルデヒド, グルコース（ブドウ糖）, ギ酸など。

▶ アンモニア性硝酸銀水溶液と反応して銀を析出する反応。

$$\underset{(+1)}{Ag^+} + e^- \longrightarrow \underset{(0)}{Ag}$$

▶ フェーリング液と反応して, 赤色の酸化銅（Ⅰ）を析出する反応。

$$\underset{(+2)}{Cu^{2+}} + e^- \longrightarrow \underset{(+1)}{Cu^+}, \quad Cu_2O が析出する。$$

「アルデヒド基を有する化合物に陽性である」とありますね。**陽性**とは反応を示すことです（**陰性**は反応を示さないこと）。なぜ陽性なのでしょう。これはアルデヒド基（ーCHO）に**還元性**があるためです。アルデヒドは自分は酸化されてカルボン酸になりやすいので, 相手を還元するんですね。このように還元性をもっているから, 銀鏡反応, フェーリング反応を示します。

■アルデヒド基をもつ化合物

次に「アルデヒド基をもつ化合物」の例を覚えておきましょう。代表例は**アルデヒド**、**グルコース**（「ブドウ糖」ともいう），**ギ酸**（HCOOH）です。

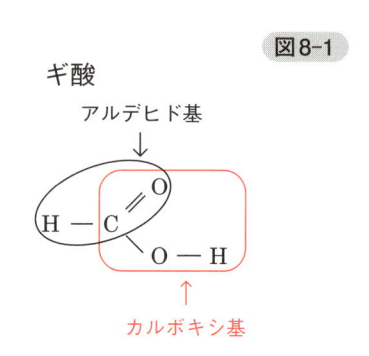

ギ酸は重要ですよ。図8-1はギ酸の構造式です。図の（H-C$\langle^O$）の部分がアルデヒド基なんです。さらにカルボキシ基（-C$\langle^O_{O-H}$）もあります。だから，ギ酸は，カルボン酸の性質とアルデヒドの性質の両方を合わせ持っているんです。ここでポイントを1つ挙げましょう。

図8-1 ギ酸

カルボン酸の中で銀鏡反応を示す物質はギ酸のみ

カルボン酸の一般式は，R-COOHです。このRは普通は「炭化水素基」ですが，ギ酸の場合，図8-1 にあるようにRはHなんです。Hじゃないとアルデヒド基になりませんね。銀鏡反応を示すカルボン酸はただ1つ，アルデヒド基をもつギ酸しかない。いいですか。

■銀鏡反応

さて，「単元1 要点のまとめ②」に**銀鏡反応**は「**アンモニア性硝酸銀水溶液と反応して銀を析出する反応**」とあります。この「銀」という言葉が重要です。

さきほども言いましたが，銀鏡反応とは，文字どおり銀の鏡ができるのです。この実験には真新しい試験管を使いましょう。使われたものだときれいに出ません。

まずは，**アンモニア性硝酸銀水溶液をつくります**。硝酸銀の水溶

連続 図8-2 銀鏡反応の実験の仕方

① AgNO₃（硝酸銀）の水溶液

アンモニア水を少量加えて褐色になった溶液にさらに加えて無色にする。

Ag₂O
アンモニア性硝酸銀水溶液のできあがり

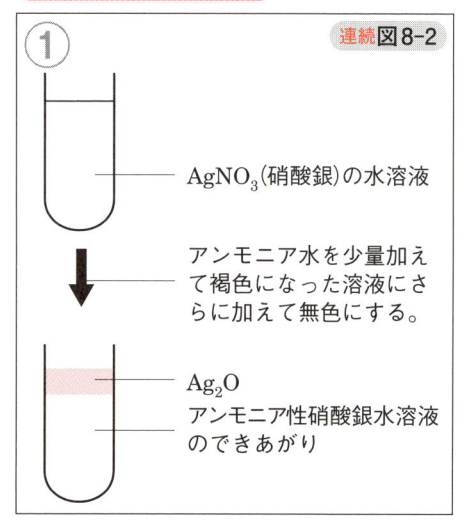

単元1　アルデヒドの性質　225

液にアンモニア水を何滴か垂らすと，Ag_2Oという褐色の沈殿ができます。さらに，アンモニア水を加えると，ジアンミン銀（Ⅰ）イオンという錯イオンができるんです。その途端に**液体が無色透明になります。これがアンモニア性硝酸銀水溶液です** 連続図8-2①。

次は試験管にアルデヒド基をもつ化合物を加えます 連続図8-2②。化合物はグルコース（ブドウ糖）が一番いいと思います。

加えてよく振ったら，試験管を70℃〜80℃の湯の中につけます 連続図8-2③。銀イオンは目には見えませんが，反応が始まると金属結晶となり，試験管の表面に銀が付着します。これは鏡のように顔がきれいに写るんですよ。

銀鏡反応では還元が起きます。図8-3 を見てください。銀のプラスイオンに注目。Ag^+は電子（e^-）をもらってAgになりました。酸化数を見ていただくと，**+1→0となり，減っています**。これはアルデヒド基によって**還元**されたことになりますね。

連続図8-2 の続き

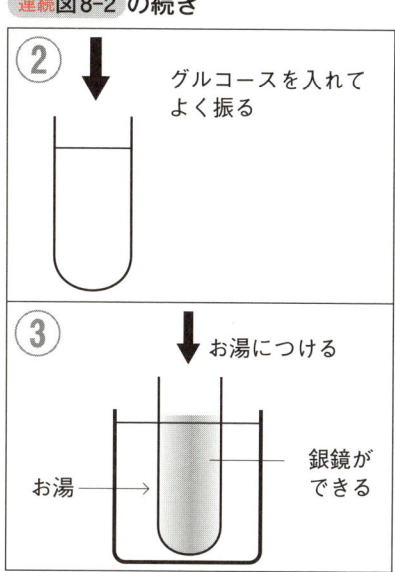

② グルコースを入れてよく振る

③ お湯につける
お湯　銀鏡ができる

図8-3

$(+1)$　　　(0)
$Ag^+ + e^- \longrightarrow Ag$
　　　　　　　　銀

銀鏡反応

そして，アルデヒド基が相手を還元するということは，自分自身は酸化されます。これは，第一級アルコールの酸化反応と同じです。

！重要★★★　　第一級アルコール ⟶ アルデヒド ⟶ カルボン酸

でしたね。だから，アルデヒドは相手を還元する力が強いので，**還元性**をもつわけです。

■ フェーリング反応

次は，フェーリング反応について説明しましょう。「単元1　要点のま

とめ②」を見てください。"**赤色の酸化銅（Ⅰ）**"と書いてあります。これは出題されるポイントです。

フェーリング液というのは何かと言うと，硫酸銅（Ⅱ）の水溶液に「酒石酸ナトリウムカリウム」という，変な名前の物質が入っています（これは覚えなくても結構です）。**最初のフェーリング液はCu^{2+}によって，青いんですね。**

フェーリング反応とはそのCu^{2+}がe^-を1個もらって，Cu^+になるということです。

> **重要★★★**
> $$Cu^{2+} + e^- \longrightarrow Cu^+$$
> $$2Cu^+ + O^{2-} \longrightarrow Cu_2O \quad (Cu_2O が析出)$$

後にも先にも，1価の銅イオンが出てくることはあまりないのですが，ここは重要ポイントです。

図8-4 を見てください。**Cu^+が2個とO^{2-}がくっつくと，Cu_2Oという赤色の物質ができます。酸化銅（Ⅰ）といいます。この色と名前と組成式，この式は書けるようにしてください。**

こんな問題が出ます。「フェーリング液が赤色になる，その原因となる物質は何ですか。下から選びなさい」とか。だいたい，ひっかけで選択肢にCuOとありますが，これは黒色ですよ。正解は「Cu_2O」です。

銅イオンに注目すると，酸化数が$+2 \to +1$になります。これはアルデヒド基に還元されたということ。アルデヒドは自分は酸化されてカルボン酸になってしまうけれど，Cu^{2+}を還元して1価の銅イオン（Cu^+）にするんです。それが2つと，O^{2-}が結びついて，Cu_2Oができ，赤色の原因になったんですね。

銀鏡反応，フェーリング反応はわかりましたか。言葉や反応名はしっかりおさえましょう。

図8-4

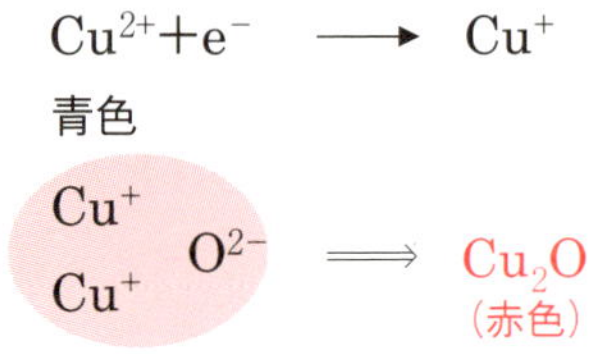

$Cu^{2+}+e^- \longrightarrow Cu^+$
青色

Cu^+
Cu^+　O^{2-} $\Longrightarrow$ Cu_2O
　　　　　　　　　　　（赤色）

フェーリング反応

単元1 アルデヒドの性質

アドバイス ここでアンモニア性硝酸銀水溶液が関係した問題のポイントをちょっと説明しましょう。有機化学でアンモニア性硝酸銀水溶液を含む問題は、まず銀鏡反応が約95％を占めます。あとの5％は、アセチレンの検出反応で出てくるところです。だから、これから「アンモニア性硝酸銀水溶液」と言われた場合には、だいたい、銀鏡反応をイメージして構いません。

では、アセチレンの検出反応を詳しく説明しましょう。アセチレンにアンモニア性硝酸銀水溶液を加えると、「**銀アセチリド**」という**白い沈殿**ができます。AgとCの間は**イオン結合**（金属と非金属の結合）なので、価標を書いてはいけません。

$$H-C\equiv C-H + 2Ag^+ \longrightarrow AgC\equiv CAg\downarrow + 2H^+$$
銀アセチリド（白色沈殿）

この反応はアセチレンで起きますが、エチレンでは起きないのです。これはアセチレンであるかないかを調べる「**検出反応**」です。アセチレンとエチレンは、どちらも付加反応を起こしやすく、共に気体で似ているので、区別がしにくいんですよ。こんなとき、この検出反応をおこなえば、すぐにアセチレンとわかるんです。

1-3 ヨードホルム反応

次に「**ヨードホルム反応**」というものを説明します。ヨードホルム反応は、有機化学で銀鏡反応、フェーリング反応に次いでよく出題されます。**ヨードホルム**は**物質名**です。**分子式はCHI_3で色は黄色**。名前と分子式と色の3点はすべて重要です。

特にCHI_3に注意してください。メチル基と似ているので間違いやすい。CH_3Iではありません。 図8-5 の構造式をよく覚えてください。

図8-5

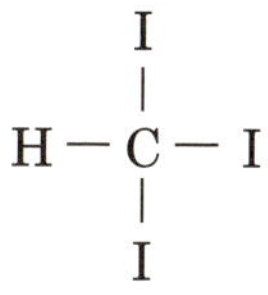

$$H-\overset{\overset{\displaystyle I}{|}}{\underset{\underset{\displaystyle I}{|}}{C}}-I$$

ヨードホルム

では、ヨードホルム反応について説明しましょう。ある物質に水酸化ナトリウムを加えました。そして加熱し、ヨウ素を加えてやります。すると、特有のにおいを発して溶液が黄色くなりました。この状態を"ヨードホルム反応が起こった"といいます。

ヨードホルム反応が起こるには，2つの場合があります。構造式を2つ確認しましょう。図8-6 と 図8-7 の赤い部分のどちらでもよいのですが，このような基をもつアルコールや，カルボニル化合物（カルボニル基をもつ化合物）に，ヨードホルム反応が見られます。ここで大切なことですが，**RはHまたは炭化水素基を表すということです。**

図8-6

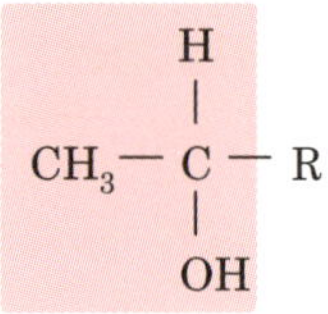

$$CH_3 - \underset{\underset{OH}{|}}{\overset{\overset{H}{|}}{C}} - R$$

反応が起こるものを具体的に挙げると，エタノール，2-プロパノール，アセトン，アセトアルデヒド。これら4つが代表的な物質です。

■ **ヨードホルム反応も岡野流でおさえる！**

このヨードホルム反応の問題については，いつでも 図8-6 と 図8-7 の2つの基（赤い部分）を覚えていないとできないんです。

図8-7

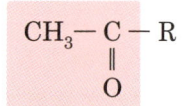

$$CH_3 - \underset{\underset{O}{\|}}{C} - R$$

そこで簡単に思い出せるように，僕はこういうゴロで覚えました。

岡野流 ⑫ 必須ポイント

ヨードホルム反応の覚え方

越後屋も　　　　あせって
エチルアルコール，アセトン，

あせが　　　ヨ〜でる　　　さばき
アセトアルデヒド，ヨードホルム反応で黄

時代劇で，悪徳商人の越後屋が悪代官と手を組んで大もうけをする話をイメージしてください。悪い商人は時の権力と結びついているので裁判（さばき）ではかならず勝てると思っていたが，正義の味方である大岡越前が出てきて悪者をつかまえてしまうという話です。

イメージで記憶しよう！

単元1 アルデヒドの性質

越後屋（エチルアルコール）もあせって（アセトン），あせ（アセトアルデヒド）がヨ〜でる（ヨードホルム反応）さばき（黄）。

「さばき」の"き"で，「黄色」と，オチがついているんですね。

僕が覚えているのは，本当にこれだけ。これで2つの基が書けるようになるんですよ。ゴロでエチルアルコール，アセトン，アセトアルデヒドの3つは常に覚えているから，あの2つの基（図8-6 と 図8-7 の基）はどういうところから来るのかわかるんです。

エチルアルコールから説明します。連続図8-8① を見てください。エチルアルコールをちょっと変形すると，図8-6 と同じになります。そしてRがメチル基（—CH_3）なら，2-プロパノールとなります 連続図8-8②。

以下，同様に，Rがエチル基であろうが，プロピル基であろうが，Rの中のCがどんどんどんどん増えていっても，かならずヨードホルム反応を示します。

ヨードホルム反応を示す原子団①

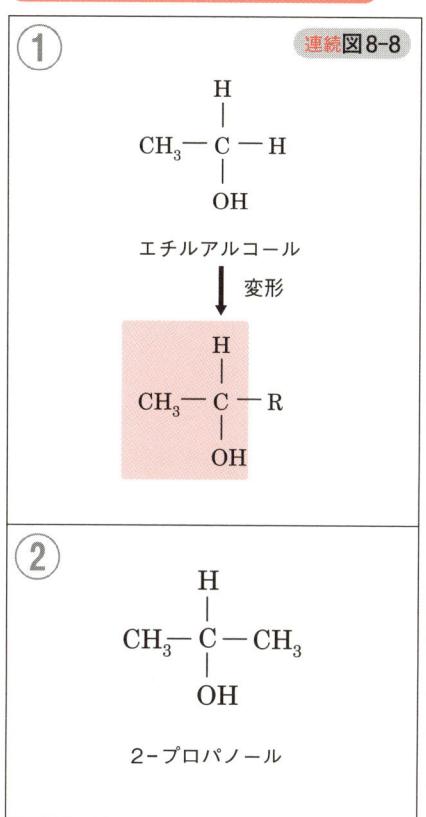

連続図8-8

①
$CH_3-\overset{\overset{H}{|}}{\underset{\underset{OH}{|}}{C}}-H$

エチルアルコール

↓変形

$CH_3-\overset{\overset{H}{|}}{\underset{\underset{OH}{|}}{C}}-R$

②
$CH_3-\overset{\overset{H}{|}}{\underset{\underset{OH}{|}}{C}}-CH_3$

2-プロパノール

それからもう1つ，アセトンやアセトアルデヒドです。連続図8-9①のように，アセトンをちょっと変形させて−CH₃をRに置き換えると，図8-7と同じですね。RがHだと，どうなりますか連続図8-9②。

これはどこかで見ましたね。アセトアルデヒドです。RがC₂H₅ならば，また違うものが出てきます。この場合は，「エチルメチルケトン」といいます連続図8-9③。アルキル基はアルファベット順なのでエチル，メチルの順です。

このようにヨードホルム反応を起こすものは，自分でどんどんつくれます。

しかし，図8-10のようなものはダメです。RのところにOHが入ったら，酢酸ですね。**RはHまたは炭化水素基のどちらかだから，OHがついたらヨードホルム反応は示しません。**ここを間違わないでください。ひっかけ問題としてよく出題されます。

みなさんは覚えることがたくさんで混乱するでしょう。だからこそ「**越後屋もあせってあせがヨ〜でるさばき**」で，2つの基を思い出してください。これさえ覚えれば，この2つの基はいつでもつくれます。

ヨードホルム反応を示す原子団②

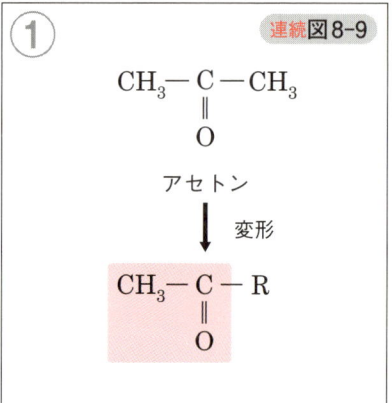

連続図8-9

① $CH_3-\underset{\underset{O}{\|}}{C}-CH_3$

アセトン

↓ 変形

$CH_3-\underset{\underset{O}{\|}}{C}-R$

② $CH_3-\underset{\underset{O}{\|}}{C}-H$

アセトアルデヒド

③ $CH_3-\underset{\underset{O}{\|}}{C}-C_2H_5$

エチルメチルケトン

図8-10

$CH_3-\underset{\underset{O}{\|}}{C}-OH$

■ヨードホルム反応が使われるときは？

さて，どのようなときにヨードホルム反応が用いられるのでしょう？

コップが2つありますが，それぞれにメタノールとエタノールが入っていました。

単元1 アルデヒドの性質

　メタノールというのは「メチルアルコール」ともいいますが、俗に「目が散るアルコール」だといいます。飲むと視神経をやられて、大変危険です！

　逆にエチルアルコールは多少飲んだほうがいい。気分が暗い人に多少飲ませると明るくなったりする。つまり、メタノールは飲んじゃいけないアルコール、エタノールは飲めるアルコールです。

　ところが、どちらも同じようなアルコールの性質をもっていますから、どっちがどっちだかわからない。こんなときには、ヨードホルム反応で調べるんです。少量ずつ取ってきて、両方に水酸化ナトリウムを加えて、さらにヨウ素を加えて加熱すると、1つだけ反応して黄色くなりました。**黄色くなったのは、エタノール**です。**メタノールは黄色くならない。**そうやって判断することができます。

　また、ある物質がヨードホルム反応を示すということであれば、この物質には 図8-6 や 図8-7 で確認した基を含む構造があるということがわかるわけです。

単元1 要点のまとめ③

● **ヨードホルム反応**

　水酸化ナトリウム（水酸化カリウム、炭酸ナトリウム）水溶液を加えて加熱し、ヨウ素を加えると、特有の臭気をもつヨードホルム（CHI_3、黄色）を生じる。

　$CH_3-CH(OH)-R$, CH_3-CO-R をもつアルコールやカルボニル化合物に見られる（R：Hまたは炭化水素基）。

　エタノール、2-プロパノール、アセトアルデヒド、アセトンなどにこの反応が起こる。

演習問題で力をつける⑮
エタノールの性質と反応性を整理せよ

問 次の文(1)〜(4)を読み，下のa, bに答えよ。

(1) エタノールは，金属ナトリウムと反応してナトリウムエトキシドを生成する。そして，このときに気体 ア を発生する。

(2) エタノールをおだやかに酸化すると化合物 イ になる。イ がさらに酸化されると酢酸になる。この イ にアンモニア性硝酸銀水溶液を加えて加熱すると， ウ が析出する。この反応を エ 反応という。また イ に オ 液を加えて加熱すると，赤色の酸化銅(Ⅰ)の沈殿を生じる。

(3) エタノールと酢酸の混合物に少量の濃硫酸を加えて加熱すると化合物 カ と水が生成する。

(4) エタノールにヨウ素と水酸化ナトリウムの水溶液を加えて加熱すると，特有の臭気をもつ黄色結晶を生じた。この黄色結晶は キ であり，この反応名を ク という。

a. 文中の □ を適切な語句で埋め，文章を完成せよ。
b. 化合物 カ の構造式または示性式を示せ。

この問題は今までやってきたことの復習です。第8講までの確認をいっしょにしましょう。

さて，解いてみましょう。

(1)…エタノールは，金属ナトリウムと反応してナトリウムエトキシドを生成しますが，このときに発生する気体は何でしょう。第7講でやりましたね(→208ページ)。

$$2C_2H_5OH + 2Na \longrightarrow 2C_2H_5ONa + H_2$$
（ナトリウムエトキシド）

これは，HとNaが置き換わる置換反応です。ですから答えは，
　　水素……a. ア の【答え】

単元1 アルデヒドの性質 233

> **岡野の着目ポイント** (2)…第一級アルコールの酸化では，まずHが2個取れてアルデヒドに，さらにOが1個くっついてカルボン酸になりました。この流れをしっかり復習しておきましょう。また，アルデヒドの検出反応は2種類ありましたね。「銀鏡反応」と「フェーリング反応」でした（→222ページ）。

(2)の問題文「エタノールをおだやかに酸化すると」に注目してください。「おだやかに」ということで，第1段階の酸化反応のことを言っています。エタノールからH2個が取れると「アセトアルデヒド」になりますね。

　　アセトアルデヒド……a. ┃ イ ┃の【答え】

つづきの問題は **1-2**「アルデヒドの性質」の復習です。「さらに酸化されると酢酸になる」と書いてありますね。このアセトアルデヒドにアンモニア性硝酸銀を加えて加熱すると何が析出しますか？　銀ですね。この反応のことを「銀鏡反応」といいました。銀鏡反応はアルデヒド基の検出反応です。

　　銀………a. ┃ ウ ┃の【答え】
　　銀鏡……a. ┃ エ ┃の【答え】

つづきです。アセトアルデヒドに何かを加えて加熱すると，赤色の酸化銅（Ⅰ）（Cu_2O）が沈殿します。これはフェーリング反応ですね。このとき加える溶液はフェーリング液ですので，答えは，

　　フェーリング……a. ┃ オ ┃の【答え】

> **岡野の着目ポイント** (3)…エステル化では**カルボン酸のOHとアルコールのHが取れて，エステルと水ができました**。また，できあがった物質の名称は，**慣用名と慣用名が足されて慣用名**になるんでしたね。

エタノールと酢酸の混合物に少量の濃硫酸を加えて加熱すると，ある化合物と水が生成します。**図8-11**で確認してください。化合物は**慣用名「酢酸」**と慣用名**「エチルアルコール」**が足されて**「酢酸エチル」**という名称になります。

　　酢酸エチル……a. ┃ カ ┃の【答え】

図8-11

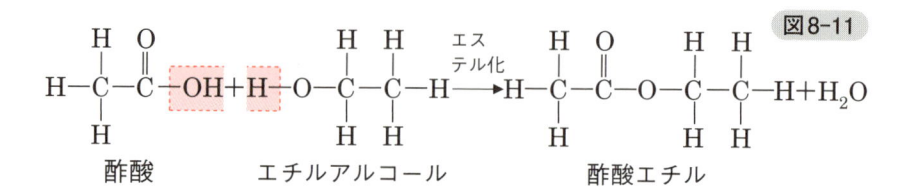

$$\underset{\text{酢酸}}{H-\underset{H}{\overset{H}{C}}-\overset{O}{\overset{\|}{C}}-\boxed{OH}} + \boxed{H}-\underset{\text{エチルアルコール}}{O-\underset{H}{\overset{H}{C}}-\underset{H}{\overset{H}{C}}-H} \xrightarrow{\text{エステル化}} \underset{\text{酢酸エチル}}{H-\underset{H}{\overset{H}{C}}-\overset{O}{\overset{\|}{C}}-O-\underset{H}{\overset{H}{C}}-\underset{H}{\overset{H}{C}}-H} + H_2O$$

(4)… **1-3**「ヨードホルム反応」の復習です。「エタノールにヨウ素と水酸化ナトリウム水溶液を加えて加熱すると，特有の臭気をもつ黄色結晶を生じた」とありますね。この黄色結晶はヨードホルムです。反応名は「ヨードホルム反応」といいましたね。答えは「反応」を入れないとダメですよ。「ヨードホルム反応」まで入れてください。

　　　ヨードホルム…………a. 　キ　 の【答え】
　　　ヨードホルム反応………a. 　ク　 の【答え】

　次は「問b.」です。　カ　は「酢酸エチル」ですね。これの構造式または示性式を示しましょう 図8-12 。

図8-12
b.の【答え】

構造式　$H-\underset{H}{\overset{H}{C}}-\overset{O}{\overset{\|}{C}}-O-\underset{H}{\overset{H}{C}}-\underset{H}{\overset{H}{C}}-H$

示性式　$CH_3COOC_2H_5$　または　$CH_3COOCH_2CH_3$

カルボン酸とアルコールの反応では，カルボン酸のOHとアルコールのHが取れることをおさえておけば，構造式はさらっと書けてしまいます。示性式は「CH_3COO」とまとめて書いて，あとは「C_2H_5」。またはC_2H_5を「CH_2CH_3」とバラバラに分けて書いても構いません。どちらでもいいです。

単元 2　エステルの構造式推定　化/I

　単元2では構造式を推定する問題に挑戦しましょう。この例題は今まで勉強してきた有機化学の「まとめ」といってもよいでしょう。大学入試にはよく出題され，ただ丸暗記するだけでは決して解けません。今までの基礎知識がどのくらい理解できたかを試すのによい問題です。この問題を通して本格的な入試問題が解けるところを味わっていただきたいと思います。

【例題】元素分析値が炭素55％，水素9％，酸素36％のエステル(A)がある。このエステル(A) 5.5gをナフタレン125gに溶かした溶液の凝固点は75.8℃であった。また，このエステル(A)を加水分解するとカルボン酸(B)とアルコール(C)が生成した。このカルボン酸(B)はフェーリング液を還元した。また，アルコール(C)を二クロム酸カリウムの希硫酸溶液に加えて加温すると，銀鏡反応を示す物質が生成した。これらの実験に基づいて，下記の問いに答えよ。ただし，原子量はH = 1，C = 12，O = 16とし，ナフタレンの凝固点は79.3℃でそのモル凝固点降下は7.0K・Kg/molである(モル凝固点降下は溶媒固有の値で，溶媒1000gに溶質1molが溶けているときの凝固点降下度である)。

(1) このエステル(A)の実験式を求めよ。
(2) このエステルの分子量を求めよ。
(3) このエステル(A)の分子式を求めよ。
(4) エステル(A)，カルボン酸(B)，およびアルコール(C)の示性式と名称を書け。

さて，解いてみましょう。

　アルコールの中でもエステルに絞られた問題です。エステルのことはちゃんと理解できていますか？　カルボン酸とアルコールが反応すると，カルボン酸のOHとアルコールのHが取れて，エステルと水ができるんでしたね。

> **岡野の着目ポイント** 問題文に3本の下線を引いてください。まず「このエステル(A)を加水分解するとカルボン酸(B)とアルコール(C)が生成した。」を**下線a**とします。
>
> 次，「このカルボン酸(B)はフェーリング液を還元した。」を**下線b**としてください。最後に「アルコール(C)を二クロム酸カリウムの希硫酸溶液に加えて加温すると，銀鏡反応を示す物質が生成した。」を**下線c**としてください。**これらの下線a, b, cが解答の大きなヒントになります。**
>
> この問題では実験式，分子式，示性式の意味がわからないと解答できません。この辺を注意しながらやっていきましょう。

(1)…実験式(組成式ともいう)を求めます。**第7講「演習問題で力をつける⑬」でやったことと同じです。**この問題は，元素分析値が二酸化炭素と水の値を与えてくれているのではなくて，炭素，水素，酸素それぞれの質量パーセントを与えてくれていますね。実は，こういう問題のほうが計算はラクなんです。

> **岡野の着目ポイント** まず化合物全体で100gあったと仮定するんでしたね。炭素が55％，水素が9％，酸素が36％と与えられているので，炭素が55g，水素が9g，酸素が36gとしましょう。

次に**原子のmol数を求めましょう**。そこで $n = \dfrac{w}{M}$ に代入します（M は原子量，w は質量(g)）。求めるのは分子のmol数ではないことに注意しましょう。各原子のmol数の比を原子量を使って求めると，

$$C : H : O = \frac{55}{12} : \frac{9}{1} : \frac{36}{16}$$

$$= 4.58 : 9 : 2.25$$

3つの数の中で一番小さい数2.25で割る（ここがポイント）。

$$C : H : O = \frac{4.58}{2.25} : \frac{9}{2.25} : \frac{2.25}{2.25}$$

$$\fallingdotseq 2 : 4 : 1$$

よって実験式は，C_2H_4O です。これが解答です。実験式は組成式と

もいいます。

　　　C_2H_4O ……（1）の【答え】

　一応，式量を計算しておきましょう。原子量12のCが2個あって，1のHが4個，あとは16のOが1個で，足しますと44になります。これを「実験式量」ともいいますが，一般的には「組成式量」です。組成式量は分子式を求めるときに必要ですね。こういうところをすらすらできるように練習していきましょう。

アドバイス　（1）の答えは2：4：1ときれいな値になりました。しかし，そうならない場合があるんです。例えば2：4：1.33という値になったとしましょう。こういう場合は，1.33…を四捨五入して2：4：1としてはダメ。

　小学校時代にやった分数の話を思い出してください。1.33…は1＋0.33…。0.33…は$\frac{1}{3}$ですね。だから1.33…は分数に直しますと1＋$\frac{1}{3}$＝$\frac{4}{3}$なんです。ですから2：4：$\frac{4}{3}$となり，全体を整数に直すために分母の最小公倍数3を全体にかける。すると6：12：4になり，2で割れるから3：6：2。

　このように一番小さい数で割ったら，いつでも整数になるわけではないんです。1.33のほかには1.5というのもあります。例えば1.5の場合は1＋$\frac{1}{2}$＝$\frac{3}{2}$，1.66…の場合は1＋$\frac{2}{3}$＝$\frac{5}{3}$ですね。こんな感じでピッタリ整数にならないときもあせらないで，もとの分数はいったい何なのかな，と考えてみてください。

（2）…次の問いにいきましょう。これは凝固点降下に関する問題ですから，『理論化学①』第12講単元2の復習になります。

岡野の着目ポイント　確かにこの問題を解くための公式があるんですが，僕は公式を使わないでやっていく方法を紹介しました。**質量モル濃度と凝固点降下度は比例することがポイントです**。これさえわかっていれば，比例式を使えるので，公式は必要ないですよ。

モル凝固点降下とは？

「モル凝固点降下」という言葉に注意してください。問題文中にモル凝固点降下とは，「溶媒1000gに溶質1molが溶けているときの凝固点降下度である」と書かれています。これは覚えてください。凝固点降下の問題のときに使うのは「**質量モル濃度**」です。ただのモル濃度とは違うので気をつけてください。

質量モル濃度の求め方は巻末の「最重要化学公式一覧」で確認してください。

$$\text{質量モル濃度}\left(\frac{\text{mol}}{\text{kg}}\right) = \frac{\text{溶質のモル数}}{\text{溶媒のkg数}} \quad \text{［公式4］}$$

岡野のこう解く 今回の溶媒はナフタレンです。通常の場合，ナフタレンは79.3℃で凍り始めます。しかし，ナフタレン1000gに何か1molの物質を溶かしておくと，もっと低い温度で凍ります。そのときの凝固点降下度が（モル凝固点降下は）7.0℃と問題文に書いてありますね。つまり，79.3℃より7℃低い72.3℃になるというわけです。

整理すると，モル凝固点降下7.0K·kg/molとは，1mol/kgの濃さにしたときに，本来凍るときの温度より7℃下がって凍るということです。**凝固点降下度とその質量モル濃度がちょうど比例する。**そこをうまく使って解く問題です。

この温度差の単位はK（ケルビン）でもいいし，または℃か漢字の「度」。これはどれを使ってもいいでしょう。温度を表す単位であれば何を使っても構いません。

では，このエステルの分子量をxとします。

溶媒のナフタレン125gをkgに直すと0.125kgです。またこの中に溶質のエステル(A)5.5gが溶けているので質量モル濃度は，

$$\frac{\frac{5.5}{x}\text{mol}}{0.125\text{kg}}$$

となります。

問題文に凝固点が75.8℃であったと書いてあります。本来79.3℃で凍るはずのところが75.8℃で凍るということは，本来の凝固点よりも何度下がっているかと言うと，

79.3 − 75.8 = 3.5℃

ですね。エステルの分子量を比例式をつくって求めると，

$$1\text{mol/kg} : 7\text{K}(\text{℃・度}) = \dfrac{\dfrac{5.5}{x}\text{mol}}{0.125\text{kg}} : (79.3 - 75.8)\text{K}(\text{℃・度})$$

∴ $x = 88$

88 ……(2)の【答え】

(3)…(1)でC_2H_4Oの組成式量は44であると求めました。いま分子量が正式に88とわかりましたから，分子量を組成式量で割ってください。

88 ÷ 44 = 2

つまり，2倍にすれば分子式になります。ちなみに1倍の場合には組成式も分子式も同じです。

$$(C_2H_4O)_2 \Rightarrow C_4H_8O_2$$

$C_4H_8O_2$ ……(3)の【答え】

(2)の88という分子量が求められないと，この問題は(1)で終わっちゃうわけです。その先に進められないんですね。理論化学分野の計算問題の中でも，分子量を求めるという内容はよく見かけます。

では(4)にいきます。

(4)…エステル(A)，カルボン酸(B)，それからアルコール(C)の示性式と名称を言いなさいという問題です。まずはエステル化の意味を思い出してください(→218ページ)。

$$\text{カルボン酸} + \text{アルコール} \longrightarrow \text{エステル} + \text{水}$$

これをエステル化といいましたね。**この逆反応が「加水分解」**でした。

アドバイス 生じてきた水が，さらにできあがった物質と結びついて逆反応を起こすときの反応のことを，加水分解というんです。いろいろな加水分解が存在しますが，よくあるのは塩の加水分解(詳しくは『理論化学①』第6講 3-2)とエステルの加水分解です。

> **岡野の着目ポイント** では，さきほど引いた下線aを見てください。エステルの加水分解だから，エステルと水が逆反応を起こしてカルボン酸とアルコールになったと考えましょう。
>
> 　分子式（$C_4H_8O_2$）はエステルなんです。これに水（H_2O）が加わると加水分解されて，(B)と(C)になったということですね。(B)がカルボン酸，(C)がアルコール。
>
> 　さらに下線bの反応が大ヒントなんです。下線bでカルボン酸(B)が決定できます。このカルボン酸はフェーリング液を還元した。つまり青色のフェーリング液が赤色になる。
>
> 　これはフェーリング反応を示したということですから，**(B)はアルデヒド基をもつカルボン酸ですね。これはもうギ酸しかありません。**

　というわけで，(B)の答えです。ギ酸の示性式は，Hとカルボキシ基のCOOHをまとめて書いて「HCOOH」。

　HCOOH　ギ酸……(4)の(B)の【答え】

> **岡野の着目ポイント** 次は下線cに注目していきましょう。下線cには，「アルコール(C)を二クロム酸カリウムの希硫酸溶液に加えて加温すると銀鏡反応を示す物質が生成した」と書いてありますが，この二クロム酸カリウムの希硫酸溶液というのはいったい何なのでしょう。この意味がわからないという人は，どうぞ知っておいてください。
>
> 　これは「**酸化剤**」です。今回はアルコール(C)を酸化する薬として，二クロム酸カリウムと希硫酸が使われたのです。**酸化したときに銀鏡反応を示す物質ができたということは，酸化されてアルデヒドができたということ。つまり下線cは，アルコール(C)が第一級アルコールだということを教えてくれているんです。**

岡野のこう解くでは，アルコール (C) について考えていきます。が，まずアルコール (C) の分子式を求める必要があります。さきほどエステルが分子式 $C_4H_8O_2$ とわかりました。あと水と (B) のギ酸もこの反応に関係しています。いいですか。**図8-13** の反応式のようにアルコール (C) を未知数として方程式で解くことができるんです。

図8-13

エステル ＋ 水 —加水分解→ カルボン酸 ＋ アルコール

$C_4H_8O_2$ ＋ H_2O → HCOOH ＋ (C)
　　　　　　　　　　　　　　　　　　（引き算から求める）

「 (C) を引き算から求める」がポイントです。やってみましょう。

　左辺と右辺の両辺で原子の数は同じなんです。まずは炭素Cについて考えます。左辺にはCは4個あります。だから右辺もCが4個なくちゃいけない。HCOOHでCが1個使われているでしょう。だから (C) はCが3個あるはずです。

　次にHは左辺で10個です。右辺 (HCOOH) では2個だから， (C) には8個あることがわかります。

　Oは何個ありますか。Oは左辺で3個。右辺ではHCOOHで2個使われているから (C) で1個なくちゃいけない。

　引き算から求めるという意味は，両辺で原子の数をそろえるということなんです。そうすると (C) は C_3H_8O。これは**アルコールで，しかも第一級アルコール**でしたね。

アルコールの異性体をチェック！

じゃあ，C_3H_8O のアルコールを見てみましょう。アルコールの異性体は2つ。アルコールとエーテルは異性体の関係なのでエーテルを考えると，あと1つ異性体が出てきますが，この場合，アルコールだけで考えます。

連続図8-14① を見てください。Cが3個並んだ右端にOHがくっついているパターンか，または真ん中のCにOHがくっついているパターンかどちらかです。第一級アルコールと第二級アルコールは 連続図8-14① に示したとおりです。答えは出ますね。連続図8-14② が(C)の答えです。

$CH_3CH_2CH_2OH$
1-プロパノール
……(4)の(C)の【答え】

プロパノールの示性式の書き方

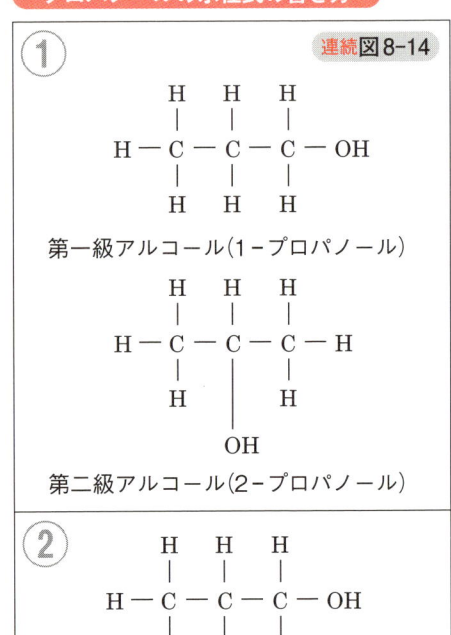

① 連続図8-14

第一級アルコール（1-プロパノール）

第二級アルコール（2-プロパノール）

②

$CH_3CH_2CH_2OH$
1-プロパノール

示性式の書き方に注意！

「$CH_3CH_2CH_2OH$ を C_3H_7OH と書いちゃいけないんですか？」とよく質問されます。これはダメです。

そういう書き方をしてしまうと，連続図8-14① の**第二級アルコールの示性式も C_3H_7OH。第一級アルコールの示性式も C_3H_7OH。どちらも同じになっちゃうんです！ 区別するためには，細々と切らなくてはいけません。** 連続図8-14① の第一級アルコールは $CH_3CH_2CH_2OH$。第二級アルコールでは $CH_3CH(OH)CH_3$ のようにします。

「じゃあ，どこかでエチルアルコールのことを C_2H_5OH と示性式で書いた覚えがある。あれもダメだったのか？」とおっしゃるかもしれませんが，あれはいいんです。エチルアルコールは異性体が存在しないんで

単元2 エステルの構造式推定　243

す。C_2H_5OH の1個しかない。または，バラバラに CH_3CH_2OH と書いてもいい。1つの物質しかないから，どちらでも構わないのです。

異性体が存在する場合には，それが正確にわかるようにしておくべきなので，バラバラにして書きましょう。結論から言えば，**Cが2個まではまとめて書いちゃっていいんです。しかしCが3個以上になったときは，異性体ができるので，バラして書きましょう。**

最後に(A)の答えを出しましょう。

(A)はエステルです。エステルはカルボン酸＋アルコールでつくられます。カルボン酸(B)がギ酸，そしてアルコール(C)が1-プロパノールと決まりました。それらにエステル化が起こって結びついたことを書けばいいんです。

図8-15 を見てください。[カルボン酸＋アルコール] **の順番で書きましょう。**アルコールは書きやすいように逆向きにしておきます。

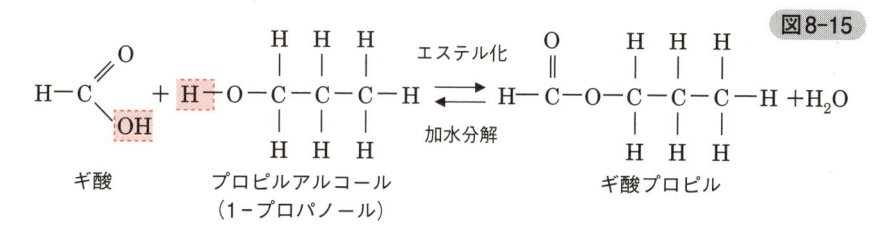

図8-15

ギ酸　　プロピルアルコール　　　　　ギ酸プロピル
　　　　（1-プロパノール）

これらからエステル化が起こりまして，カルボン酸のOHとアルコールのHが取れるんでしたね。これはかならずいつも決まっています。最後はつないでいけばいいわけです。

名前は，慣用名と慣用名が足されてエステルの慣用名になります。アルコールは1-プロパノールですが，国際名です。慣用名は「**プロピルアルコール**」といいます。知っておきましょう。

ギ酸とプロピルアルコールが反応すると，できあがったエステルの名前は何でしょうか。ギ酸とプロピルアルコールだから，名前は「**ギ酸プロピル**」というんです。ある程度，慣用名のほうも覚えておいてください。出るとしたらこのぐらいまでですから。

　$HCOOCH_2CH_2CH_3$　ギ酸プロピル……(4)の(A)の【答え】

いかがでしょうか。今の問題の解き方が流れるようにわかった人は，かなり力がついてきたと思います。

では，第8講はこれで終了です。本格的な問題が1つ解けるようになりましたね。

第9講

油脂・芳香族化合物(1)

- 単元1 油脂 化/Ⅰ
- 単元2 芳香族化合物 化/Ⅰ
- 単元3 フェノール類 化/Ⅰ

第9講のポイント

こんにちは。今日は第9講です。油脂ができる反応と油脂のけん化の反応が化学反応式で書ければ大丈夫です。芳香族の反応は暗記が必要です！

単元 1　油脂　　　化/I

「油脂」とは何か？　イメージできるとおり，動植物の体内に存在する脂のことですが，化学の言葉で言えば「**3価アルコールのグリセリンと高級脂肪酸のエステル**」のことです。

1-1　油脂とは

「3価アルコール」はヒドロキシ基（—OH）を3個含んでいるアルコールでしたね（→200ページ）。

図9-1

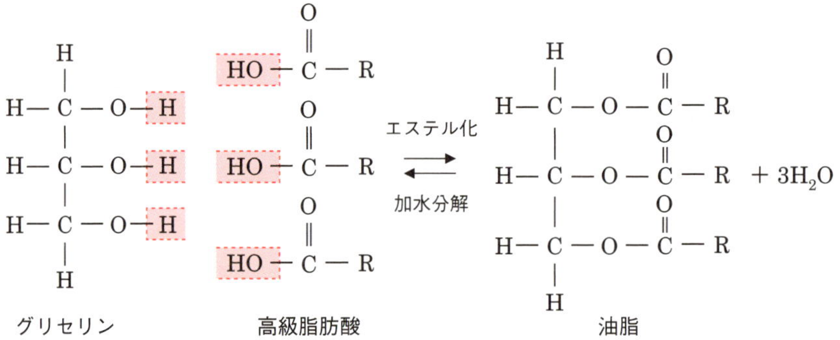

$$\text{グリセリン} + \text{高級脂肪酸} \underset{\text{加水分解}}{\overset{\text{エステル化}}{\rightleftarrows}} \text{油脂} + 3H_2O$$

図9-1 のグリセリンは3価アルコールです。グリセリンのエステル化反応は図のように起こります。エステル化のポイントは，カルボン酸の **OH** とアルコールの **H** が取れることでした。ただ， 図9-1 では高級脂肪酸（カルボン酸の一種）の **OH** とグリセリン（アルコール）の **H** が3個ずつで，3分子の水が取れてエステルができます。このエステルのことを「**油脂**」といいます。別の言い方で「トリグリセリド」という場合もあります。

反応式だけを見ると何だか複雑だなあと思うでしょう。でも，エステル化のポイントさえおさえていれば，簡単に書けちゃいます。だから自分でもやってみてくださいね。

単元1 油脂

■高級脂肪酸

では，カルボン酸の中でも「**高級脂肪酸**」とはどういうものなんでしょう？

「高級」だからって値段が高いということじゃありませんよ（笑）。ここでは，**分子量が大きい，**という意味です。

高級脂肪酸は鎖状のカルボン酸です。あとでベンゼン環が入っているようなカルボン酸が出てきますが，これは脂肪酸とはいいません。高級脂肪酸はかならずCが何個か鎖状に並んでいます。そしてCの数が6個以上の場合を，特に「高級脂肪酸」というのです。ちなみに，この6という数字は覚える必要はありませんよ。

高級脂肪酸の例が 図9-2 に出ています。上から順に，ある程度おさえておきましょう。

油脂を構成する高級脂肪酸　　　　　　　　　　　　図9-2

$C_{15}H_{31}COOH$（二重結合 0 個）パルミチン酸
$C_{17}H_{35}COOH$（二重結合 0 個）ステアリン酸
$C_{17}H_{33}COOH$（二重結合 1 個）オレイン酸
$C_{17}H_{31}COOH$（二重結合 2 個）リノール酸
$C_{17}H_{29}COOH$（二重結合 3 個）リノレン酸

!重要★★★　春のステージ オレはリズムに乗る？乗れん。

と覚えます。"**春**"で「**パル**ミチン酸」。"**ステージ**"で「**ステ**アリン酸」，"**オレ**"で「**オレ**イン酸」，"**リズムに乗る**"で「**リノール**酸」，"**リズムに乗れん**"で「**リノレン**酸」と覚えるんです。「パルミチン酸，ステアリン酸，オレイン酸，リノール酸，リノレン酸」と思い出してください。

イメージで記憶しよう！

また，高級脂肪酸の二重結合は炭素間の二重結合ということ。これはポイントです。図9-2 に二重結合の

数が書いてありますが，パルミチン酸とステアリン酸は二重結合がありませんね。

「カルボキシ基に二重結合があるじゃないか」と思う人がいるでしょう。でも，これは数えません。そうではなくて，**CとCの間に二重結合が入っているか入っていないか**ということです。ちなみに高級脂肪酸には三重結合は含みません。自然界ではかならず二重結合になってしまいます。ということで，ある程度，**二重結合の数と高級脂肪酸の名前と示性式を知っておきましょう。**

単元1 要点のまとめ①

●油脂

3価アルコールのグリセリンと高級脂肪酸のエステルをいう。

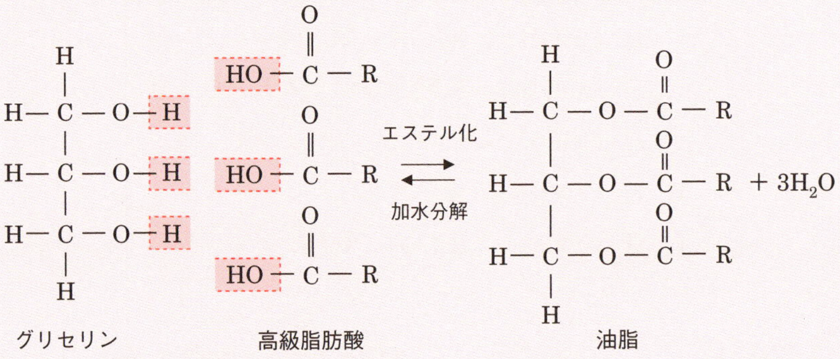

グリセリン ＋ 高級脂肪酸 ⇄(エステル化／加水分解) 油脂 ＋ $3H_2O$

高級脂肪酸…分子量の大きな鎖状のカルボン酸をいう。
（通常，炭素数が6個以上の脂肪酸のこと）

$C_{15}H_{31}COOH$ （二重結合0個） パルミチン酸
$C_{17}H_{35}COOH$ （二重結合0個） ステアリン酸
$C_{17}H_{33}COOH$ （二重結合1個） オレイン酸
$C_{17}H_{31}COOH$ （二重結合2個） リノール酸
$C_{17}H_{29}COOH$ （二重結合3個） リノレン酸

（二重結合は炭素間二重結合であり，高級脂肪酸には三重結合は含まれない。）

単元1 油脂　249

1-2 油脂のけん化

さて，次にいきましょう。「油脂のけん化」です。「**けん化**」とは，もちろん，殴り合う「ケンカ」ではないことはわかると思います（笑）。こういうことです。

エステル化は，アルコールとカルボン酸が反応してエステルと水という物質ができることで，その逆反応を加水分解といいました。

では，**けん化を一言で説明すると，塩基により加水分解することです**。これは 図9-3 のように起こります。実際に，水では反応があまり起こらないので，塩基を使うんですね。

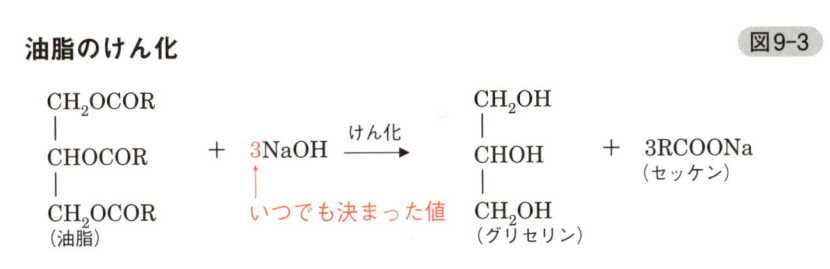

油脂のけん化　　　　　　　　　　　　　　　　　　　　　図9-3

$$\begin{array}{c}CH_2OCOR\\|\\CHOCOR\\|\\CH_2OCOR\end{array} + \underset{\text{いつでも決まった値}}{3NaOH} \xrightarrow{けん化} \begin{array}{c}CH_2OH\\|\\CHOH\\|\\CH_2OH\end{array} + \underset{（セッケン）}{3RCOONa}$$

（油脂）　　　　　　　　　　　　　　　　　　（グリセリン）

（エステルのけん化ではアルコールは元にもどる）

水をHOHと表します。HOHというのは変な書き方だけど，説明のためにあえてこう書きます。HOHのHをNaに変えます。図9-3 のNaOHです。HがNaに変わっただけです。でも，中性物質と塩基性物質だから全然違いますね。もう一度「単元1　要点のまとめ①」の図の右から左への流れを見てください。油脂1molに水を加えて加水分解すると，常に3molの水が使われます。エステル化のときに取れた3molの水が反応して加水分解するからです。**水のかわりに水酸化ナトリウムで反応を起こしたとしても，やはり，水のかわりだから，油脂1molに対し，常に3molのNaOHが使われます**。だから 図9-3 にはいつでも決まった値 "3" が書かれています。

けん化して，できあがる物質は何か。1つはグリセリンができます。もう1つはRCOONa。もしNaOHのかわりにH₂O，水を加えたとしたら，元のアルコールとカルボン酸にもどるはずなんです。ところが，水酸化ナトリウムを加えたので，これは酸と塩基の中和反応が起きて，塩になっ

ちゃうんです。僕らはこの塩（RCOONa）を「**セッケン**」とよんでいます。どうぞ覚えておいてください。**高級脂肪酸のナトリウム塩は「セッケン」**です。

　図9-3 に「**エステルのけん化ではアルコールは元にもどる。**」と書いてありますが，けん化をした場合，アルコールは元にもどって，カルボン酸のほうは塩になってしまうということが起こります。

1-3 油脂の硬化

　もう1つ，「油脂の硬化」を説明しておきます。センター試験などで正誤問題として出題されることがあるかもしれません。次の式を見てください。

!重要★★★　魚油　―水素付加→　硬化油（セッケン，マーガリンなどの原料）
　　　　　（不飽和度・大）　Ni

　魚油に「不飽和度・大」と書いてありますね。これは，二重結合の割合が多いということ。炭素間の二重結合が多い油脂と思ってください。

　これは知っておいていただきたいんですが，**魚油のように二重結合の割合が多い油脂は液体**になります。液体の魚の油は生臭いにおいがしますよね。固体にして生臭さを消すにはどうすればいいか？

　Ni（ニッケル）を触媒にして水素を付加させます。すると魚油の二重結合が切れまして，水素がそこにくっついて単結合のみになります。そうすると不思議なことに**液体だった油が固体**になるんです。

　これは現象として知っておいてください。**二重結合の多い油脂は液体の状態で存在する場合が多い。そして二重結合が少なくなってきますと，固体になるという現象**が起こります。固体になった油のことを「**硬化油**」といいます。そして，固体になるその変化を「**硬化**」といいます。

　できた硬化油はセッケンやマーガリンなどの原料になるんです。液体の魚の油は，においはすごいし，液体ですからもち運びが非常に不便ですよね。ところが硬化油にすると，ちょっと冷やしながら段ボールか何かで運べるわけですよ。だから運搬もラクになるし，においはしないし，非常に処理がしやすくなるというメリットがあります。

単元1 要点のまとめ②

●油脂のけん化と硬化

油脂のけん化は塩基で加水分解すること。

$$\begin{array}{l} CH_2OCOR \\ | \\ CHOCOR \\ | \\ CH_2OCOR \\ \text{(油脂)} \end{array} + 3NaOH \xrightarrow{けん化} \begin{array}{l} CH_2OH \\ | \\ CHOH \\ | \\ CH_2OH \\ \text{(グリセリン)} \end{array} + 3RCOONa \text{(セッケン)}$$

硬化油はセッケンやマーガリンの原料になる。

魚油 $\xrightarrow[\text{Ni}]{\text{水素付加}}$ 硬化油(セッケン,マーガリンなどの原料)
(不飽和度・大)

ここまでいいでしょうか。では問題を解いてみましょう。

演習問題で力をつける⑯
油脂に関する計算問題

問 油脂は高級脂肪酸のグリセリンエステルである。ある油脂22.5gをけん化するために水酸化ナトリウム3.03gを必要とした。

a. この油脂の分子量はいくらか。最も近い値を次の①〜⑥のうちから1つ選べ。

① 315　② 445　③ 630　④ 890　⑤ 945　⑥ 1260

b. この油脂を単一の直鎖状飽和脂肪酸のエステルと仮定すると、その脂肪酸の炭素数はいくらか。最も近い値を次の①〜⑩のうちから1つ選べ。

① 13　② 14　③ 15　④ 16　⑤ 17　⑥ 18
⑦ 19　⑧ 20　⑨ 21　⑩ 22

（センター／改）

問題の油脂を図にしました **図9-4**。aは簡単にできます。油脂の分子量を求めましょう。Rがどうなっているかは、まだわかりません。

図9-4

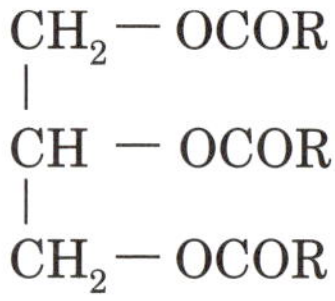

$$CH_2-OCOR$$
$$CH\ -OCOR$$
$$CH_2-OCOR$$
油脂

さて、解いてみましょう。

岡野の着目ポイント 油脂1molと水酸化ナトリウム3molの割合で常にけん化が起こるんでしたね。この物質量が比例するので分子量は簡単に求められます。

a. …油脂の分子量はわからないから、x とします。NaOHの分子量は40です。油脂の1molは何g？　分子量にgをつけたものですね。xg です。NaOHの3molはというと、3×40gです。問題文より22.5gの油脂があると、3.03gで反応を起こしたということですから、比例することを利用して式を立て、x を求めると、

単元1　油脂　253

$$\begin{array}{c} 油脂 \\ 1\text{mol} \end{array} : \begin{array}{c} 3\text{NaOH} \\ 3\text{mol} \end{array}$$

$$\begin{pmatrix} xg & 3\times40g \\ 22.5g & 3.03g \end{pmatrix} \quad \therefore \quad x(g):3\times40(g)=22.5(g):3.03(g)$$

∴　$3.03x = 22.5 \times 3 \times 40$
∴　　　$x = 891.08$
　　　　　≒ 891

xは891とわかります。

④……aの【答え】

常に油脂1molに対しNaOH 3molが反応するということを知って分子量を求める問題でした。次はbの問題です。

> 岡野のこう解く　b.…a.より油脂の分子量が約891とわかりました。一種類の飽和脂肪酸からできた油脂の一般式をつくり，その分子量が891になるようにして具体的な数値計算をすると，答えが求まります。

よくわからない？　大丈夫，ていねいにやってみましょう。

飽和脂肪酸の一般式とは？

問題文の「**飽和**」という言葉に注目してください。飽和はCとCの間に二重結合はない。つまり，単結合のみからできた脂肪酸ということです（飽和脂肪酸）。この飽和脂肪酸は$C_nH_{2n+1}COOH$と表せる。これには理由があるので説明します。

岡野の着目ポイント　Cが最低でも2個ないと結合ができませんね。**図9-5**のように，C－Cの結合のあいている手全部にHがくっついた場合をエタンといいます。いわゆるアルカンですね。どれでもいいですからアルカンの水素原子を1

図9-5

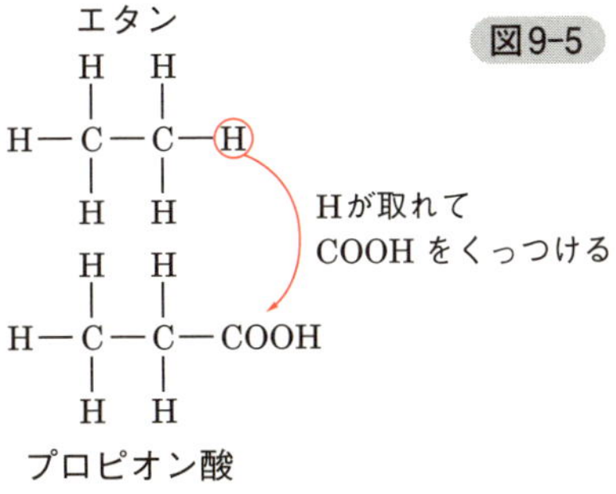

エタン

Hが取れて
COOHをくっつける

プロピオン酸

個取りました。そしてCOOHをくっつけると，二重結合を含まない飽和脂肪酸になります。できた物質はCが3個で「プロピオン酸」といいます。

今の原理をおさえてくださいね。もう一度言うと，アルカンのHを1個取って，COOHをくっつけました。これを一般式で表してみましょう。

アルカンの一般式はC_nH_{2n+2}です。同じ要領でHを1個取ります。$2n+2$から$2n+1$に変わりました。そこにCOOHをくっつける。このように二重結合を1個も含まない，単結合のみからできた飽和脂肪酸の一般式が$C_nH_{2n+1}COOH$だといえるんです。

問題文をもう一度読むと，飽和脂肪酸がグリセリンと結びついて，油脂をつくるわけです。252ページの 図9-4 にある油脂のRの部分は，実はC_nH_{2n+1}なんです。したがって，全部同一の飽和高級脂肪酸からできた油脂をつくると， 図9-6 のような構造式になるのです。

図9-6

$$\begin{array}{l} CH_2-OCOC_nH_{2n+1} \\ | \\ CH\ -OCOC_nH_{2n+1}=891 \\ | \\ CH_2-OCOC_nH_{2n+1} \end{array}$$

油脂

aの問題で分子量が891とわかりました。そこで891になるようにするためのnを今から求めましょう。

図9-6 を見てください。Cの数は全部で$(6+3n)$個。Oは全部で6個です。それからHは，$5+3(2n+1)=6n+8$個になりますね。
Cの原子量12，Oの原子量16，Hの原子量1より，

$12\times(6+3n)+16\times 6+1\times(6n+8)=891$

$42n=715$

$\therefore\ n=17.02$

$\fallingdotseq 17$

結局，この脂肪酸はC_nH_{2n+1}に$n=17$を代入して，$C_{17}H_{35}COOH$です。さきほどのゴロ"春のステージ　オレはリズムに乗る？　乗れん。"に出てきたステアリン酸なんですね。炭素数は18個と決まります。

⑥……bの【答え】

単元 2 芳香族化合物 化/I

「ベンゼン環」をもっている物質のことを「芳香族化合物」といいます。単元1の油脂で「脂肪酸」が出てきましたね。あれは鎖式のカルボン酸のことで, 鎖式の化合物のことを一般に「脂肪族」と言っています。それに対応して, 「芳香族」という言葉があるわけです。

2-1 芳香族の構造

ベンゼン環はどんな構造をしているのでしょうか。説明の前にまとめておきます。

単元2 要点のまとめ①

●芳香族の構造

ベンゼン環は分子式 C_6H_6 で表され, 分子は正六角形の平面構造をしている。6本の炭素原子間の結合は二重結合と単結合の中間にある。

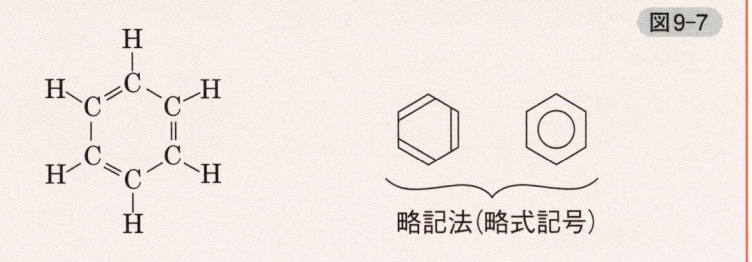

図9-7

略記法(略式記号)

●芳香族の性質

付加反応は起こりにくく, 置換反応が起こりやすい。

「6本の炭素原子間の結合は二重結合と単結合の中間にある」とありますが, ここがよくわかりませんね。説明しましょう。三重結合は一番短くて, 二重結合はその次で, そして単結合が一番長い。ベンゼン環の結合は, 単結合と二重結合の中間の長さなのです。

$$\text{長い } C-C > C=C > C\equiv C \text{ 短い}$$
　　　　　　　　↑
ベンゼンのCとCの結合は中間にある

■ ベンゼンの発見

　では，ベンゼンについてもう少し話しておきます。昔，ファラデーという人がベンゼンの存在を発見しました（1825年）。しかし，これがどんな構造をしているのかは，なかなかわからなかったんです。

　発見から40年たって，化学者のケクレという人が，夢の中でその構造をひらめいたと言われています（1865年）。夢についてはいろんな説があります。コマネズミが自分のしっぽをかじって，ぐるぐるぐるぐる回っていた夢とか，猿が6匹出てきて，手をつないで六角形になって，それぞれのしっぽがからみあった夢とか，または蛇が丸くなって自分のしっぽをかじった夢と言われています。

　実はベンゼンの二重結合は，すごい勢いでぐるぐるぐるぐる回転しているんですね。連続図9-8①を見てください。二重結合のうちの1本の手が単結合しているほうへ倒れて二重結合をつくります。そうすると，手が5本になるから連続図9-8②，これはまずいので，また二重結合のうち1本がパタンと倒れるわけですね。すると，同じようにまた倒れてきます連続図9-8③。こうして何回も何回も繰り返されて，ぐるぐる回っているわけです連続図9-8④。

イメージで記憶しよう！

ベンゼンの構造

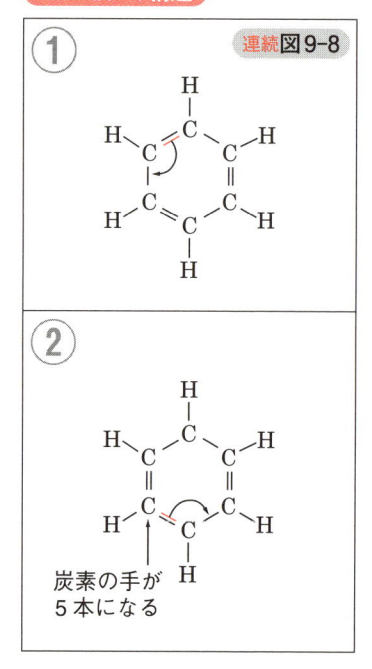

連続図9-8

① （ベンゼンの構造式）

② 炭素の手が5本になる

単元2　芳香族化合物　257

今までのエチレンのようなCとCの二重結合とちょっと違うんです。**エチレンなどの二重結合は非常に不安定な部分が1本分あるんですね。1本は強いけど，もう1本は弱い。しかし今回のこのベンゼン環の場合はぐるぐる回っているので，安定していて切れにくい構造なんです。実際ベンゼンのCとCの結合はどれも同じ長さで結合しており，正六角形の平面構造になっています。**

連続 図9-8 の続き

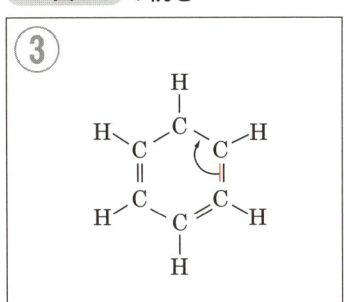

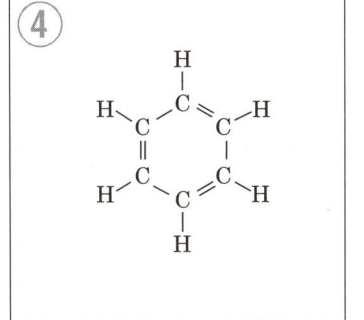

③

④

2-2 ベンゼン環の書き方

図9-9 を見てください。これはベンゼン環を略記法（略式記号）で表したものです。ベンゼン環はきちんと書くと意外と大変なので，教科書や入試問題にはこのような略記法が使われています。ただし，正六角形の頂点にHが1個ずつついて全部で6個あるということを，忘れずに。

図9-9

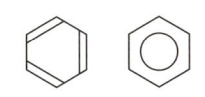

ベンゼン環の略記法

2-3 芳香族の反応

「単元2　要点のまとめ①」にあるように，芳香族の性質は付加反応は起こりにくく，置換反応が起こりやすい。付加と置換の違いも知っておきましょう。

芳香族に関しては，大変申し訳ないんですが，**ある程度，丸暗記が必要です**。今から説明する反応式や化合物は，どれも入試に出るところなので，繰り返し復習して覚えておきましょう。

■ 置換反応　スルホン化

図9-10

$$\text{C}_6\text{H}_5\text{-H} + \text{H}_2\text{SO}_4 \xrightarrow{\text{置換反応（スルホン化）}} \text{C}_6\text{H}_5\text{-SO}_3\text{H} + \text{H}_2\text{O}$$

ベンゼンスルホン酸（強酸）　　スルホ基

では 図9-10 を見てください。ベンゼン環に濃硫酸（H_2SO_4）を加える。このとき置換反応が起きるんです。図9-10 のようにベンゼン環にHを入れるのはおかしいんです。だけど説明のためにあえて書き入れますよ。

「**置換**」とは置き換わることでしたね。H_2SO_4は，HとOとSO_3Hに分かれる。SO_3HとベンゼンのHが置換反応を起こして「**ベンゼンスルホン酸**」ができます。このとき残ったHとOとHからH_2Oが生じる。$-SO_3H$を「**スルホ基**」といいます。

ベンゼンスルホン酸は**強酸**です。これは有機化合物の中でも大変珍しいんです。硫酸より若干弱いのですが，だいたい同じぐらいの強さの酸です。図9-10 の反応を「**スルホン化**」といいます。

■ 置換反応　ニトロ化

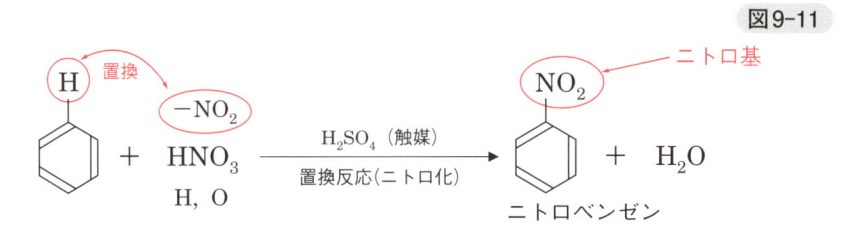

図9-11

$$\text{C}_6\text{H}_5\text{-H} + \text{HNO}_3 \xrightarrow[\text{置換反応（ニトロ化）}]{\text{H}_2\text{SO}_4（触媒）} \text{C}_6\text{H}_5\text{-NO}_2 + \text{H}_2\text{O}$$

ニトロベンゼン　　ニトロ基

ベンゼンに濃硝酸と濃硫酸を加えます。このとき濃硫酸は触媒としてはたらきます。

スルホン化と同じように考えていただくと，HNO_3はHとOとNO_2に分かれる。NO_2とベンゼンのHが置換反応を起こして，「**ニトロベンゼン**」が生じます。残ったHとOとHが反応してH_2Oができるんでしたね。この反応は置換反応でも特に，「**ニトロ化**」と言っています。図9-11 の「**ニトロ基**」という名前も覚えてください。

■ 置換反応 塩素化（ハロゲン化）

次は 図9-12 を見てください。ベンゼンに塩素と**触媒として鉄**を加える。

図9-12

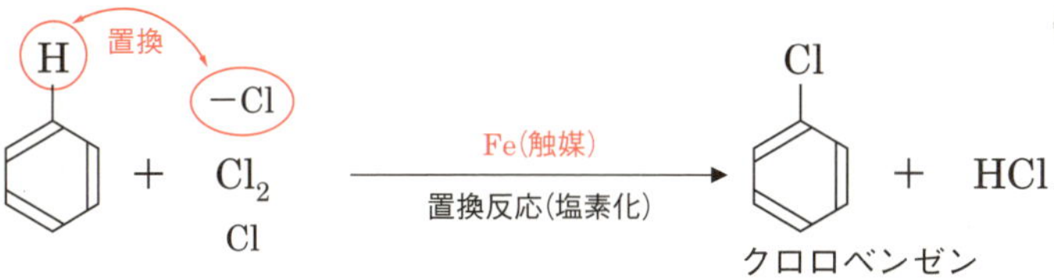

するとCl₂のうちのCl 1個分とベンゼンの1個のHが置換反応を起こして「**クロロベンゼン**」を生じます。残ったClとHからHClができます。この反応を「**塩素化**」とか「**ハロゲン化**」とよんでいます。

■ 付加反応

さて，置換反応の代表例としてスルホン化，ニトロ化，塩素化を説明してまいりました。

じゃあ，芳香族は例外的な付加反応というのは起きないのか？起きるんです。図9-13 を見てください。ベンゼン環にCl_2を加える。そこでポイントですが，**日光（紫外線）**が必要なんです。

図9-13

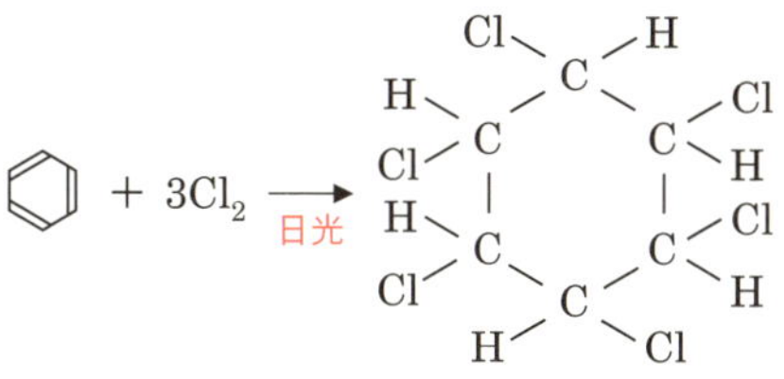

ヘキサクロロシクロヘキサン

紫外線に当てると，どういうわけかベンゼンの二重結合が切れ，そのため1本ずつ余った手に塩素が付加反応を起こす。だから全部で3つのCl_2が使われるんですね（$3Cl_2$）。これは大変珍しい例なんです。なぜなら，ベンゼンは安定した構造のため，二重結合が切れにくいからです。

できあがった物質を「**ヘキサクロロシクロヘキサン**」といいます。この名前を覚えておきましょう。"ヘキサクロロ"で6個の塩素原子を表し，"シクロヘキサン"は輪っか状になっているヘキサンという意味です。

■ 置換反応と付加反応

ところで，置換反応の塩素化 図9-12 と 図9-13 の付加反応，似ているでしょう。間違わないようにポイントを言っておきましょう。

図9-12 の塩素化では，もともとあったベンゼン環のところにあるHと，Clが置き換わっています。しかし，図9-13 の付加反応の場合は，もとあった原子（H）はそのまんまかならず残っていて，さらに他の原子（Cl）がつけ加わっている。

また，塩素化では**鉄を触媒**として加えてクロロベンゼンができます。これは弱い反応なんです。対して付加反応は，**紫外線を当てる**ことによって非常に強いエネルギーが生じます。だから普通じゃ切れない二重結合が切れてしまう。この違いを問う問題が頻出です。注意しましょう。

■ 酸化反応

次は酸化反応を説明しましょう。これは大変重要な反応です。

図9-14 を見てください。ベンゼン環にある**Rは炭化水素基のことです**。

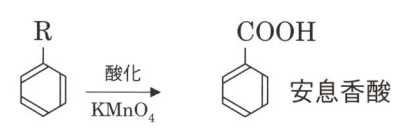

図9-14

酸化させるときは**KMnO$_4$**（**過マンガン酸カリウム**）という強い酸化剤で反応させると，ベンゼン環をもっているカルボン酸ができあがります。これは「**安息香酸**」といいます。名前を覚えておいてください。

炭化水素基がアルキル基の場合，一般式は$-C_nH_{2n+1}$だから，極端な話をすれば，ベンゼン環に100個のCがくっついて$-C_{100}H_{201}$となっていても，過マンガン酸カリウムで酸化反応をしたら，やっぱりCは1個しか残らないんですよ。この事実を覚えておいてください。みんなここをよく間違いますよ。残り99個のCはCO_2になってどこかへ飛んでいっちゃうんですね。

次は，図9-15 を見てください。まずは「**ベンジルアルコール**」という名前を覚えておきましょう。第7講の第一級アルコールの酸化を思い出してください。OHがついている炭素原子にR（ここではベンゼン環）が1個ついているので，第一級アルコールですね。これが酸化するときに，Hが2個取れて，アルデヒド基ができて「**ベンズアルデヒド**」になります。これも名前を覚えておいてください。アルデヒドをさらに酸化するとカルボン酸になりました（ベンズアルデヒド→安息香酸）。このようにベンジルアルコールの場合は第一級アルコールの酸化反応が起きて，その後に**安息香酸**になります。

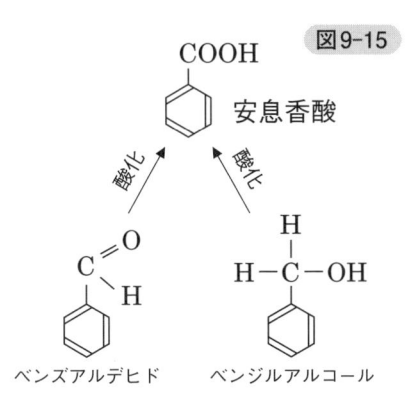

ということで，結局，最終的にはどれも安息香酸になりますね。炭化水素基がくっついていれば，どんな場合でもかならず安息香酸になるという話でした。

では，ベンゼン環に次の炭化水素基がついた場合，どんな名前になるか，おさえておきましょう。

R：炭化水素基
　－CH_3（トルエン）
　－C_2H_5（エチルベンゼン）
　－$CH=CH_2$（スチレン）

ベンゼン環にメチル基（－CH_3）がついたものを「**トルエン**」といいます。これはメチルベンゼンとはあまり言わないんですよ。そしてエチル基（－C_2H_5）がくっついた場合は「**エチルベンゼン**」。トルエンは慣用名でエチルベンゼンは国際名なんです。

それから，ベンゼンにビニル基（－$CH=CH_2$）がくっついたものを「**スチレン**」といいます。これも覚えましょう。

単元2 要点のまとめ②

●芳香族化合物（ベンゼン）の反応

①置換反応

C$_6$H$_6$ + H$_2$SO$_4$ ⟶ C$_6$H$_5$SO$_3$H（ベンゼンスルホン酸） + H$_2$O　（スルホン化）

C$_6$H$_6$ + HNO$_3$ —(濃硫酸)→ C$_6$H$_5$NO$_2$（ニトロベンゼン） + H$_2$O　（ニトロ化）

C$_6$H$_6$ + Cl$_2$ —(Fe（触媒）)→ C$_6$H$_5$Cl（クロロベンゼン） + HCl　（塩素化）

②付加反応

C$_6$H$_6$ + 3Cl$_2$ —(日光（紫外線）)→ C$_6$H$_6$Cl$_6$（ヘキサクロロシクロヘキサン）

③酸化反応

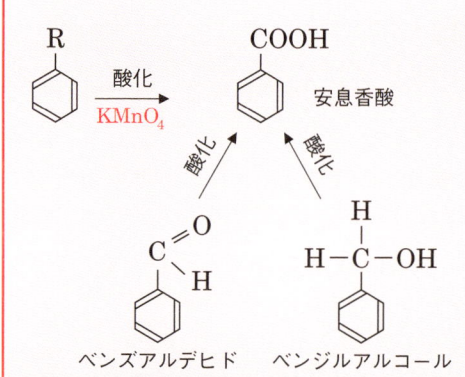

R–C$_6$H$_5$ —(酸化 KMnO$_4$)→ C$_6$H$_5$COOH（安息香酸）

ベンズアルデヒド（C$_6$H$_5$CHO）—酸化→ 安息香酸

ベンジルアルコール（C$_6$H$_5$CH$_2$OH）—酸化→ 安息香酸

R：炭化水素基
- –CH$_3$（トルエン）
- –C$_2$H$_5$（エチルベンゼン）
- –CH=CH$_2$（スチレン）

単元3 フェノール類

化/I

じゃあ，次にいきますよ。芳香族化合物の中でも「**フェノール類**」という化合物について勉強しましょう。まず，フェノール類の代表的なものをまとめておきます。

単元3 要点のまとめ①

●フェノール類の構造

ベンゼン環にヒドロキシ基が直接結合した化合物をフェノール類という。

図9-16

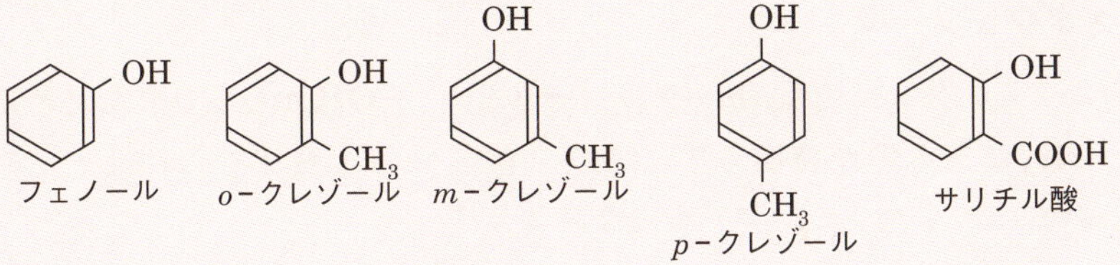

OH
フェノール
OH
CH_3
o-クレゾール
OH
CH_3
m-クレゾール
OH
CH_3
p-クレゾール
OH
COOH
サリチル酸

3-1 フェノール類の構造

■直接結合

フェノール類の構造の特徴は，**ベンゼン環の炭素原子にヒドロキシ基（—OH）が「直接結合」していることです。**

さきほどのベンジルアルコール 図9-15 と間違われやすいんですが，気をつけてくださいね。ベンジルアルコールでは—OHがベンゼン環に直接ついていないでしょう。ベンジルアルコールはあくまでもアルコールという中性物質です。ところが**ベンゼン環に直接 —OHがくっついたものは，みんな弱酸性を示すんですよ。**

図9-17 の2つのフェノールを見てください。フェノールのOHは正六角形のどの角（かど）にくっつけても構いません。さきほど二重結合はぐるぐる回

転しているといいましたね。だから－OHをどこに書いたとしても，結局は同じ位置になります。では，フェノール類の主な化合物を説明しましょう。

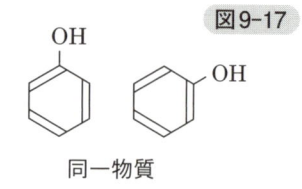

図9-17

同一物質

■ オルトクレゾール

図9-16 を見ながらいきましょう。左から2番目のものは「オルトクレゾール（*o*-クレゾール）」といいます。ヒドロキシ基（－OH）とメチル基（－CH₃）の位置関係が見分けるポイントです。－OHと－CH₃が隣り合っていますね。このように**一番近くに基と基がくっついた状態を「オルト」**といいます。これもフェノールと同じように，どの角で隣り合っていても一番近いところにあるものを，すべて*o*-クレゾールといいます。

■ メタクレゾール

隣は「メタクレゾール（*m*-クレゾール）」。**－OHから1つ飛んだところに－CH₃があるのが特徴です**。この位置関係のとおりであれば，どの角についていても*m*-クレゾールになります。

■ パラクレゾール

次は「パラクレゾール（*p*-クレゾール）」。**－OHと－CH₃が一番遠いところに位置していますね**。この位置関係であれば，どの角についてもパラクレゾールといえます。今言ったところはよく試験に出てきますよ。**オルト，メタ，パラの3つは構造異性体で性質が違います**。沸点，融点，その他いろいろな性質が変わってきます。

最後に，図9-16 の右端に「**サリチル酸**」とありますが，ここまでは覚えておきましょう。慣用名ですから，名前をどんどん覚えるしかないんですね。

3-2 フェノールの製法

フェノールの「製法」です。フェノールをつくる方法は主に4つあります。これはよく出題されるので，要チェックです。

単元3 フェノール類

①ベンゼンとプロピレンの反応

図9-18

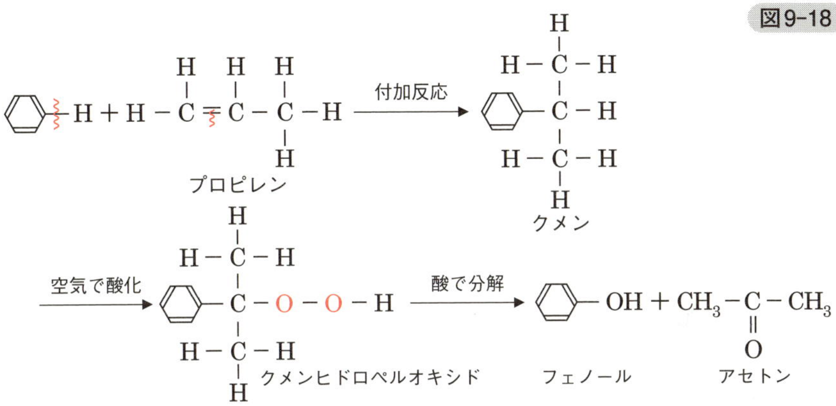

プロピレン　→（付加反応）→　クメン

クメン　→（空気で酸化）→　クメンヒドロペルオキシド　→（酸で分解）→　フェノール　＋　アセトン（$CH_3-CO-CH_3$）

図9-18 を見てください。Cが3個で二重結合を1個もったものを「プロピレン」または「プロペン」といいますが、このプロピレンの二重結合が切れるとベンゼン環のHも切れて、Hは左端のプロピレンのCにつく。プロピレンの中心のCにはベンゼン環がつきます。できあがった物質を「**クメン**」といいます。

次はクメンを空気で酸化します。さきほど、炭化水素基がついたベンゼン環を$KMnO_4$で酸化反応させると全部、安息香酸になると説明しましたね。$KMnO_4$は強い酸化剤なので、ここでは空気で弱く酸化する。そうすると、「**クメンヒドロペルオキシド**」という物質ができます。CとHの間に、めがねのようにOがポコッポコッと2個ありますね。

そして今度は酸で分解する。このとき硫酸やリン酸が、よく使われるんですね。

どのように分解されるのでしょうか。はい、図9-19 を見てください。

図9-19

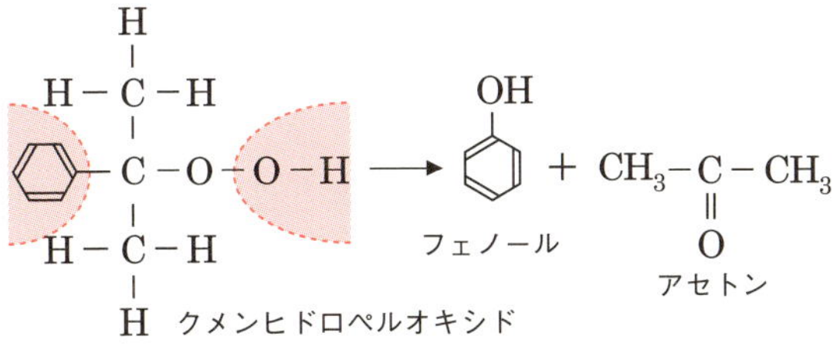

クメンヒドロペルオキシド　→　フェノール　＋　アセトン

OHとベンゼン環が取れる。そうするとOHとベンゼン環でフェノール

ができます。**残りはアセトンになるんですね。**酸で分解したあとは，フェノールとアセトンができるということを頭に入れてください。

以上，図9-18，図9-19 で説明したフェノールの製法は「**クメン法**」とよばれています。結構出題されるところなので，繰り返し練習して反応式を書けるようにしておきましょう。

■ ②ベンゼンスルホン酸の反応

次の反応は3段階で難しいところです。でもあせらずいっしょに見ていきましょう。

ベンゼンスルホン酸の反応は3段階

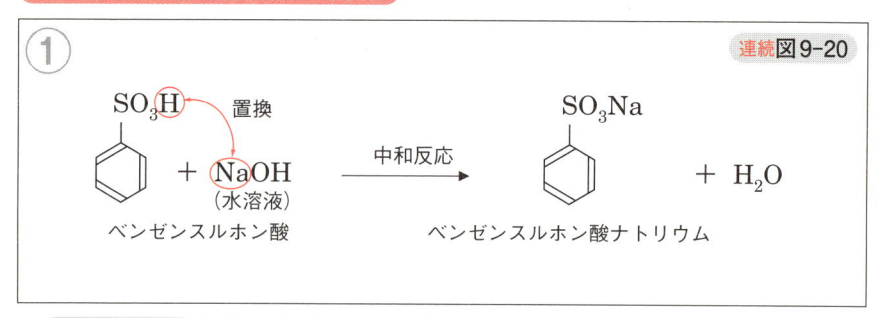

①

連続図9-20

$C_6H_5SO_3H$ + NaOH（水溶液） →（中和反応）→ $C_6H_5SO_3Na$ + H_2O

ベンゼンスルホン酸　　　　　　　　　　　　　　ベンゼンスルホン酸ナトリウム

連続図9-20① を見てください。1段階目です。ベンゼンスルホン酸があります。ベンゼンスルホン酸と水酸化ナトリウムが反応すると，中和反応を起こします。

酸と塩基の中和反応の簡単な例を出しますと，

$$HCl + NaOH \longrightarrow NaCl + H_2O$$

となる反応です。**中和とは，そもそも酸の水素原子と塩基の金属原子が置き換わって置換反応すること**なんですね。同様に，ベンゼンスルホン酸と水酸化ナトリウムもHとNaが置き換わって，ベンゼンスルホン酸ナトリウムと水が生成されます。

次は2段階目 連続図9-20② です。ベンゼンスルホン酸ナトリウムにもう1回，水酸化ナトリウムを加えます。これは1段階目とちょっと違うんですね。同じ水酸化ナトリウムでも，**さきほどは水酸化ナトリウム水溶液を用いました。今回は熱を加えて，水酸化ナトリウムを固体から液体にするのです。**

単元 3 フェノール類

連続図9-20 の続き

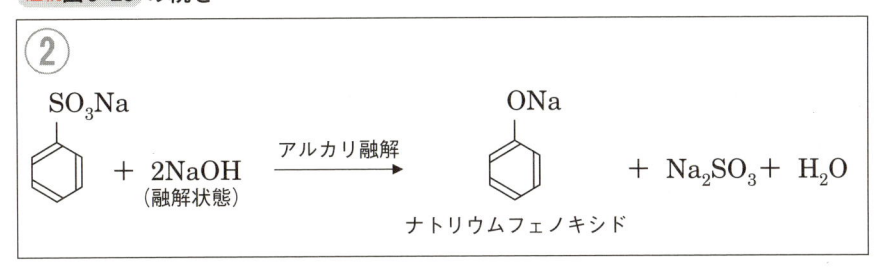

②
$$\underset{(融解状態)}{\text{C}_6\text{H}_5\text{SO}_3\text{Na}} + 2\text{NaOH} \xrightarrow{\text{アルカリ融解}} \underset{\text{ナトリウムフェノキシド}}{\text{C}_6\text{H}_5\text{ONa}} + \text{Na}_2\text{SO}_3 + \text{H}_2\text{O}$$

　これを「**融解状態**」とよんでいます。そして，融解状態になった水酸化ナトリウムとベンゼンスルホン酸ナトリウムが反応することを「**アルカリ融解**」といいます。

　するとどんな物質ができるのでしょう？　ベンゼン環にONaがつきます。「**ナトリウムフェノキシド**」といいます。

　あとはNa_2SO_4じゃなくて，**Na_2SO_3**（亜硫酸ナトリウム）ができます。ここの反応式を書かされることはそんなにはないけれど，Na_2SO_4にすると数が合わなくて，みなさん，あせるんですよ。亜硫酸ナトリウムと水とナトリウムフェノキシドができるという事実をしっかりおさえてください。

　最後の3段階目の反応は，ナトリウムフェノキシドと$CO_2 + H_2O$で反応させます 連続図9-20 ③ 。

連続図9-20 の続き

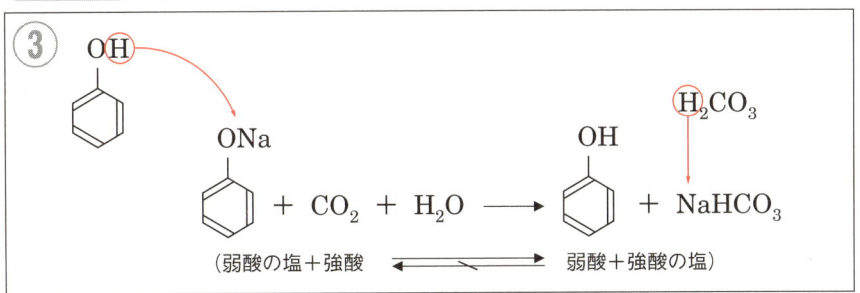

③
$$\underset{(弱酸の塩+強酸)}{\text{C}_6\text{H}_5\text{ONa} + \text{CO}_2 + \text{H}_2\text{O}} \rightleftarrows \underset{弱酸+強酸の塩}{\text{C}_6\text{H}_5\text{OH} + \text{NaHCO}_3}$$

　$CO_2 + H_2O$は炭酸です。これは弱酸の塩と強酸という考え方ができる反応なんです。ここで，$CO_2 + H_2O$の炭酸を強酸だなんて言ったら，おかしいと思いませんか？「炭酸飲料って弱酸だから飲めるんじゃないの？！」と，普通思いますよね。ところがこれは「強酸」と言ってしまっていいんです。

■ 酸の強弱と塩基の強弱

最終段階の反応（連続図9-20③）の説明の前に，ちょっと酸と塩基の強弱について説明します。

無機化学第1講23ページで硫化鉄（Ⅱ）と硫酸の反応をやりましたね。「弱酸の塩と強酸が反応すると，強酸の塩と弱酸になる」。これは一方通行の反応だけで逆反応は起きません。おさえておきましょう。

$$\text{弱酸の塩} + \text{強酸} \rightleftarrows \text{弱酸} + \text{強酸の塩}$$

$$\text{弱塩基の塩} + \text{強塩基} \rightleftarrows \text{弱塩基} + \text{強塩基の塩}$$

☆ ここでの強弱は相対的なものである。

そして，さらに覚えてもらいたいポイントは，酸の強弱の4段階と塩基の強弱の2段階です 図9-21。

図9-21

酸の強弱

塩酸
硫酸 ＞ R－COOH ＞ 炭酸 ＞ （フェノール類）OH
硝酸　　　　　　　　　　（CO₂＋H₂O）

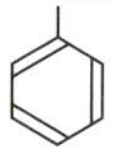

塩基の強弱

NaOH ＞ （アニリン）NH₂

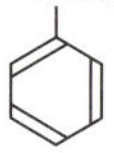

まずは酸の強弱から。一番強い酸が塩酸，硫酸，硝酸。これらはいわゆる強酸ですね。その次にカルボン酸，カルボキシ基をもったもの。その次に炭酸。一番弱いのはフェノール類なんです。**この4段階をおさえてください。**

さきほどの炭酸を強酸だと言う理由，わかりましたか？ フェノールという非常に弱い酸に比べると，炭酸は強い酸ですね。だから強酸と言っていいんですよ。**つまり，ここでの強弱は相対的なものなんですね。**

塩基の強弱は2段階です。水酸化ナトリウムはアニリン（詳しくは第10講）より強い。アニリンは弱い塩基なんです。どうぞ，**この強弱の関係2段階をしっかりおさえてください。**

単元3　フェノール類　269

　では、話をもどしてベンゼンスルホン酸の反応の第3段階目を説明しましょう。もどって再び 連続図9-20③ を見てください。ナトリウムフェノキシドでは、フェノールのOHの水素原子が金属のナトリウム原子に置き換わっている。これはフェノールからできた塩です。**弱酸の塩とは、弱酸性を示すという意味じゃなくて、「弱酸からできた塩」という意味**なんですね。フェノールという弱い酸からできた塩です。

　この塩と、それよりちょっと強い炭酸が反応を起こす。そうすると弱酸のフェノールにもどります。

　炭酸は便宜的にはH_2CO_3と表し、その水素原子が1個ナトリウム原子に置き換わって$NaHCO_3$になるから、これは強酸からできた塩といえるのです。

　連続図9-20④ を見てください。もし炭酸のかわりに塩酸を加えても（**フェノールより強酸であれば全然構わない**ですよ）、強酸の塩である**NaCl**ができます。塩酸という強酸の水素原子がナトリウム原子に置き換わったものですね。

連続図9-20 の続き

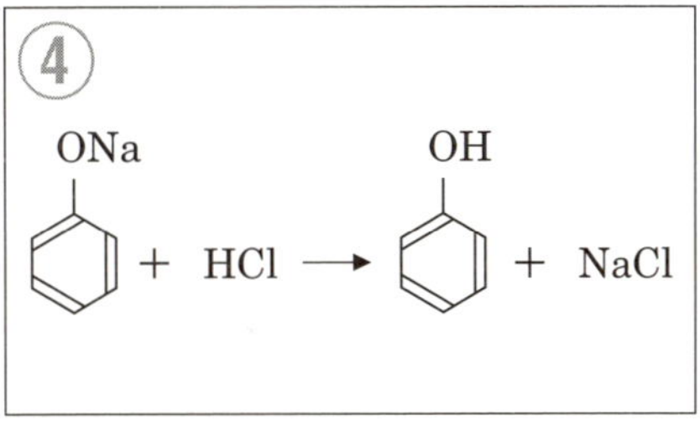

④ 　C₆H₅ONa + HCl → C₆H₅OH + NaCl

■③クロロベンゼンに水酸化ナトリウム水溶液を加える

図9-22

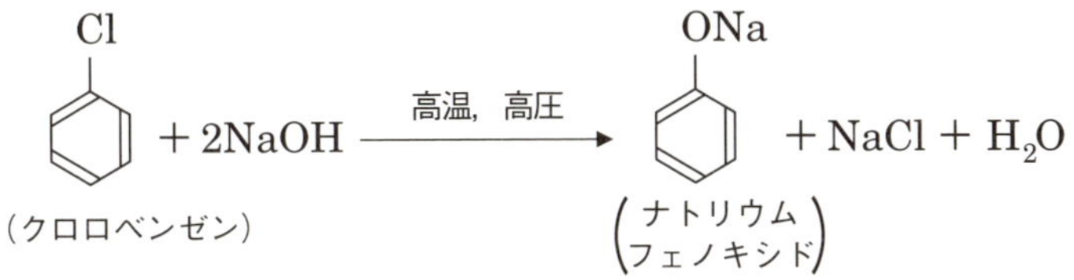

C₆H₅Cl + 2NaOH —高温, 高圧→ C₆H₅ONa（ナトリウムフェノキシド） + NaCl + H_2O

　図9-22 を見てください。クロロベンゼンに水酸化ナトリウム水溶液を高温、高圧で反応させるとナトリウムフェノキシドが生成します。できたナトリウムフェノキシドは 連続図9-20③ のように炭酸でフェノールに変化します。

④塩化ベンゼンジアゾニウムに水を加える

図9-23

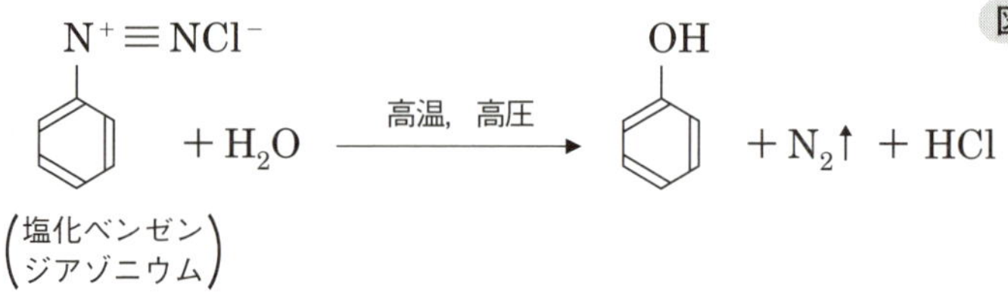

塩化ベンゼンジアゾニウム + H_2O →(高温, 高圧) フェノール + N_2↑ + HCl

図9-23 を見てください。塩化ベンゼンジアゾニウム（詳しくは第10講）に水を加えて高温，高圧にします。すると，フェノールと窒素と塩酸が生成します。

ということで，「単元3　要点のまとめ②」の①，②，④の反応式も書けるようにしてください。③は結果だけ解ければいいです。

単元3 要点のまとめ②

●フェノール類の製法

主に4通りあるので覚えておこう。

①

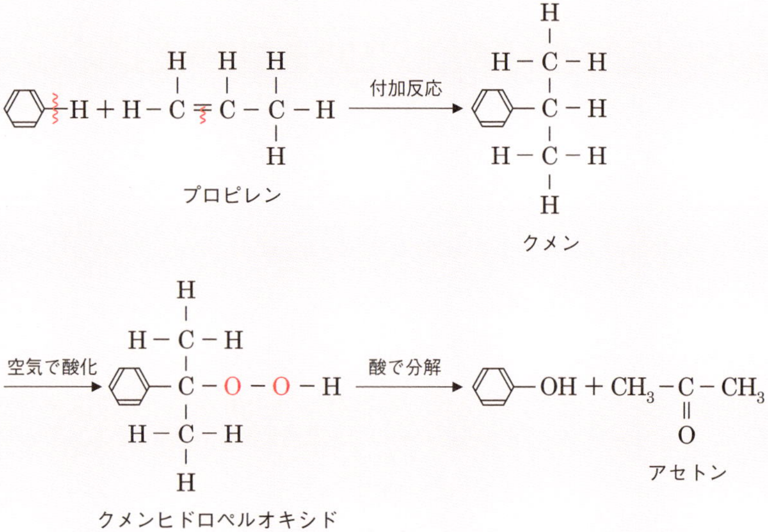

ベンゼン + プロピレン →(付加反応) クメン

→(空気で酸化) クメンヒドロペルオキシド →(酸で分解) フェノール + CH_3-CO-CH_3（アセトン）

②

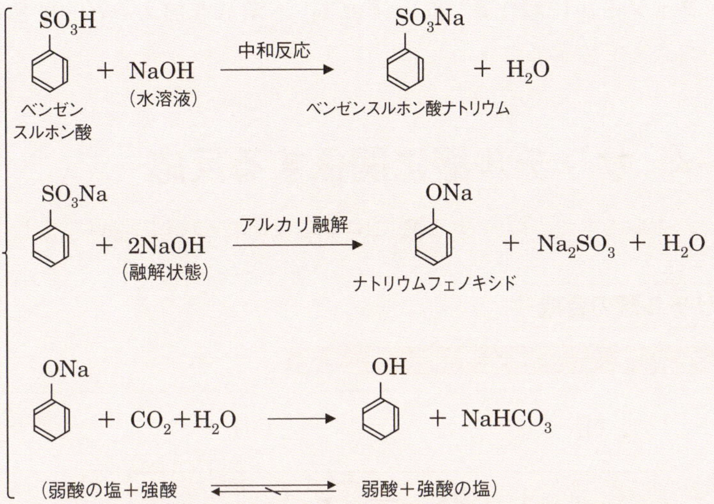

$$\underset{\text{ベンゼンスルホン酸}}{C_6H_5SO_3H} + \underset{\text{(水溶液)}}{NaOH} \xrightarrow{\text{中和反応}} \underset{\text{ベンゼンスルホン酸ナトリウム}}{C_6H_5SO_3Na} + H_2O$$

$$\underset{\text{(融解状態)}}{C_6H_5SO_3Na + 2NaOH} \xrightarrow{\text{アルカリ融解}} \underset{\text{ナトリウムフェノキシド}}{C_6H_5ONa} + Na_2SO_3 + H_2O$$

$$C_6H_5ONa + CO_2 + H_2O \longrightarrow C_6H_5OH + NaHCO_3$$

(弱酸の塩＋強酸 ⇌ 弱酸＋強酸の塩)

③
$$\underset{\text{クロロベンゼン}}{C_6H_5Cl} + 2NaOH \xrightarrow{\text{高温, 高圧}} C_6H_5ONa + NaCl + H_2O$$

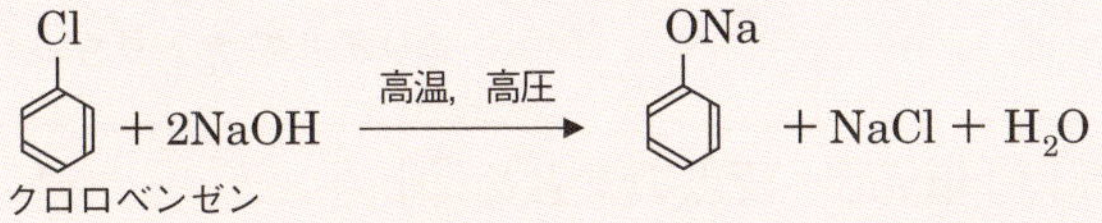

④
$$\underset{\text{塩化ベンゼンジアゾニウム}}{C_6H_5N^+\equiv NCl^-} + H_2O \xrightarrow{\text{高温, 高圧}} C_6H_5OH + N_2\uparrow + HCl$$

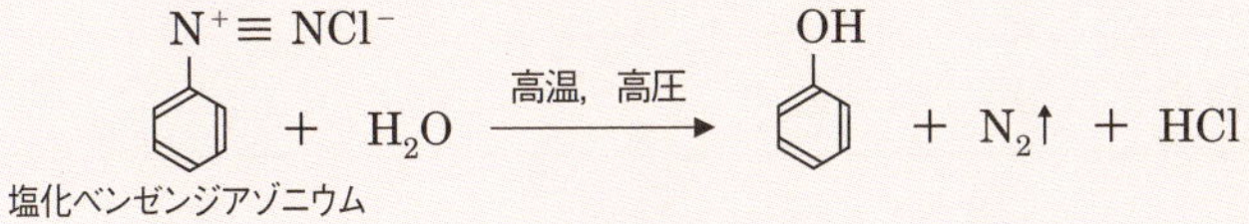

3-3 フェノールの性質

次はフェノール類の性質について説明しましょう。まずはまとめます。

単元3 要点のまとめ③

● **フェノール類の性質**

①水溶液は弱酸性を示すが，その強さは炭酸より弱い。
②塩化鉄(Ⅲ)（$FeCl_3$）水溶液を加えると，青紫〜赤紫に呈色する。

「単元3　要点のまとめ③」の①は，さきほど説明したことと同じです。**フェノールは酸の強弱の4段階のうち，炭酸よりももっと弱い。②は重要**

です。フェノールに塩化鉄(Ⅲ)($FeCl_3$)水溶液を加えると，紫色になります。おさえておきましょう。

3-4 サリチル酸に関係する反応

フェノールの1つ，サリチル酸に関する反応について説明しましょう。

■ サリチル酸の合成

ナトリウムフェノキシドからサリチル酸が生成

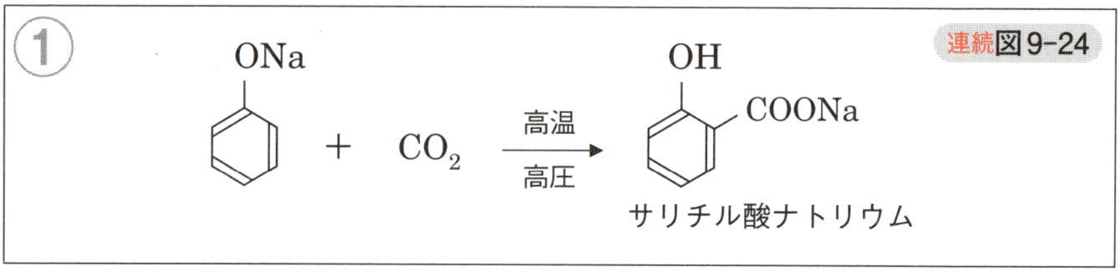

①

$$\text{C}_6\text{H}_5\text{ONa} + CO_2 \xrightarrow{\text{高温}\ \text{高圧}} \text{サリチル酸ナトリウム（2-OH-C}_6\text{H}_4\text{-COONa）}$$

連続図9-24

連続図9-24①は「単元3 要点のまとめ②」のフェノールの製法，②の3段階目の反応に似ています。

連続図9-24 の続き

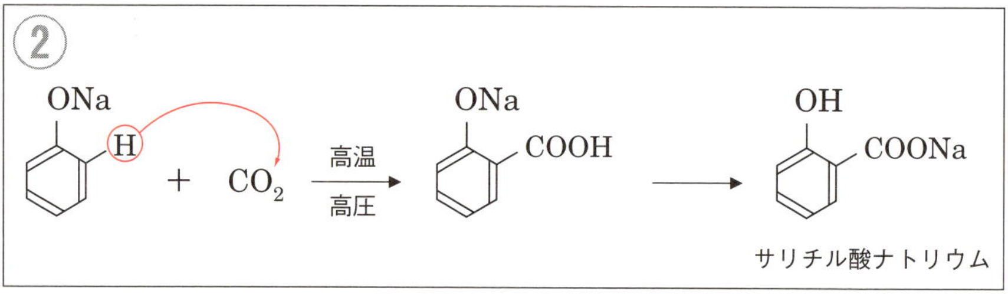

②

ONa(のH) + CO_2 $\xrightarrow{\text{高温}\ \text{高圧}}$ ONa-COOH → OH-COONa（サリチル酸ナトリウム）

連続図9-24②は 連続図9-24①を詳しくしたものです。ナトリウムフェノキシドに**二酸化炭素の気体を高温，高圧という状態で吹き込む**んです。するとCO_2のCOOがベンゼン環から取れたHとくっつく。そしてCOOHになる。**さらに変化してHとNaが置き換わった形になります。**

この変化も「弱酸の塩＋強酸 ⇄ 弱酸＋強酸の塩」から起こっているのです。－ONaは弱酸の塩で－COOHは相対的に強酸の関係が成り立つので，ここで反応が起きて－OHは弱酸，－COONaは強酸の塩に変化します。

できあがった物質は，「**サリチル酸ナトリウム**」といいます。この物質

は大部分がオルトの位置で生じてきます。メタとパラはほんのわずかしか生成しないんです。

このようにしてできたサリチル酸ナトリウムが、さらに塩酸と反応するんです 連続図9-24③ 。

連続図9-24 の続き

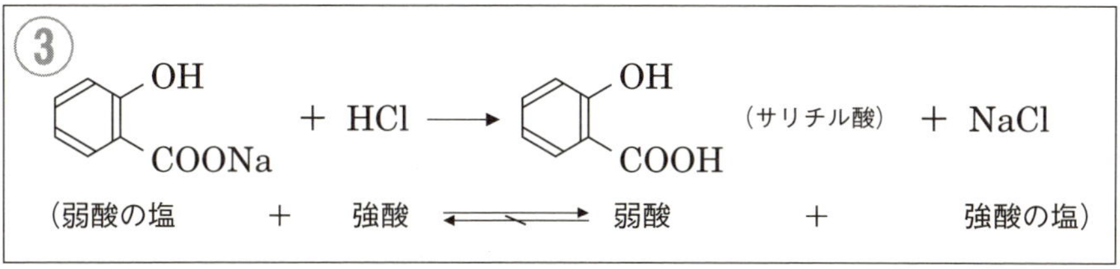

③

$$\underset{\text{(弱酸の塩)}}{\text{C}_6\text{H}_4(\text{OH})\text{COONa}} + \underset{\text{強酸}}{\text{HCl}} \rightleftharpoons \underset{\text{弱酸}}{\text{C}_6\text{H}_4(\text{OH})\text{COOH}} \text{(サリチル酸)} + \underset{\text{強酸の塩}}{\text{NaCl}}$$

これも弱酸の塩＋強酸の反応です。サリチル酸ナトリウムに塩酸を加えると、塩酸のHとサリチル酸ナトリウムのNaが置き換わります。

サリチル酸ナトリウムはカルボン酸からできた塩なんです。カルボン酸というのは、塩酸より弱いでしょう。だからこれは弱酸と考えるんです。

このようにしてサリチル酸ができあがります。

■ **サリチル酸メチルの合成**

次の 図9-25 で合成される物質は、これもよく出てくる物質で、「**サリチル酸メチル**」といいます。これは**シップ薬**の成分です。

図9-25

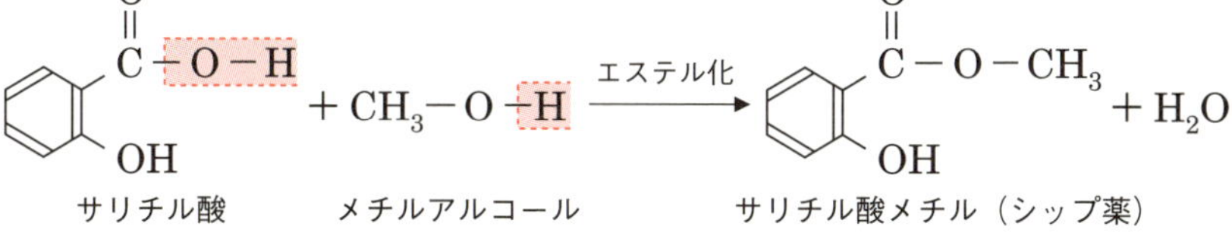

$$\underset{\text{サリチル酸}}{\text{C}_6\text{H}_4(\text{OH})\text{COO-H}} + \underset{\text{メチルアルコール}}{\text{CH}_3-\text{O-H}} \xrightarrow{\text{エステル化}} \underset{\text{サリチル酸メチル（シップ薬）}}{\text{C}_6\text{H}_4(\text{OH})\text{COO-CH}_3} + \text{H}_2\text{O}$$

つくり方は、カルボキシ基をもつサリチル酸とメチルアルコールを反応させます。**これはつまりカルボン酸とアルコールのエステル化なんです。**

できた物質の名前は、**慣用名＋慣用名で慣用名**になります。"サリチル酸"と"メチルアルコール"だから「サリチル酸メチル」という名前がついています。エステル化のところで、**カルボン酸のOHとアルコールのHが取れる**ということを知っていれば、反応式は書けるでしょう。

■アセチルサリチル酸の合成　その１

次は「**アセチルサリチル酸**」のつくり方（2通り）です。もう少しですので，がんばってついてきてくださいね。

アセチルサリチル酸の製法（2通り）

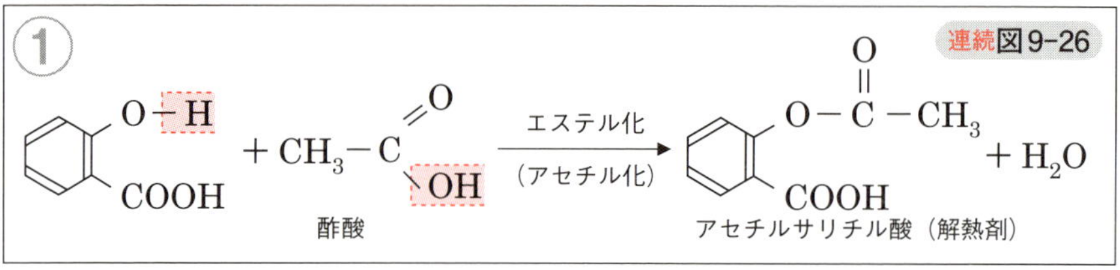

連続図 9-26 ① はサリチル酸に酢酸を加える。フェノールのOHは非常に弱く，炭酸よりも，もっと弱い酸性だから，一応，中性アルコールとみなされます。

つまり**この反応は，アルコールとカルボン酸が反応するエステル化だと考えます。**よってカルボン酸のOHとアルコールのHが取れて余った手を結ぶと「**アセチルサリチル酸**」（「**アスピリン**」ともいう）が生成します。これは**解熱剤**です。このアセチルサリチル酸という名前は丸暗記してください。あとは水（H_2O）ができるんですね。

■アセチルサリチル酸の合成　その２

連続図 9-26 ② を見てください。これはサリチル酸と無水酢酸の反応です。

連続図 9-26 の続き

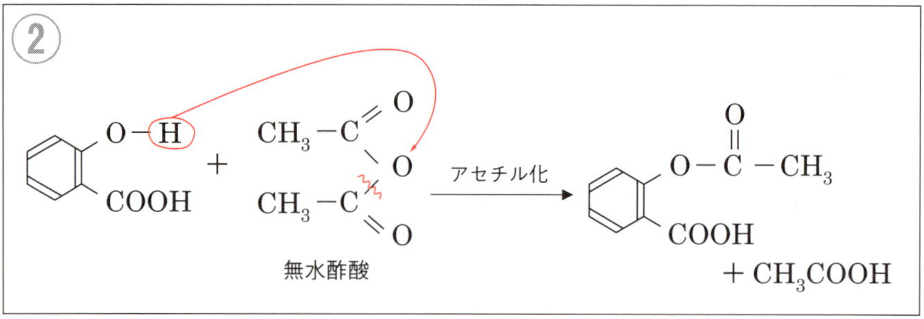

無水酢酸とは，図 9-27 のように酢酸分子２分子から水が取れたものです。

単元3 フェノール類 275

図9-27

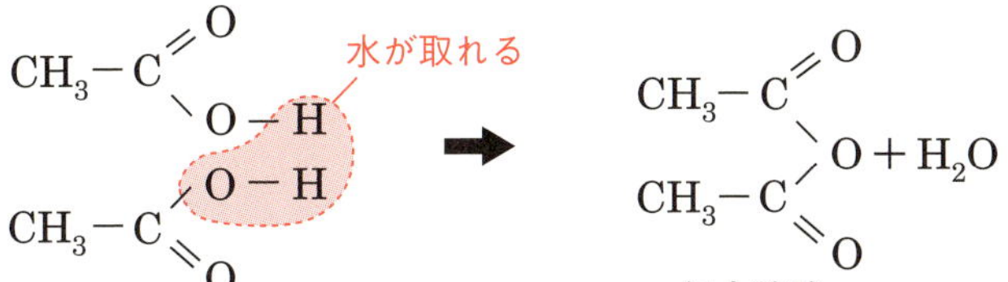

$$CH_3-C(=O)(O-H) \quad \text{水が取れる}$$
$$CH_3-C(=O)(O-H)$$
→
$$CH_3-C(=O)\diagdown O \diagup C(=O)-CH_3 + H_2O$$
無水酢酸

連続図9-26②にもどります。無水酢酸の手が切れた位置に，サリチル酸のHが入り，酢酸分子をつくります。無水酢酸のもう1つの炭素の余った手と（Hが取れた）サリチル酸が結びついてアセチルサリチル酸になる。

ちょっと複雑ですね。連続図9-26①の**酢酸を加える反応**は，**水**が出て来るけれど，連続図9-26②の**無水酢酸の反応**には，**酢酸分子**ができて来る，そこの違いだけです。連続図9-26②の反応は丸暗記が必要だと思いますが，連続図9-26①の反応はエステル化なので，理屈からつくれます。連続図9-26①も連続図9-26②も主な生成物（アセチルサリチル酸）は同じなので，これを利用すれば，連続図9-26②の反応もつくれるようになりますね。

単元3 要点のまとめ④

●フェノール類の反応

①サリチル酸の合成

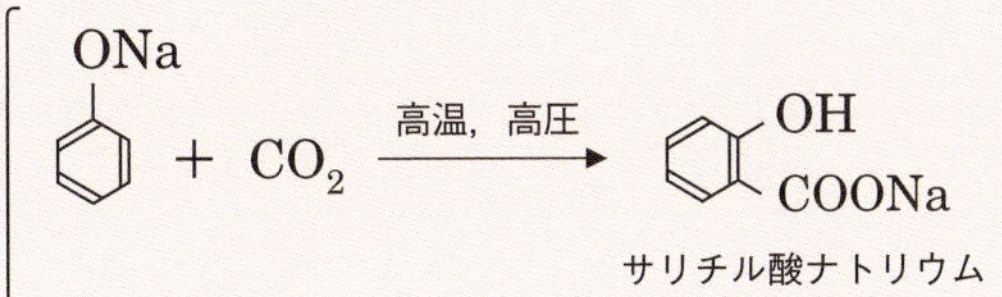

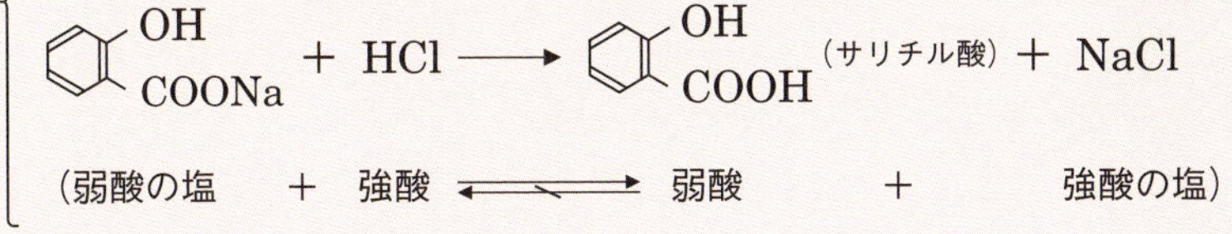

$$\underset{}{\text{ONa}}\diagup\bigcirc + CO_2 \xrightarrow{\text{高温，高圧}} \underset{\text{サリチル酸ナトリウム}}{\bigcirc\text{-OH, COONa}}$$

$$\underset{}{\bigcirc\text{-OH, COONa}} + HCl \longrightarrow \underset{}{\bigcirc\text{-OH, COOH}} \text{（サリチル酸）} + NaCl$$

（弱酸の塩　＋　強酸　⇌　弱酸　＋　強酸の塩）

②サリチル酸メチルの合成

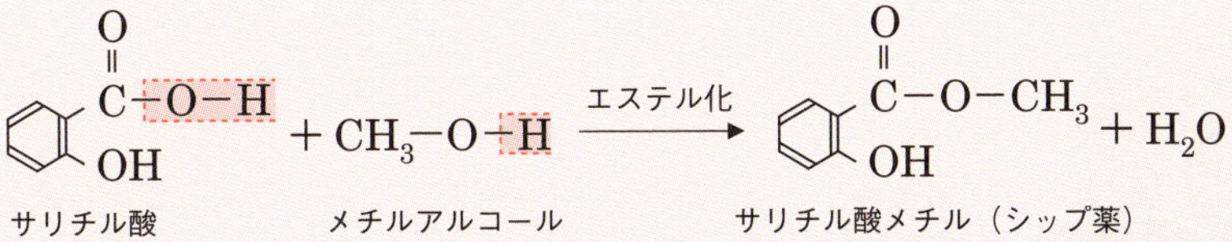

$$\underset{\text{サリチル酸}}{\bigcirc\text{-C(=O)-O-H, OH}} + \underset{\text{メチルアルコール}}{CH_3-O-H} \xrightarrow{\text{エステル化}} \underset{\text{サリチル酸メチル（シップ薬）}}{\bigcirc\text{-C(=O)-O-CH}_3\text{, OH}} + H_2O$$

③アセチルサリチル酸の合成

$$\text{C}_6\text{H}_4(\text{OH})(\text{COOH}) + \text{CH}_3\text{-COOH} \xrightarrow[\text{(アセチル化)}]{\text{エステル化}} \text{C}_6\text{H}_4(\text{O-CO-CH}_3)(\text{COOH}) + \text{H}_2\text{O}$$

（酢酸）　　　　　　　　　　　　　　アセチルサリチル酸（解熱剤）

③′ アセチルサリチル酸の合成

$$\text{C}_6\text{H}_4(\text{OH})(\text{COOH}) + (\text{CH}_3\text{CO})_2\text{O} \xrightarrow{\text{アセチル化}} \text{C}_6\text{H}_4(\text{O-CO-CH}_3)(\text{COOH}) + \text{CH}_3\text{COOH}$$

（無水酢酸）

③と③′の主な生成物質は共にアセチルサリチル酸であり，副生成物質として，それぞれ水と酢酸が生じる。③′の反応式は丸暗記しないと書けないが，③は理屈がわかればすぐ書けるようになる。

第9講は覚えることが多いですが，繰り返し復習しておきましょう。

第10講

芳香族化合物(2)

- 単元 **1** 芳香族アミン 化/Ⅰ
- 単元 **2** 芳香族化合物の分離 化/Ⅰ

第10講のポイント

　いよいよ最終講義となりました。もうひとがんばりですよ。第10講は芳香族化合物の中の1つ,「芳香族アミン」について勉強します。
　アニリンの性質といろいろな反応を覚えましょう。芳香族化合物の分離は暗記ではなく,理屈で解決できます。

単元 1 芳香族アミン 化/Ⅰ

「アミン」とはアミノ基（$-NH_2$）を含んだ化合物のことを言います。では，詳しく見ていきましょう。

1-1 芳香族アミンの構造と性質

■ 芳香族アミンの構造

では構造から説明しましょう。図10-1を見てください。アンモニアの水素原子を炭化水素基Rで置換した化合物を「**アミン**」といいます。そして炭化水素基Rが芳香族，つまりベンゼン環の場合は「**芳香族アミン**」とよばれるわけです。

図10-1

$$NH_3 \implies R-NH_2$$
アミン

■ 芳香族アミンの製法

芳香族アミンはどのようにつくられるのでしょう？ 芳香族アミンの1つ，「**アニリン**」の製法です。

単元1 芳香族アミン

ニトロベンゼンからアニリンをつくる

連続図10-2

① ベンゼン + HNO_3 →(ニトロ化, H_2SO_4) ニトロベンゼン + H_2O

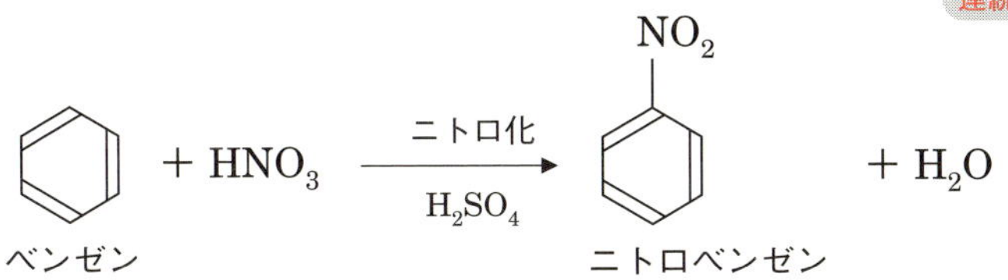

② ニトロベンゼン(NO_2) + 6(H) →(SnとHCl, 還元) アニリン(NH_2)(弱塩基) + $2H_2O$

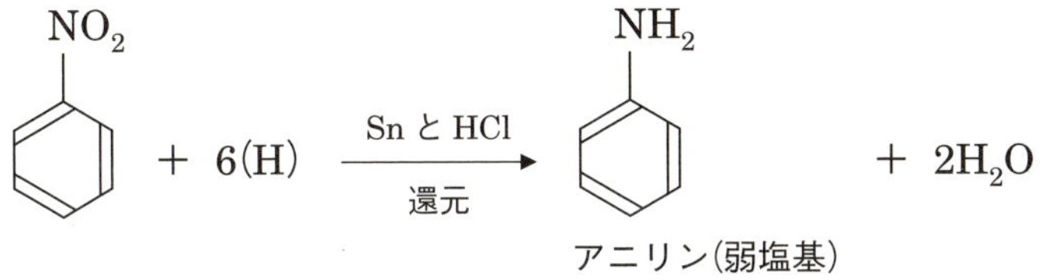

連続図10-2①を見てください。ベンゼンと濃硝酸と濃硫酸で，ニトロベンゼンになります。これはニトロ化です（→258ページ）。そして連続図10-2②のようにスズと塩酸を加えておだやかに加熱することによって，ニトロベンゼンがアニリンになります。反応式の中で「**スズと塩酸（SnとHCl）**」，「**還元**」というところは，出題されることがありますから注意しましょう。

還元とは酸素が取れたり，水素がくっついたりすることをいいましたね。ニトロベンゼンから取れたOは，Hと結びついて水（H_2O）になります。ここで左辺にOが2個あることに合わせると，H_2Oは2個にならなくてはいけない。そうするとHは4個なくちゃいけない。さらにアニリンで2個必要。よって，合計で6個のHが必要だから，還元が起こる前には"6(H)"と書くわけです。これは発生したばかりの水素，つまり原子状態の水素を意味しています。

■アニリンの性質

アニリンは「**弱塩基**」です。アンモニアと同レベルの非常に弱い塩基なんです。強酸と反応して塩をつくります。「**アニリン塩酸塩**」を生じる反応で説明しましょう。

図10-3

$$\text{C}_6\text{H}_5\text{-NH}_2 + \text{HCl} \xrightarrow{\text{中和反応}} \text{C}_6\text{H}_5\text{-NH}_3^+\text{Cl}^-$$
(アニリン塩酸塩)

（Nは手が4本出ると＋となる）

図10-3 を見てください。アニリンに塩酸（HCl）を加えると，中和反応が起きます。すると**アニリン塩酸塩**という物質になるわけです。

なぜ "$NH_3^+Cl^-$" となるかを簡単に説明しましょう。普通，有機化合物は非金属どうしの結合だから，もう99％まで共有結合でできています。ところが例外的に，"$NH_3^+Cl^-$" は**イオン結合**なんですね。「＋－」は，**イオン結合を意味しています**。

おさえるべきポイントを1つ。**窒素（N）は手が4本出ると "＋" となる**んです。つまり，ここでは "$-NH_3$" のところで，＋のイオンになります。それに対してClが－のイオンとなり，＋と－で，図10-4 のようにイオン結合をつくっているわけです。HとClの間を価標で結びたが

図10-4

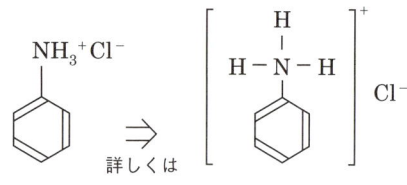

$$\text{C}_6\text{H}_5\text{-NH}_3^+\text{Cl}^- \xrightarrow{\text{詳しくは}} \left[\text{C}_6\text{H}_5\text{-}\overset{H}{\underset{H}{N}}\text{-H}\right]^+ \text{Cl}^-$$

Nは手が4本出ると＋となる

る人がいるんですが，それはマチガイですよ。＋と－の引っ張り合い（クーロン力）だから，何も書かないんです。

◯-NH₃⁺Cl⁻ というのは イオン結合である

岡野流⑬ 必須ポイント

Nの手の数に注意

窒素（N）は手が4本出ると＋となる。

スズと塩酸を加えてアニリンが生成するとき，塩酸はかならず多量に加

わってしまっているんです。そして過剰にあった塩酸と生じたアニリンから，アニリン塩酸塩が溶液中に生じているんです。

次にアニリン塩酸塩をアニリンにもどす操作を説明します。**図10-5** を見てください。

図10-5

$$\underset{(\text{弱塩基の塩})}{\text{C}_6\text{H}_5\text{NH}_3^+\text{Cl}^-} + \underset{\text{強塩基}}{\text{NaOH}} \rightleftarrows \underset{\text{弱塩基}}{\text{C}_6\text{H}_5\text{NH}_2} + \underset{\text{強塩基の塩}}{\text{NaCl}} + \text{H}_2\text{O}$$

アニリン塩酸塩は，アニリンという弱塩基からできた塩でしたね。これにアニリンより強い塩基である水酸化ナトリウムを反応させます。すると，弱塩基のアニリンと，強塩基からできた塩NaClと，あとは原子の数合わせで，水が生じてきます。これは少しややこしく感じますが，無機化学のアンモニアの製法の反応と似ています（→46ページ）。

もう1つアニリンの大事な性質を2つ挙げます。

> **重要★★★**　(1) アニリンはさらし粉の水溶液で酸化すると赤紫色に呈色する。

第9講の**フェノールの性質**で，「**塩化鉄（Ⅲ）水溶液を加えると青紫～赤紫に呈色する**」とあったでしょう。あれと同じくらいに，このポイントは頻出です。**アニリンは，さらし粉の水溶液で赤紫色になる**んですね。

さらに

> **重要★★★**　(2) $K_2Cr_2O_7$（ニクロム酸カリウム）の硫酸酸性水溶液を加えて酸化すると黒色のアニリンブラックという染料ができる。

これもアニリンの特性なのです（$K_2Cr_2O_7$は酸化剤である）。

以上が芳香族アミンの構造，製法，性質でした。次のページできっちりまとめておきましょう。

単元1 要点のまとめ①

●芳香族アミンの構造と性質

(1) 構造

アンモニアの水素原子を炭化水素基で置換した化合物をアミンという。炭化水素基が芳香族（ベンゼン環）のものが芳香族アミンである。

(2) 製法

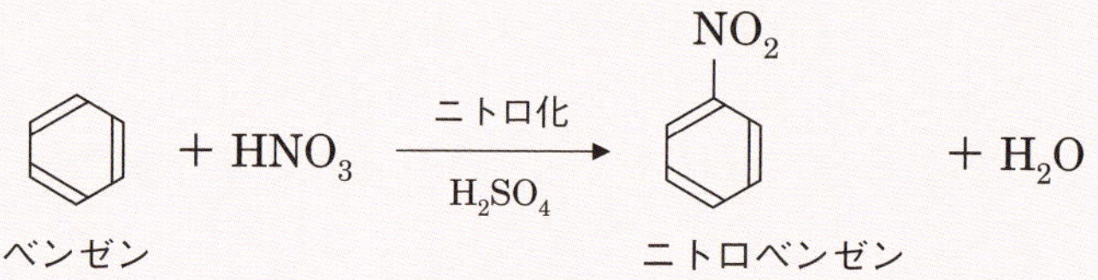

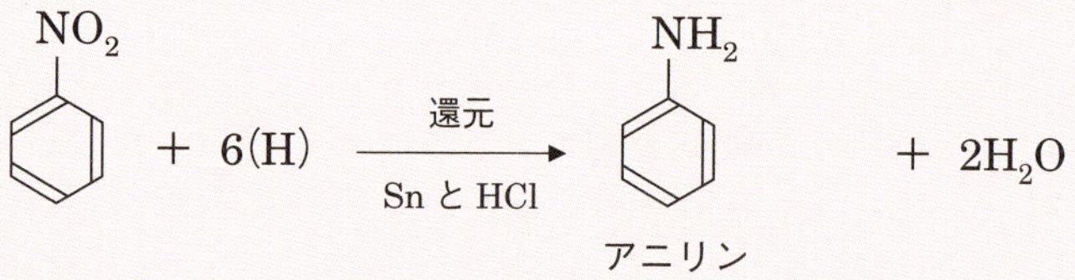

ベンゼン + HNO_3 $\xrightarrow[H_2SO_4]{ニトロ化}$ ニトロベンゼン + H_2O

ニトロベンゼン + 6(H) $\xrightarrow[Sn と HCl]{還元}$ アニリン + $2H_2O$

(3) 性質

① 弱塩基性を示し、強い酸と反応して塩をつくる。

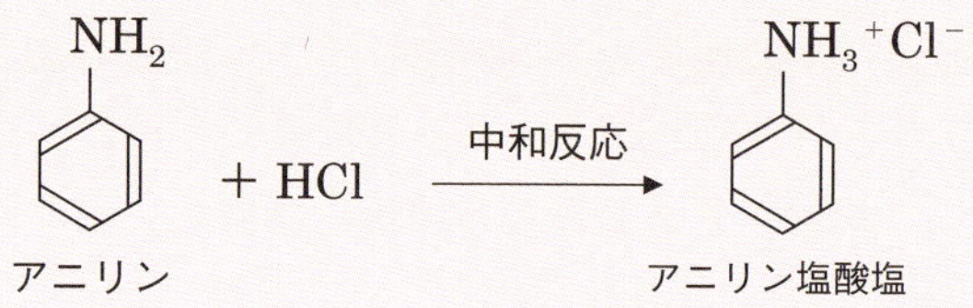

アニリン + HCl $\xrightarrow{中和反応}$ アニリン塩酸塩

② アニリン塩酸塩を水酸化ナトリウムでアニリンにもどす。

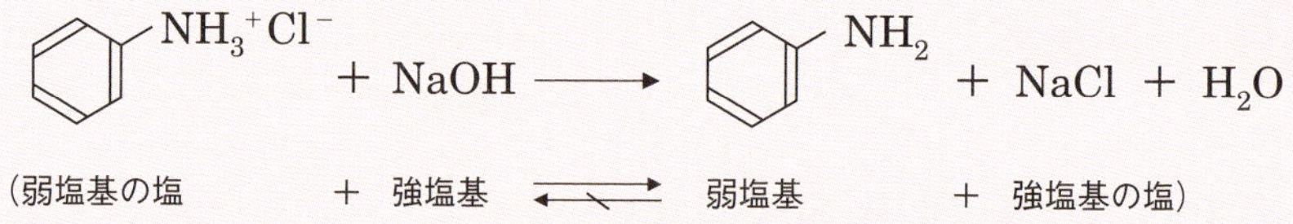

アニリン塩酸塩 + NaOH ⟶ アニリン + NaCl + H_2O

（弱塩基の塩 + 強塩基 ⇌ 弱塩基 + 強塩基の塩）

③ アニリンは、さらし粉の水溶液で酸化すると赤紫色に呈色する。

④ $K_2Cr_2O_7$（ニクロム酸カリウム）の硫酸酸性水溶液を加えて酸化すると黒色のアニリンブラックという染料ができる（$K_2Cr_2O_7$は酸化剤である）。

1-2 芳香族アミンの反応

■ アセチル化

芳香族アミンはどんな反応を示すのでしょうか。図10-6 を見てください。これは第9講のアセチルサリチル酸の反応と似ているんですね。

図10-6

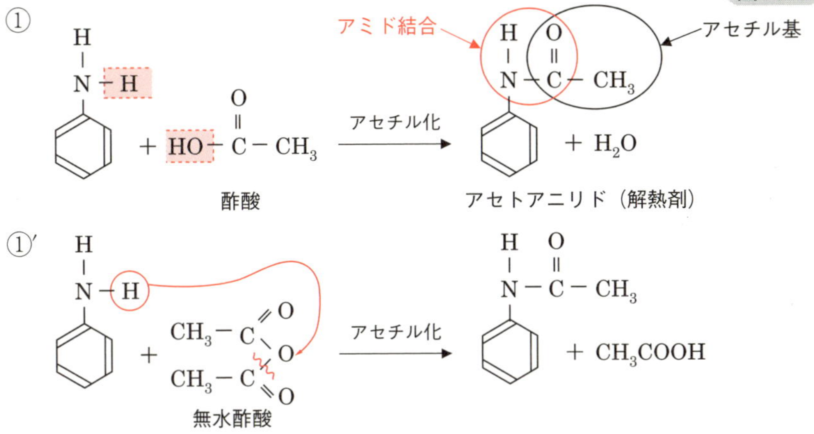

① アニリン + 酢酸 → アセトアニリド（解熱剤） + H_2O（アミド結合／アセチル基）

①' アニリン + 無水酢酸 →アセチル化→ アセトアニリド + CH_3COOH

①（①'）でアニリンが酢酸（無水酢酸）と反応して「アセトアニリド」になる。$-\overset{H}{\underset{|}{N}}-\overset{O}{\underset{||}{C}}-$ の部分を「**アミド結合**」といいます。303ページの「主な官能基」の表でも確認してください。

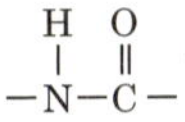

アセトアニリドは，「**解熱剤**」です。熱冷ましですね。ちなみにアセチルサリチル酸も解熱剤です。解熱の"解"は"下"と書いてはいけませんよ。気をつけてくださいね。

■ ジアゾ化

図10-7 を見てください。

図10-7

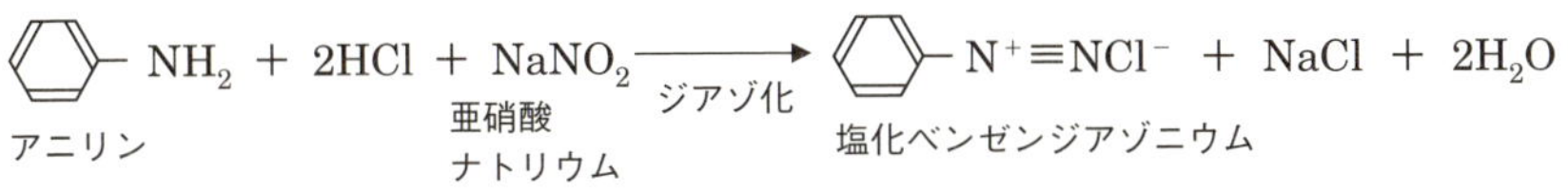

アニリン $-NH_2$ + $2HCl$ + $NaNO_2$ →ジアゾ化→ 塩化ベンゼンジアゾニウム $-N^+\equiv NCl^-$ + $NaCl$ + $2H_2O$

（亜硝酸ナトリウム）

アニリンと塩酸，あと**亜硝酸ナトリウム**が反応して，「**ジアゾ化**」が起こり，「**塩化ベンゼンジアゾニウム**」ができます。矢印の下の「**ジアゾ化**」という言葉がよく出題されるポイントです。この辺はもう覚えるしかありません。

図10-8 に注目です。「**塩化ベンゼンジアゾニウム**」の窒素（N）は手が4本出ているから＋のイオンです（→280ページ「岡野流　必須ポイント⑬」）。そして，塩素のClが－のイオンだから，＋と－のイオン結合です。Nの一方が＋となっていて，NとNの間は三重結合です。この物質をどうぞ，覚えてください。

図10-8

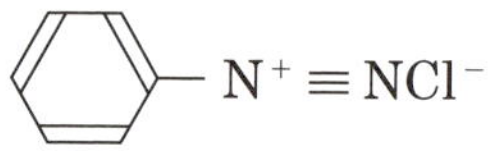

$$\text{C}_6\text{H}_5-\text{N}^+\equiv\text{NCl}^-$$

塩化ベンゼンジアゾニウム

そして，**亜硝酸ナトリウムの"亜"**にも注目です。硝酸ナトリウムならば，$NaNO_3$なんですよ。亜硝酸ナトリウムは，**Oを1個少なくして$NaNO_2$**と書きます。

■ ジアゾ化の覚え方

何を隠そう僕は記憶力が非常に悪いんです（苦笑）。でも悪いなりにもいい覚え方があるので，みなさんにも伝授します。

官能基の名前ジアゾ基を，ジアゾ化とか，塩化ベンゼンジアゾニウムの"ジアゾ"から覚えていったんです。それで「**ジアゾ基**」とはどんな構造をしているか覚えたんです。 図10-9 を見てください。名前と構造式，これなら難し

図10-9

ジアゾ基　　$-\text{N}^+\equiv\text{N}$

くないでしょう。窒素は手が4本出ると＋となるんでしたね。 図10-9 **の状態から，塩化ベンゼンジアゾニウムが構造式で書けるようになったのです。あとは両辺で原子の数を合わせることに気をつければ，反応式は完成します。**

■ カップリング

次に「**カップリング**」です。これは「アゾ基」をもつ化合物が生じる反応です。次のページの 連続図10-10① を見てください。まずは1本目の式から。

単元1 芳香族アミン　285

フェノールと水酸化ナトリウム水溶液が反応して、ナトリウムフェノキシドができます。いいですね。

p-ヒドロキシアゾベンゼンのつくり方

連続図10-10

① 中和
$$\bigcirc-OH + NaOH \longrightarrow \bigcirc-ONa + H_2O$$
　　　　　　　　　　　　　　ナトリウム
　　　　　　　　　　　　　　フェノキシド

② カップリング
$$\bigcirc-N^+\equiv NCl^- + \bigcirc-ONa \longrightarrow \bigcirc-N=N-\bigcirc-OH + NaCl$$
塩化ベンゼン　　　　　ナトリウム　　　　　　p-ヒドロキシアゾベンゼン
ジアゾニウム　　　　　フェノキシド

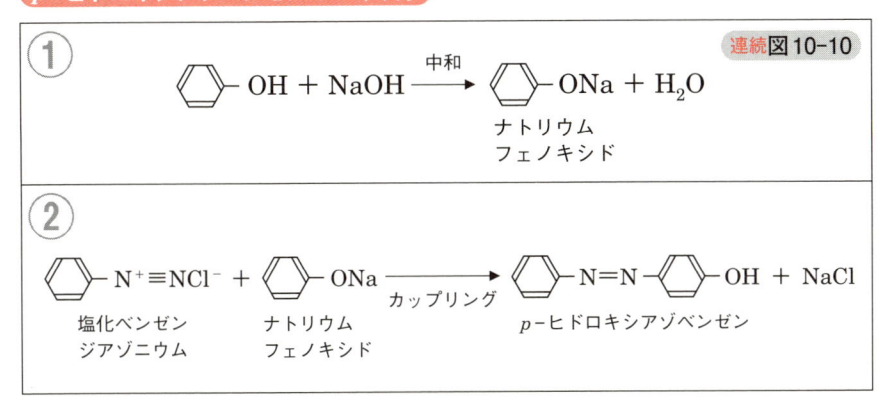

次は 連続図10-10② です。連続図10-10① でできたナトリウムフェノキシドと塩化ベンゼンジアゾニウムの反応です。この反応を「カップリング」とか「ジアゾカップリング」といいます。できあがった物質は、

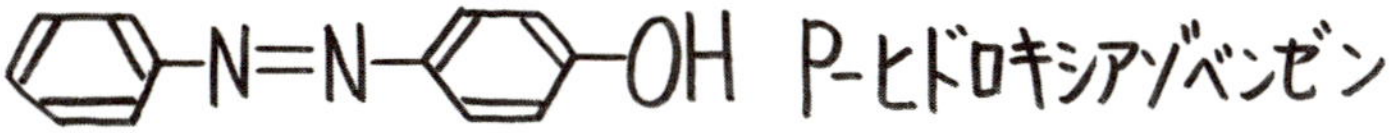

$$\bigcirc-N=N-\bigcirc-OH \quad \text{p-ヒドロキシアゾベンゼン}$$

です。これは**橙赤色**です。置換基がパラの位置だから「p-ヒドロキシアゾベンゼン」といい、染料や色素として広く使われています。よく出題されるポイントです。

　p-ヒドロキシアゾベンゼンを見て、Hの数が1個足りないと思った人はいませんか？ 連続図10-10③ のように考えればわかるでしょう。

連続図10-10 の続き

③
$$\bigcirc-N^+\equiv NCl^- + H-\bigcirc-ONa \xrightarrow{\text{カップリング}} \bigcirc-N=N-\bigcirc-OH + NaCl$$
　　　　　　　　　　ここにくると
　　　　　　　　　　考えればわかる

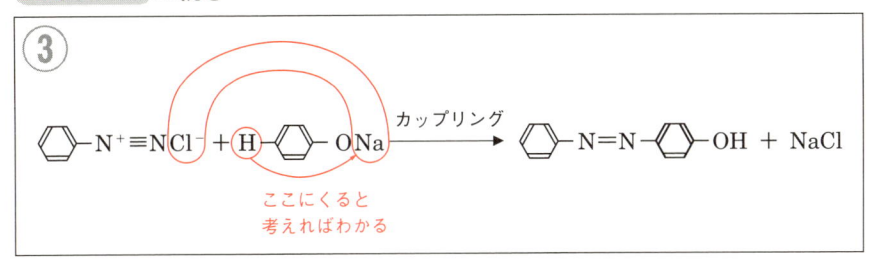

　ベンゼン環にはじめからくっついているHが取れて、それでNaと置き換わるとp-ヒドロキシアゾベンゼンの構造式になります。
　ここでも僕は官能基の名前、「アゾ基」からこの反応式が書けるように

なりました。p-ヒドロキシアゾベンゼンのアゾから名前を覚えたんです。そして**「アゾ基」とはどんな構造をしているか覚えました** 図10-11 。ジアゾ基と違ってNは手が4本出ていないので＋はつきませんね。**この基からp-ヒドロキシアゾベンゼンが構造式で書けるようになっ**たのです。あとは塩化ベンゼンジアゾニウムのときのように，両辺で原子の数合わせをすれば，**反応式はできあがります**。

では，まとめましょう。

図10-11

アゾ基 　　－N＝N－
（またはアゾ結合）

単元1 要点のまとめ②

●芳香族アミンの反応

(1) アセチル化

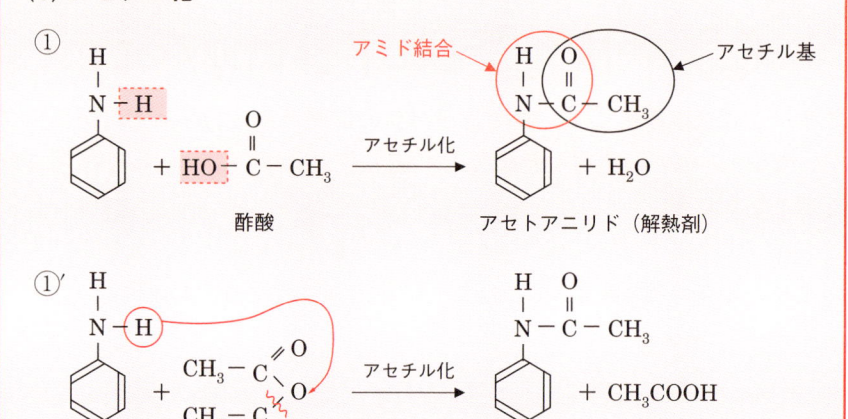

① アニリン ＋ 酢酸（$HO-\overset{O}{\underset{\|}{C}}-CH_3$） →（アセチル化）→ アセトアニリド（解熱剤）（アミド結合 $-\overset{H}{\underset{}{N}}-\overset{O}{\underset{\|}{C}}-CH_3$，アセチル基） ＋ H_2O

①′ アニリン ＋ 無水酢酸（$(CH_3CO)_2O$） →（アセチル化）→ アセトアニリド ＋ CH_3COOH

①と①′の主な生成物質は共にアセトアニリドであり，副生成物質として，それぞれ水と酢酸が生じる。①′の反応式は丸暗記しないと書けないが，①は理屈がわかればすぐに書けるようになる。

※アセチル化…有機化合物中の－OHや－NH_2のHを$CH_3-\overset{O}{\underset{\|}{C}}-$（アセチル基）で置換した反応をいう。

(2) ジアゾ化とカップリング

$$\text{C}_6\text{H}_5-\text{NH}_2 + 2\text{HCl} + \text{NaNO}_2 \xrightarrow{\text{ジアゾ化}} \text{C}_6\text{H}_5-\text{N}^+\equiv\text{NCl}^- + \text{NaCl} + 2\text{H}_2\text{O}$$

アニリン　　　　　亜硝酸ナトリウム　　　　　塩化ベンゼンジアゾニウム

$$\text{C}_6\text{H}_5-\text{OH} + \text{NaOH} \xrightarrow{\text{中和}} \text{C}_6\text{H}_5-\text{ONa} + \text{H}_2\text{O}$$

ナトリウムフェノキシド

$$\text{C}_6\text{H}_5-\text{N}^+\equiv\text{NCl}^- + \text{C}_6\text{H}_5-\text{ONa} \xrightarrow{\text{カップリング}} \text{C}_6\text{H}_5-\text{N}=\text{N}-\text{C}_6\text{H}_4-\text{OH} + \text{NaCl}$$

塩化ベンゼンジアゾニウム　　ナトリウムフェノキシド　　　　　p-ヒドロキシアゾベンゼン（橙赤色）

大変だとは思いますが，自分で鉛筆をもって繰り返し復習して，覚えましょう。

単元 2　芳香族化合物の分離　化/Ⅰ

　芳香族化合物の混合溶液から，それぞれの物質を単独に分離していく操作を説明していきます。この内容は無機化学でやった「金属イオンの反応と分離（第4講単元2）」に似ていますが，こちらは暗記せずに理論的に説明がつくのです。

　では例題をやってみましょう。

【例題】 m-クレゾール，o-キシレン，安息香酸およびアニリンを含む，ジエチルエーテル溶液がある。これらの化合物を次のような操作で分離した。

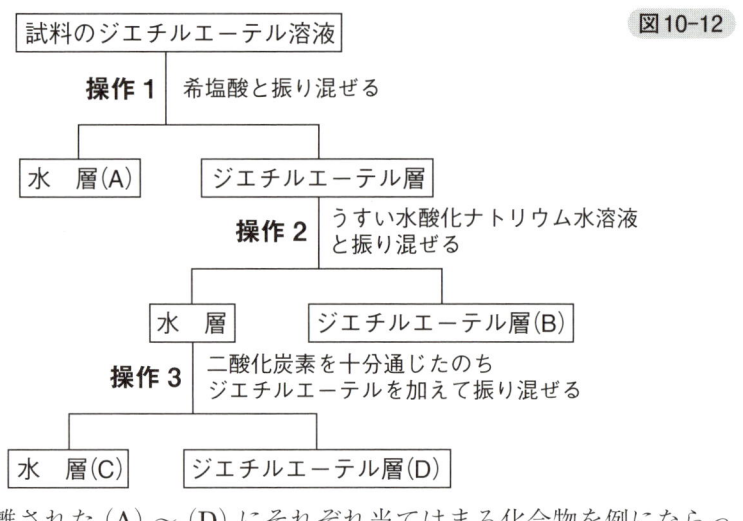

図10-12

```
試料のジエチルエーテル溶液
    │
操作1 │ 希塩酸と振り混ぜる
    ├──────────┐
  水層(A)    ジエチルエーテル層
              │
       操作2 │ うすい水酸化ナトリウム水溶液
              │ と振り混ぜる
              ├──────────┐
            水層      ジエチルエーテル層(B)
              │
       操作3 │ 二酸化炭素を十分通じたのち
              │ ジエチルエーテルを加えて振り混ぜる
              ├──────────┐
          水層(C)    ジエチルエーテル層(D)
```

問　分離された (A)～(D) にそれぞれ当てはまる化合物を例にならって構造式で記せ。

例　⌬—CH=CHCOOCH$_3$

単元2 芳香族化合物の分離

芳香族化合物の分離

問題を解く前に説明しておきたいことがちょっとあります。図10-13を見てください。

m-クレゾールとは，ベンゼン環にヒドロキシ基（－OH）とメチル基（－CH₃）がメタの位置関係

図10-13

m-クレゾール　o-キシレン　安息香酸　アニリン

でくっついたもの。**o-キシレン**はベンゼン環に2つのCH₃が1つずつ，オルトの位置関係でくっついたもの。**安息香酸**は，ベンゼン環にカルボキシ基（－COOH）がくっついたもの。そして**アニリン**はベンゼン環にアミノ基（－NH₂）がくっついたものです。これらの4つの物質はエーテルによく溶けるんです。試料のジエチルエーテル溶液には，これらの4つの有機化合物が入っています。

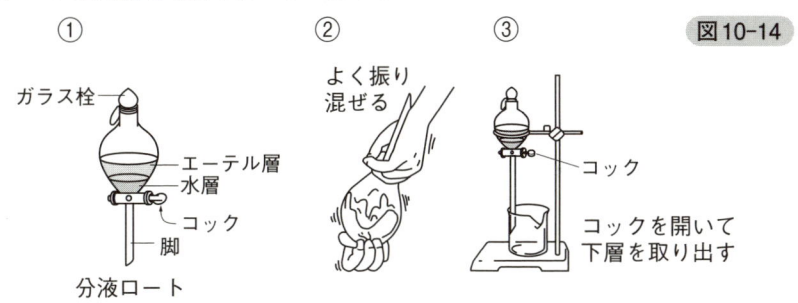

図10-14

① ガラス栓／エーテル層／水層／コック／脚／分液ロート
② よく振り混ぜる
③ コック／コックを開いて下層を取り出す

ちょっとこの問題の実験について説明しておきましょう 図10-14 。分液ロートを使うと，試料はエーテル（ジエチルエーテルを省略して単に「エーテル」と言います）と水の2層に分かれます（①）。エーテルは軽いから上になり，水は重いから下になりますね。例題の操作1～3は図10-14の①～③の作業を繰り返すことです。

> **岡野の着目ポイント**　芳香族化合物は一般に水に溶けにくいのですが，酸性物質は塩基と，塩基性物質は酸と反応して塩を生成し，水に溶けるようになります。この性質を利用して混合物からそれぞれの物質をエーテルと水の層に分離することができるのです。

分離する分岐点のポイントは，次のような反応です．

(Ⅰ) 酸 + 塩基 ⟶ 塩 + 水（中和反応）
(Ⅱ) 弱酸の塩 + 強酸 ⇄ 弱酸 + 強酸の塩
(Ⅲ) 弱塩基の塩 + 強塩基 ⇄ 弱塩基 + 強塩基の塩

　(Ⅰ)はみなさんもよく知っておられる反応ですね．(Ⅱ)は弱酸の塩と強酸から弱酸と強酸の塩になる反応．これは第9講268ページでもやりました．(Ⅲ)は(Ⅱ)の"酸"という言葉が"塩基"に変わっただけの話ですから，そこは同じ考え方でいいでしょう．
　(Ⅰ)(Ⅱ)(Ⅲ)の反応において1つ大事なポイントを言いますと，

塩は必ず水に溶ける

　実を言うと溶けない塩もあります．例えば，無機化学で出てきたAgCl(塩化銀)．HClの水素原子が金属Agに変わった．AgClというのは水に溶けない代表例ですね．しかし，入試の有機化合物の分離に関する問題で出てくる塩は，ほとんどナトリウム塩なんです．だから，「**必ず溶ける**」と言っておきます．それからもう1つ．

塩以外の有機化合物は油層またはエーテル層に存在する

　入試問題では「**エーテル層**」とか「**油層**」さらに「**上層**」と書かれている場合がありますが，これらはすべて同じことです．
　それから(Ⅱ)(Ⅲ)**の反応における「強弱」は相対的なものである**，ということもおさえておいてください．
　ここまでいいでしょうか．それでは，これらを踏まえて例題の解答へまいりましょう！

さて，解いてみましょう．

　例題の 図10-12 を見てください．試料のジエチルエーテル溶液に「操作1　希塩酸と振り混ぜる」と書いてありますね．具体的に試料の中を表してみると 連続図10-15① のようになります．(Ⅰ)の中和反応が起こります．

単元 2　芳香族化合物の分離　291

芳香族化合物が分離されていく流れ

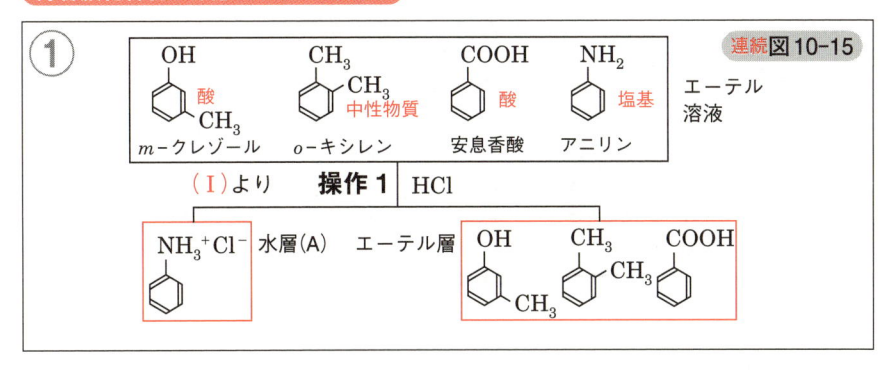

① 連続図10-15

　エーテル溶液中：
　- m-クレゾール（OH, CH₃）…酸
　- o-キシレン（CH₃, CH₃）…中性物質
　- 安息香酸（COOH）…酸
　- アニリン（NH₂）…塩基

（I）より　操作1　HCl

- 水層(A)：アニリン塩酸塩 $NH_3^+Cl^-$
- エーテル層：m-クレゾール（OH, CH₃）、o-キシレン（CH₃, CH₃）、安息香酸（COOH）

岡野の着目ポイント　まずHClを加えます。そうすると試料に4つ物質が入っていましたが、この分液ロート中にもし塩ができてくれば、それは水のほうの層に溶けてきます。対して3つの物質はまだエーテル層に残っているという状態になります。

次のように覚えておくと便利です。

岡野流 ⑭ 必須ポイント

芳香族を分離する問題のポイント

芳香族を分離する問題では次の3つの基を覚えておこう。

・－OH（フェノール性のヒドロキシ基）　…………酸性
・－COOH　……酸性
・－NH₂　……塩基性
・その他の基　…中性と考えてもよい。

　問題を見るとき、まず最初に4つの物質がもつ基を見ること。そして**注目するのは3つの基だけ**でいいんです。
　まず、ベンゼン環に**直接OHがついたフェノール性のヒドロキシ基**です。これが存在すると**酸性**を示します。だから**m-クレゾールは酸**。次に**カルボキシ基（－COOH）**です。これは酸性を示す。よって、**安息香酸は酸**です。3つ目は**アミノ基（－NH₂）**です。アミノ基は**塩基性**を示す。

よって**アニリンは塩基**。この3つの基だけ覚えておきましょう。**それ以外の基がついていれば，どんなものでもまず中性物質です。**ですから，この問題のo-キシレンのメチル基は中性を示します。m-クレゾールもこのメチル基の部分では中性ですが，全体では酸になります。

アドバイス ちなみに酸性にスルホ基（$-SO_3H$），ベンゼンスルホン酸などもありますが，分離に関する問題にはまず出ません。ベンゼンスルホン酸が中和して塩になると，確かに水に溶けて水層のほうに入っていきます。そして，このあとまたベンゼンスルホン酸を取り出すためには，「弱酸の塩＋強酸」という関係にしなくちゃいけません。しかし，ベンゼンスルホン酸の塩は強酸からできている塩だから，強酸を使って取り出すことはできないのです。それは強酸の塩と弱酸は反応しないからですね。
　もとあったベンゼンスルホン酸を，元のままの状態で取り出してくることは絶対できません。だから，強酸の物質はこの問題には入ってこないのです。

岡野のこう解く では，解答のつづきです。操作1で加えた塩酸は酸性だから，塩基性の物質と中和反応を起こします。

操作1

$$\underset{}{\bigcirc}-NH_2 + HCl \xrightarrow[(\text{I})\text{より}]{\text{中和反応}} \underset{}{\bigcirc}-NH_3^+Cl^-$$

図10-16

図10-16は化学反応式です。**酸と酸もしくは，酸と中性物質は反応しません**から，塩基性のアニリンが中和反応を起こす。そしてアニリン塩酸塩ができます。塩は水に溶けるから水層Aに行くわけです。ということで水層Aはアニリン塩酸塩が存在する。

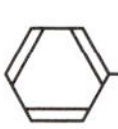

∴ $\bigcirc-NH_3^+Cl^-$ ……（A）の【答え】

このあとも，分液ロートを使って水層とエーテル層をうまく分けることができます。するとまたエーテル層が3つの物質を含んで残るわけです。このようにどんどん分離させていく問題なんです。

今度は操作2です。連続図10-15②を見てください。操作2はNaOH（水酸化ナトリウム）水溶液をエーテル層に入れます。

単元2 芳香族化合物の分離

連続 図10-15 の続き

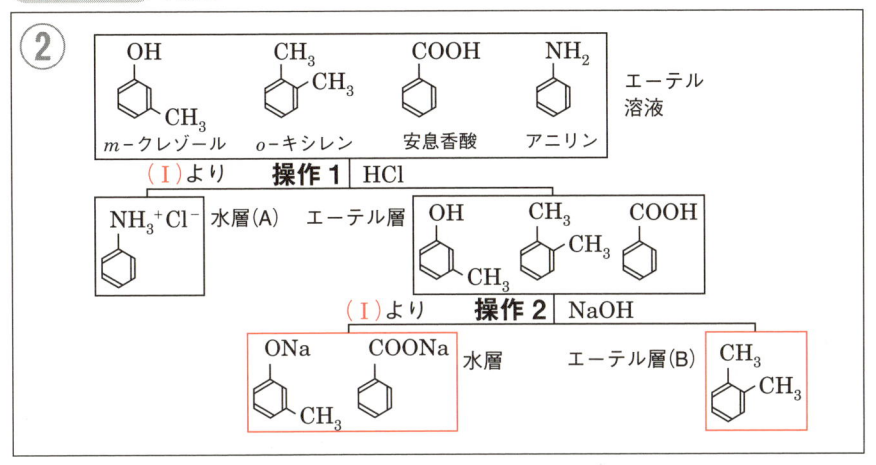

②
- m-クレゾール (OH, CH₃)
- o-キシレン (CH₃, CH₃)
- 安息香酸 (COOH)
- アニリン (NH₂)

エーテル溶液

（Ⅰ）より **操作1** HCl

- NH₃⁺Cl⁻ 水層(A)
- エーテル層: m-クレゾール, o-キシレン, 安息香酸

（Ⅰ）より **操作2** NaOH

- ONa (CH₃付), COONa 水層
- エーテル層(B): o-キシレン (CH₃, CH₃)

すると，さきほど説明した反応式（Ⅰ）より中和反応が起きます 図10-17。

操作2

図10-17

$$\text{OH-C}_6\text{H}_4\text{-CH}_3 + \text{NaOH} \xrightarrow{\text{中和}} \text{ONa-C}_6\text{H}_4\text{-CH}_3 + \text{H}_2\text{O}$$

$$\text{C}_6\text{H}_5\text{COOH} + \text{NaOH} \xrightarrow{\text{中和}} \text{C}_6\text{H}_5\text{COONa} + \text{H}_2\text{O}$$

岡野のこう解く m-クレゾールと安息香酸は酸だから両方とも反応するけど，o-キシレンは酸ではないので反応を起こしません。（Ⅰ）の反応より酸と塩基が反応して，塩と水になる。その塩というのは，m-クレゾールのOHの水素原子HがNaに置き換わったものと，安息香酸のCOOHの水素原子がNaに置き換わったものです。これらの塩は水に溶けて水層に移って行きます。

反応を起こさなかったo-キシレンはエーテル層に残ります。ということでエーテル層(B)にはo-キシレンが存在します。

∴ o-キシレン (CH₃, CH₃) …… (B)の【答え】

操作3です。これが意外と難しい。下の 連続 図10-15 ③ を見てください。

連続 図10-15 の続き

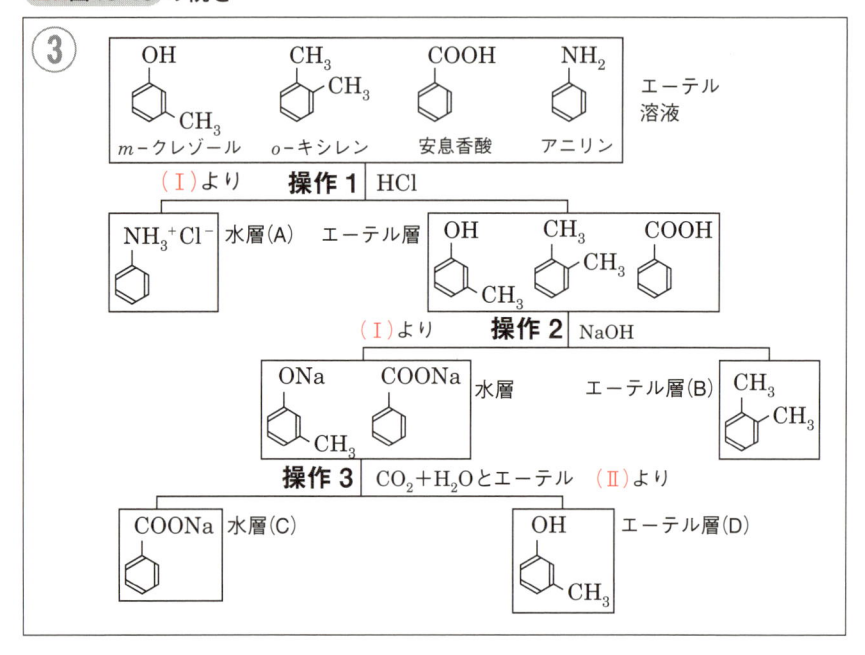

③
エーテル溶液: m-クレゾール、o-キシレン、安息香酸、アニリン

操作1 HCl （I）より

水層(A): NH₃⁺Cl⁻ (アニリン塩酸塩)
エーテル層: m-クレゾール、o-キシレン、安息香酸

操作2 NaOH （I）より

水層: ONa-m-クレゾール塩（ONa, CH₃置換）、COONa（安息香酸ナトリウム）
エーテル層(B): o-キシレン (CH₃, CH₃)

操作3 CO₂+H₂Oとエーテル （II）より

水層(C): COONa（安息香酸ナトリウム）
エーテル層(D): OH, CH₃ (m-クレゾール)

今度は $CO_2 + H_2O$, すなわち炭酸とエーテルを加えた。これで反応を起こすのはどちらかということなんです。

（II）の反応（→290ページ）より弱酸では反応しないので, 炭酸が相対的に強酸の関係になると, 反応が起きます。m-クレゾールと安息香酸では, どちらが炭酸よりも弱いかと考えるのです。第9講でやった4段階の酸の強弱を思い出してください（→268ページ）。一番強いのはいわゆる強酸である3つ, 塩酸, 硫酸, 硝酸。次がカルボン酸です。それから炭酸です。一番弱いのがこのフェノール類なのです。ということは, つまり**安息香酸ナトリウムは強酸の塩**となり, それより**炭酸は弱い酸ですから, これは反応しないので塩のまま存在します。**

操作3　　　　　　　　　　　　　　　　　　　　　　　　　　　図10-18

ONa-（ベンゼン環, CH₃） + CO_2 + H_2O ⟶ OH-（ベンゼン環, CH₃） + $NaHCO_3$

（弱酸の塩 ＋ 強酸 ⇌ 弱酸 ＋ 強酸の塩）

単元2　芳香族化合物の分離　295

その理由は 図10-18 です。強酸の塩と弱酸は反応しません。結局，操作3では，図10-18 の反応しか起こらなかったんですね。

> **岡野のこう解く** 炭酸が強酸の関係になれるのは，フェノール類の塩との反応のときです。フェノール類の弱酸からできた塩とそれより強い炭酸が反応すると，弱酸にもどります。あとは $NaHCO_3$ という強酸の塩ができる。よって m-クレゾールからできた塩は，もとの m-クレゾールにもどってしまうんです。だから m-クレゾールはエーテル層のほうに溶けるのです。ということで，安息香酸ナトリウムが水層（C）に，m-クレゾールがエーテル層（D）に存在します。

∴ (ベンゼン環)-COONa ……（C）の【答え】

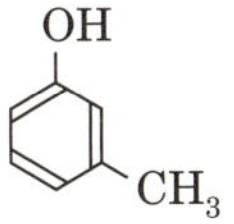

∴ (ベンゼン環)-OH, -CH₃ ……（D）の【答え】

アドバイス　この問題でこんなふうに思った人はいませんか。操作1で酸と塩基が反応すると，塩と水ができるということは，エーテル層内に酸と塩基が一緒に入っているから中和してしまうのではないか，と思ったでしょう。しかし，これは反応しません。水に溶けて H^+ のイオンと OH^- のイオンに分かれたときに，酸と塩基が塩と水をつくる反応を起こすわけです。ところがエーテル溶液の中に入っていると，イオンに分かれません。

水に溶けるということは，水は極性分子なので，＋と－に偏りが生じます。だから水に溶け，イオンに分かれてくるのです。ところが，エーテルは無極性分子で酸や塩基をイオンに分けることをしませんので，このままの状態で存在しているということです。このようにご理解ください。

また，**中性物質はエーテル層から次もエーテル層に残って，また次もエーテル層に残る**。結局，最後までエーテル層に残っているのです。だからそういうふうに考えますと，**分離の図の中で中性物質がどこに存在するか一目でわかります**。

　これで有機化学①の分野は終わりです。よくここまでついてきてくれましたね。無機・有機と覚えることが多かったかと思いますが，本書で学んだことを繰り返し復習して，理解と整理を積み重ねていってください。きっとどんな入試にも対応できる力がついてきます。
　では，みなさんからのよいお知らせをお待ちしています。

Break Time

セッケンのつくり方

　廃油（天ぷら油のような使い古して茶色になった油）から簡単にセッケンがつくれるんですよ。つくり方の流れを説明しましょう。

　まず，廃油に水酸化ナトリウム水溶液を加えて加熱すると，けん化（エステルをアルカリで加水分解すること）が起こり，グリセリンと高級脂肪酸の塩に分解します。この高級脂肪酸の塩がセッケンです。セッケンは親水コロイドなので飽和食塩水を加えると塩析を起こし，グリセリンとセッケンに分離できます。このときセッケンが上の層になるのですが，これはセッケンの密度が飽和食塩水より小さいからなのです。

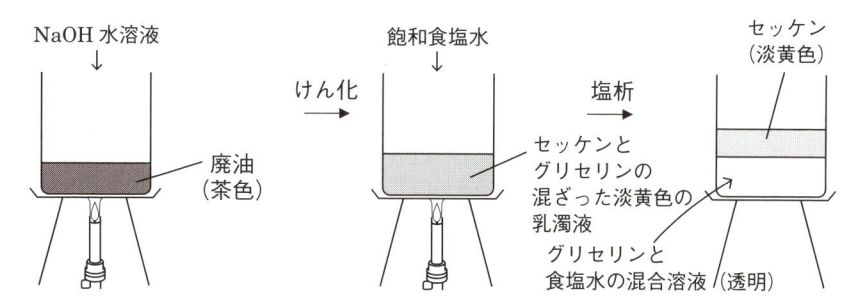

　最近はこのような方法の他に，加熱をしないでもできる方法も出てきました。製造するときはもっと詳しく具体的に調べてやってみてください。

　どの方法でも，水酸化ナトリウムを多量に使い，意外と危険です。特に目などに入らないように防護メガネをかけるなどして，細心の注意を払ってくださいね。

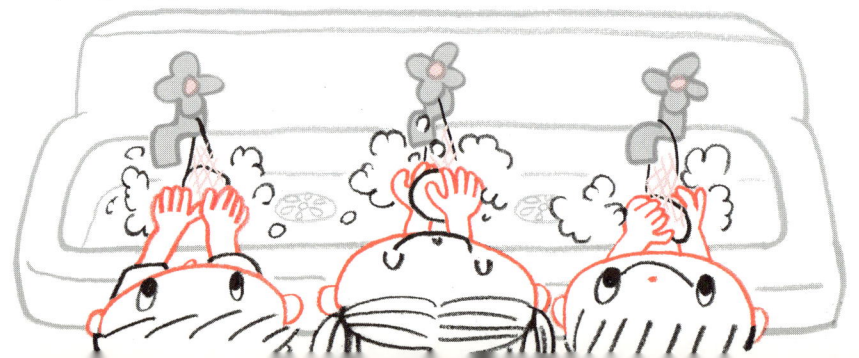

「演習問題で力をつける」
INDEX

無機化学

第1講 非金属元素（1）
- □□①ハロゲンの特徴をつかもう！ ……………………………………………… 19
- □□②硫黄に関係した反応式のつくり方 …………………………………………… 36

第2講 非金属元素（2）
- □□③気体の発生法をおさえよう！ ………………………………………………… 57
- □□④ハーバー法とオストワルト法をマスターせよ！ …………………………… 65

第3講 金属元素（1）
- □□⑤アルカリ金属とアルカリ土類金属をモノにする！ ………………………… 87
- □□⑥両性元素の問題に挑戦！ ……………………………………………………… 98

第4講 金属元素（2）
- □□⑦錯イオンを自由自在にマスターせよ！（1） ……………………………… 124
- □□⑧錯イオンを自由自在にマスターせよ！（2） ……………………………… 126

有機化学①

第5講 有機化学の基礎
- □□⑨異性体か同一物質かの区別 ………………………………………………… 142
- □□⑩アルカンの構造式と名称 …………………………………………………… 160

第6講 異性体・不飽和炭化水素
- □□⑪立体異性体の構造式 ………………………………………………………… 175
- □□⑫アセチレンの誘導体 ………………………………………………………… 189

第7講 元素分析・脂肪族化合物（1）
- □□⑬元素分析により組成式を決める …………………………………………… 194
- □□⑭アルコールの酸化反応について理解する ………………………………… 219

第8講 脂肪族化合物（2）
- □□⑮エタノールの性質と反応性を整理せよ ……………………………………… 232

第9講 油脂・芳香族化合物（1）
- □□⑯油脂に関する計算問題 ……………………………………………………… 252

「岡野流　必須ポイント」「要点のまとめ」
INDEX

大事なポイント・要点が理解できたか，チェックしましょう。

岡野流　必須ポイント INDEX

無機化学

第1講　非金属元素（1）
- □□①ハロゲンの陰イオンになりやすさ …… 9

第2講　非金属元素（2）
- □□②気体の発生装置で加熱が必要 ……… 50
- □□③水上置換で集める気体 ……………… 52
- □□④速攻オストワルト法完成 …………… 62

第3講　金属元素（1）
- □□⑤炎色反応の色の覚え方 ……………… 76
- □□⑥速攻アンモニアソーダ法完成 ……… 85

第4講　金属元素（2）
- □□⑦濃青色沈殿ができる法則 …………… 110

有機化学①

第5講　有機化学の基礎
- □□⑧炭素原子の2本の手の入れ換え …… 145

第6講　異性体・不飽和炭化水素
- □□⑨幾何異性体の見つけ方 ……………… 170

第7講　元素分析・脂肪族化合物（1）
- □□⑩NaとNaOHの反応の違い ………… 209
- □□⑪アルコールの酸化反応 ……………… 212

第8講　脂肪族化合物（2）
- □□⑫ヨードホルム反応の覚え方 ………… 228

第10講　芳香族化合物（2）
- □□⑬Nの手の数に注意 …………………… 280
- □□⑭芳香族を分離する問題のポイント … 291

要点のまとめ INDEX

無機化学

第1講　非金属元素（1）
- 単元1　□□①ハロゲン元素（17族） … 12
  - ハロゲン単体
  - □□②ハロゲン化水素 ……………… 15
  - □□③ハロゲン単体の水素との反応 … 16
  - □□④ハロゲン化物 ………………… 18
- 単元2　□□①硫黄の同素体 ……………… 22
  - □□②硫酸の性質 …………………… 30
  - □□③二酸化硫黄の性質 …………… 34
  - □□④硫化水素の性質 ……………… 35

第2講　非金属元素（2）
- 単元1　□□①気体の製法と検出法 ……… 42
  - □□②気体の発生装置 ……………… 49
  - □□③気体の捕集方法 ……………… 51
- 単元2　□□①気体の乾燥剤 ……………… 54
- 単元3　□□①窒素とその化合物 ………… 62
  - □□②リンとその化合物 …………… 64
- 単元4　□□①炭素の同素体
  - （ダイヤモンドと黒鉛） ……… 68
  - □□②ケイ素とその化合物 ………… 72

第3講　金属元素（1）
- 単元1　□□①アルカリ金属と
  - アルカリ土類金属 …………… 74
  - □□②アルカリ金属の性質 ………… 77
  - □□③アルカリ金属と
  - その化合物の反応 …………… 78
  - □□④アルカリ土類金属の性質 …… 79
  - □□⑤アルカリ土類金属と
  - その化合物の反応 …………… 82
  - □□⑥化合物の水に対する溶解度 … 83
  - □□⑦アンモニアソーダ法
  - （ソルベー法） ……………… 86
- 単元2　□□①両性元素 …………………… 91
  - □□②アルミニウムの精錬 ………… 94

単元3	□□①金属のイオン化列 ………… 95
	金属のイオン化列と化学的性質
	□□②不動態 ……………………… 97

第4講　金属元素（2）

単元1　□□①遷移元素の特徴 …………… 102
　　　　□□②銅とその化合物 …………… 105
　　　　□□③銅の精錬 …………………… 106
　　　　□□④銀とその化合物 …………… 108
　　　　□□⑤Fe^{2+}とFe^{3+}を含む
　　　　　　　水溶液の反応 ……………… 108
　　　　□□⑥鉄の製錬 …………………… 112
単元2　□□①金属イオンの系統分離 …… 113
　　　　□□②沈殿する塩とその色 ……… 115
　　　　□□③主な錯イオン ……………… 123

有機化学①

第5講　有機化学の基礎

単元1　□□①有機化合物 ………………… 130
　　　　□□②式の分類 …………………… 132
　　　　□□③異性体 ……………………… 133
　　　　□□④炭化水素の分類 …………… 135
単元2　□□①有機化合物の命名法1
　　　　　　　アルカンC_nH_{2n+2} ……… 153
　　　　□□②側鎖のあるアルカンと
　　　　　　　ハロゲンの置換体 ………… 154
　　　　□□③有機化合物の命名法2
　　　　　　　アルキル基　C_nH_{2n+1} …… 156

第6講　異性体・不飽和炭化水素

単元1　□□①構造異性体 ………………… 164
　　　　□□②立体異性体 ………………… 167
　　　　□□③アルケンC_nH_{2n}（一般式）の
　　　　　　　命名法 ……………………… 177
単元2　□□①不飽和炭化水素　アルケン … 183
　　　　□□②アルキンの付加反応 ……… 188

第7講　元素分析・脂肪族化合物（1）

単元1　□□①有機化合物の元素分析と
　　　　　　　組成式の決定 ……………… 197
単元2　□□①アルコールの分類 ………… 202
　　　　□□②アルコール類の命名 ……… 205
　　　　□□③アルコールの製法 ………… 207
　　　　□□④アルコールの反応 ………… 212
　　　　□□⑤アルコールの酸化反応 …… 216
　　　　□□⑥エステル化 ……………… 218

第8講　脂肪族化合物（2）

単元1　□□①アルデヒドの製法 ………… 222
　　　　□□②アルデヒドの検出反応 …… 223
　　　　□□③ヨードホルム反応 ………… 231

第9講　油脂・芳香族化合物（1）

単元1　□□①油脂 ………………………… 248
　　　　□□②油脂のけん化と硬化 ……… 251
単元2　□□①芳香族の構造 ……………… 255
　　　　　　　芳香族の性質
　　　　□□②芳香族化合物（ベンゼン）の
　　　　　　　反応 ………………………… 262
単元3　□□①フェノール類の構造 ……… 263
　　　　□□②フェノール類の製法 ……… 270
　　　　□□③フェノール類の性質 ……… 271
　　　　□□④フェノール類の反応 ……… 275

第10講　芳香族化合物（2）

単元1　□□①芳香族アミンの構造と性質 … 282
　　　　□□②芳香族アミンの反応 ……… 286

重要な異性体の構造式

問 C_7H_{16}の分子式をもつ化合物には全部で9種類の構造異性体がある。この構造異性体の構造式と名称を国際名で記せ。

☞自分で異性体をつくってみよう！

問の答え

以下に異性体の構造式9個を示します。ただし，Hは省略しています。

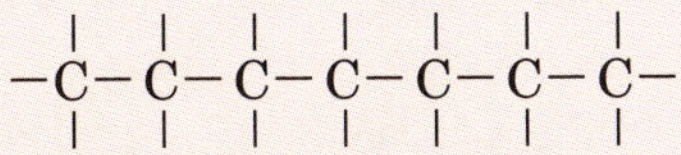

ヘプタン

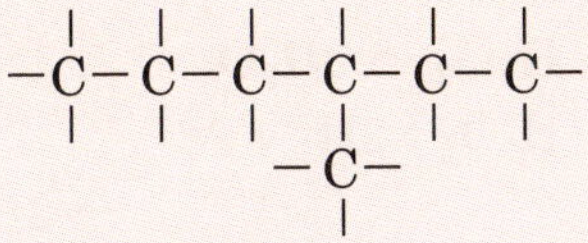

3-メチルヘキサン

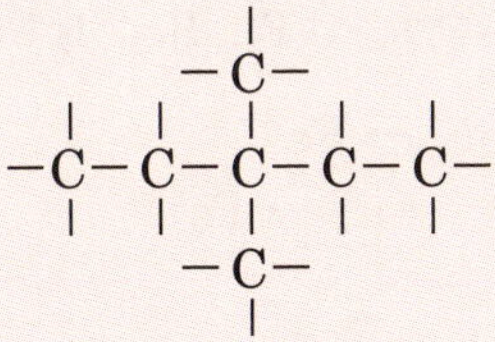

3, 3-ジメチルペンタン

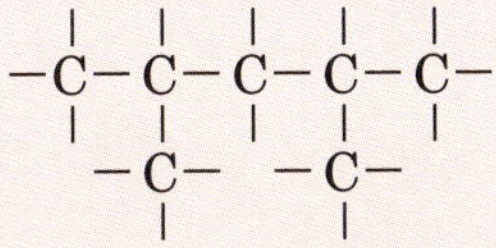

2, 4-ジメチルペンタン

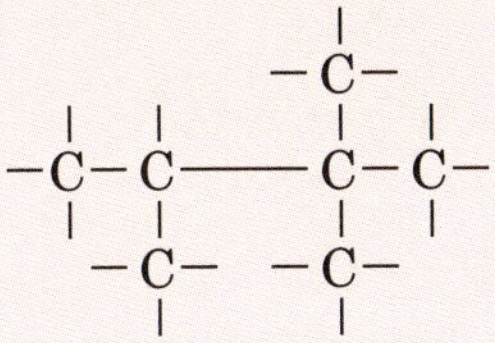

2, 2, 3-トリメチルブタン

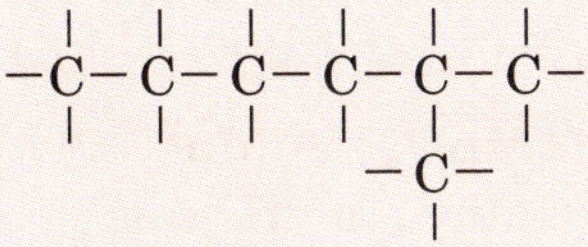

2-メチルヘキサン

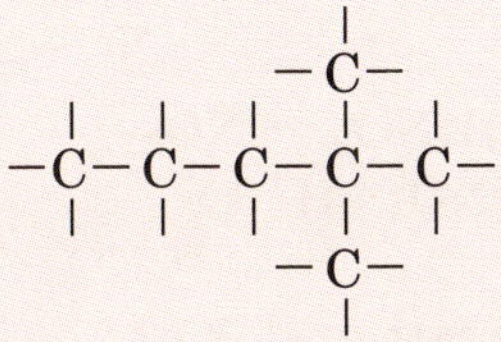

2, 2-ジメチルペンタン

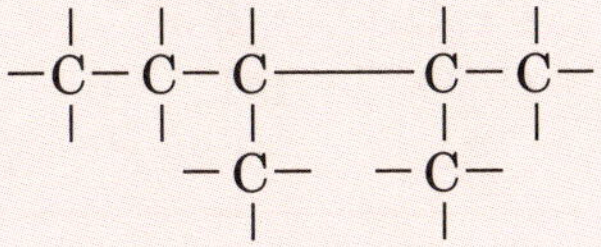

2, 3-ジメチルペンタン

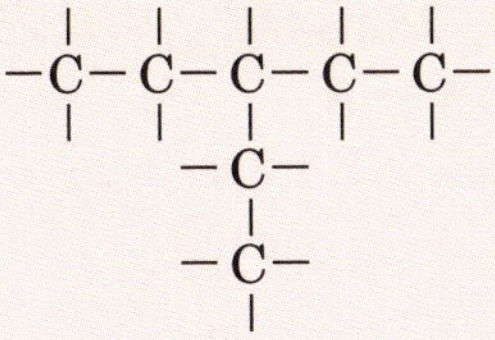

3-エチルペンタン

この9個がすらすらつくれるようになれば，有機化学分野は飛躍的に伸びる！

酸化剤，還元剤の半反応式

● **酸化剤（反応前後の化学式の変化）**

酸化剤は，自分自身は還元されて（酸化数が減少する），相手を酸化する（◎は最も頻出。☆は暗記すること）。

◎☆ $MnO_4^- \to Mn^{2+}$
$MnO_4^- + 8H^+ + 5e^- \to Mn^{2+} + 4H_2O$

☆ 希$HNO_3 \to NO$
$HNO_3 + 3H^+ + 3e^- \to NO + 2H_2O$

☆ 濃$HNO_3 \to NO_2$
$HNO_3 + H^+ + e^- \to NO_2 + H_2O$

☆ 熱濃$H_2SO_4 \to SO_2$
$H_2SO_4 + 2H^+ + 2e^- \to SO_2 + 2H_2O$

◎☆ $Cr_2O_7^{2-} \to 2Cr^{3+}$
$Cr_2O_7^{2-} + 14H^+ + 6e^- \to 2Cr^{3+} + 7H_2O$

☆ $SO_2 \to S$
$SO_2 + 4H^+ + 4e^- \to S + 2H_2O$

◎☆ $H_2O_2 \to 2H_2O$
$H_2O_2 + 2H^+ + 2e^- \to 2H_2O$

◎☆ $Cl_2 \to 2Cl^-$
$Cl_2 + 2e^- \to 2Cl^-$
（ハロゲンはF_2，Br_2，I_2も同じ）

☆ $Fe^{3+} \to Fe^{2+}$
$Fe^{3+} + e^- \to Fe^{2+}$

● **還元剤（反応前後の化学式の変化）**

還元剤は，自分自身は酸化されて（酸化数が増加する），相手を還元する（◎は最も頻出。☆は暗記すること）。

☆ $H_2S \to S$
$H_2S \to S + 2H^+ + 2e^-$

◎☆ $Fe^{2+} \to Fe^{3+}$
$Fe^{2+} \to Fe^{3+} + e^-$

◎☆ $H_2O_2 \to O_2$
$H_2O_2 \to O_2 + 2H^+ + 2e^-$

☆ $SO_2 \to SO_4^{2-}$
$SO_2 + 2H_2O \to SO_4^{2-} + 4H^+ + 2e^-$

◎☆ $H_2C_2O_4 \to 2CO_2$
$H_2C_2O_4 \to 2CO_2 + 2H^+ + 2e^-$

☆ $2S_2O_3^{2-} \to S_4O_6^{2-}$
$2S_2O_3^{2-} \to S_4O_6^{2-} + 2e^-$

◎☆ $2Cl^- \to Cl_2$
（ハロゲン化物イオンはF^-，Br^-，I^-も同じ）
$2Cl^- \to Cl_2 + 2e^-$

☆ $H_2 \to 2H^+ + 2e^-$

☆ $Na \to Na^+ + e^-$
（他の金属も同じ）

主な官能基

特性基	記号	性質	例
アルキル基	$-C_nH_{2n+1}$ (Rーで表すこともある)	電子供与性	$-C_2H_5$ エチル基 $-C_3H_7$ プロピル基
フェニル基	$-C_6H_5$	電子吸引性	$CH_2=CHC_6H_5$ スチレン
エーテル結合	$(C)-O-(C)$	中性	CH_3OCH_3 ジメチルエーテル
ヒドロキシ基 (水酸基) 　アルコール性 　フェノール性	$-OH$	 中性 弱酸性	 CH_3OH メタノール C_6H_5OH フェノール
カルボキシ基 (カルボキシル基も可)	$-C{\lessgtr}{\,O\,\atop OH}$	酸性	CH_3COOH 酢酸
アミノ酸	$-NH_2$	塩基性	$C_6H_5NH_2$ アニリン
アミド結合	$-\underset{\underset{O}{\|}}{C}-\underset{\underset{H}{\|}}{N}-$	加水分解する	$C_6H_5NHCOCH_3$ アセトアニリド
アゾ基 (またはアゾ結合)	$-N=N-$	カップリング反応で生成	$C_6H_5-N=N-C_6H_4OH$ p-ヒドロキシアゾベンゼン
ジアゾ基	$-N^+\equiv N$	不安定。カップリング反応をする	$C_6H_5-N^+\equiv NCl^-$ 塩化ベンゼンジアゾニウム
エチレン結合	$>C=C<$	付加反応しやすい	$CH_2=CH_2$ エチレン
アセチレン結合	$-C\equiv C-$	付加反応しやすい	$CH\equiv CH$ アセチレン
アセチル基	CH_3CO-		$C_6H_4(OCOCH_3)COOH$ アセチルサリチル酸
メチレン基	$-CH_2-$		$H_2N-(CH_2)_6-NH_2$ ヘキサメチレンジアミン
酸無水物の結合	$-C{\lessgtr}{\,O\,\atop O}$ $-C{\lessgtr}{\,O\,\atop O}$	水と反応すると酸になる	無水フタル酸
スルホ基	$-SO_3H$	強酸性	$C_6H_5SO_3H$ ベンゼンスルホン酸
ニトロ基	$-N{\lessgtr}{\,O\,\atop O}$ (→は配位結合)	中性。還元すると $-NH_2$ になる	$C_6H_5NO_2$ ニトロベンゼン
カルボニル基 (ケトン基*)	$>C=O$	中性(*R-CO-R' のとき)	$(NH_2)_2CO$ 尿素 $(CH_3)_2CO$ アセトン
アルデヒド基	$-C{\lessgtr}{\,O\,\atop H}$	中性。 還元性がある	CH_3CHO アセトアルデヒド
エステル結合	$-C{\lessgtr}{\,O\,\atop O-}$	加水分解により酸+アルコールに分解	$CH_3COOC_2H_5$ 酢酸エチル
ビニル基	$CH_2=CH-$	付加重合する	$CH_2=CHCl$ 塩化ビニル

「無機＋有機化学①」
索　引

記号・数字

↑	11
↓	17
1, 2-ジクロロ	176
1, 2-ジブロモエタン	183
1価アルコール	199
1-プロパノール	165, 204
2, 2-	159
2, 2-ジメチルブタン	162
2, 3-ジメチルブタン	162
2KI	10
2価の強酸	22
2-プロパノール	165, 204, 216
2-メチル-2-ブタノール	201
2-メチル-2-プロパノール	201
2-メチルブタン	157
2-メチルプロパン	164
2-メチルプロペン	180
2-メチルペンタン	161
2価アルコール	200
3-メチルペンタン	161

英字

Ag	96, 106
$[Ag(H_2O)_2]^+$	121
$[Ag(NH_3)_2]^+$	17, 120
$[Ag(S_2O_3)_2]^{3-}$	17
Ag^+	113
Ag_2CrO_4	118
Ag_2O	107, 117
AgBr	17
AgCl	17, 114
AgF	17
AgI	17
Al	96
$Al(OH)_3$	90, 92, 114, 117
$Al_2(SO_4)_3$	99
Al_2O_3	90, 92
Al^{3+}	90, 113
$AlCl_3$	90
$AlK(SO_4)_2$	99
ane	154, 176
At	8, 10
Ba	74
Ba^{2+}	113, 118
$BaCO_3$	114
$BaCrO_4$	118
$BaSO_4$	118
Be	74
Br	8, 157, 176
Br_2	8, 12, 16
C	22
$C_{12}H_{22}O_{11}$	27
$C_{15}H_{31}COOH$	247
$C_{17}H_{29}COOH$	247
$C_{17}H_{31}COOH$	247
$C_{17}H_{33}COOH$	247
$C_{17}H_{35}COOH$	247
C_2H_2	48
C_2H_4	50, 138
C_2H_5OH	209
C_2H_6O	133, 206
C_5H_{12}	150
$C_6H_{12}O_6$	131, 205
C_6H_6	140, 255
Ca	74, 96
$Ca(OH)_2$	46, 50, 80, 84
Ca^{2+}	17, 113, 118
$Ca_3(PO_4)_2$	64
$CaCl_2$	84
$CaCO_3$	47, 80, 84, 114
CaF_2	17
CaO	79, 84
$CaSO_4$	23, 118
Cd^{2+}	118
CH_2O	131
CH_3	132, 132
CH_3COOH	186, 209
CHI_3	227
Cl	8, 157, 176
Cl^-	120
Cl_2	8, 10, 16
ClO^-	11
CN^-	120
C_nH_{2n}	136
$C_nH_{2n+1}OH$	203
C_nH_{2n+2}	136
C_nH_{2n-2}	136
CO	52
CO_3^{2-}	118
COOH	132, 168
CrO_4^{2-}	118
Cu	96, 106
$[Cu(NH_3)_4]^{2+}$	105, 121
$Cu(OH)_2$	104
Cu^{2+}	113, 116
Cu_2O	226
CuS	104
deca	123, 153
decane	154
di	120, 123, 153
ene	176
F	8, 157
F_2	8, 16
Fe	60, 96
$[Fe(CN)_6]^{3-}$	110
$[Fe(CN)_6]^{4-}$	122
$Fe(OH)_2$	109
$Fe(OH)_3$	109, 114, 117
Fe^{2+}	108
Fe^{3+}	108, 113
$FeCl_3$	272
H_2	52
H_2O	120, 131, 186, 279
H_2S	32, 118
H_2SO_3	31
H_2SO_4	25
H_3PO_4	64
HBr	13
HCl	13, 25, 90, 279
HClO	11
HCN	184
HCO_3^-	80
HCOOH	224
hepta	123, 153
heptane	154
hexa	123, 153
hexane	154
HF	13, 14, 20, 25
Hg	96, 106
HI	13
HNO_3	25

I ……… 8	ol ……… 203	アセチレン系炭化水素 …… 136
I^- ……… 10	o-キシレン ……… 289	アセチレンの製法 ……… 48
I_2 ……… 8, 11, 12, 16	o-クレゾール ……… 263, 264	アセトアニリド ……… 283
K ……… 74, 96	P ……… 22	アセトアルデヒド ‥ 187, 213, 214
K^+ ……… 10, 113	P_4O_{10} ……… 55, 63	アセトン ……… 216
$K_2Cr_2O_7$ ……… 281	Pb ……… 96	アゾ基 ……… 286
K_2SO_4 ……… 99	Pb^{2+} ……… 90, 113, 118	あてにできない不動産 …… 97
$K_3[Fe(CN)_6]$ ……… 109	$PbCl_2$ ……… 114, 116	アニリン ……… 278, 283, 289
$K_4[Fe(CN)_6]$ ……… 109	$PbCrO_4$ ……… 118	アニリンブラック ……… 281
$KClO_3$ ……… 50	$PbSO_4$ ……… 118	アニリン塩酸塩 ……… 279
KCN ……… 17	penta ……… 123, 153	亜熱帯 ……… 31
KI ……… 20	pentane ……… 154	アミド結合 ……… 283
KI溶液 ……… 12	Pt ……… 103	アミノ酸 ……… 291
$KMnO_4$ ……… 260	p-クレゾール ……… 263, 264	アミン ……… 278
KSCN ……… 109	p-ヒドロキシアゾベンゼン ‥ 285	亜硫酸 ……… 31
Li ……… 74	S ……… 22	亜硫酸ナトリウム ……… 267
Mg ……… 74	SiF_4 ……… 14	アルカリ金属 ……… 74
Mn^{2+} ……… 118	SiO_2 ……… 14, 69	アルカリとの反応 ……… 107
MnO_2 ……… 50	SiO_4 ……… 69	アルカリ土類金属 ……… 74, 79
mono ……… 123, 153	Sn ……… 279	アルカリ融解 ……… 267
m-クレゾール ‥ 263, 264, 289	Sn^{2+} ……… 90	アルカン……136, 142, 145, 154, 176, 253
N ……… 280	SO_2 ……… 31, 33, 106	
N_2 ……… 52	SO_3 ……… 28	アルキル基 ……… 155
Na ……… 74, 96, 209	SO_4^{2-} ……… 118	アルキン ……… 136, 183
$Na[Al(OH)_4]$ ‥ 89, 90, 90, 92	Sr ……… 74	アルケン ……… 136, 176, 206
Na^+ ……… 113	tetra ……… 123, 153	アルコール ……… 78, 199, 209
$Na_2[Zn(OH)_4]$ ……… 91	tri ……… 123, 153	アルコール発酵 ……… 205
Na_2CO_3 ……… 83, 84	V ……… 103	アル中が医務室まで …… 211
Na_2O ……… 74	V_2O_5 ……… 28	アルデヒド ……… 224
$Na_2S_2O_3$ ……… 17	yl ……… 155	アルデヒド基 ……… 215
Na_2SiO_3 ……… 70	ylene ……… 176	アルデヒドの製法 ……… 222
Na_2SO_3 ……… 267	$[Zn(NH_3)_4]^{2+}$ ……… 121	アルミナ ……… 92
Na_3AlF_6 ……… 93	Zn^{2+} ……… 90, 96, 113, 118	アルミニウムの精錬 ……… 92
NaCl ……… 75, 84	ZnS ……… 114	アン ……… 154
$NaHCO_3$ ……… 75, 84		暗褐色 ……… 109
$NaHSO_4$ ……… 23, 25	**ア行**	暗赤色 ……… 63
NaOH ……… 90, 109, 209	ああすんなり ……… 117	安息香酸 ……… 260, 289
NH_3 ……… 52, 109, 120, 121	亜鉛 ……… 121	アンミン ……… 120, 121
NH_4Cl ……… 50	青色 ……… 12, 104	アンモニア ……… 52
Ni ……… 250	青緑 ……… 76	アンモニア水 ……… 107
NO ……… 52, 106	青紫色 ……… 12	アンモニア性硝酸銀水溶液 ‥ 224
NO_2 ……… 106	赤色 ……… 76, 226	アンモニアソーダ法 ……… 83
nona ……… 123, 153	赤紫色 ……… 281	アンモニアの製法 ……… 46, 60
nonane ……… 154	アクリロニトリル ……… 185	アンモニア分子 ……… 120
O ……… 22	亜硝酸ナトリウム ……… 283	硫黄 ……… 22, 38
O_2 ……… 52	アスタチン ……… 8	イオン化傾向 ……… 119
octa ……… 123, 153	アスピリン ……… 274	イオン反応式 ……… 21, 26
octane ……… 154	アセチル化 ……… 283	異性体 ……… 133, 150
OH^- ……… 120, 132	アセチルサリチル酸 ‥ 274, 283	異性体の関係 ……… 133

イソプロピルアルコール … 204	オルトクレゾール ……… 264	凝固点降下 ……………… 93
一酸化炭素の製法 ……… 47	オレイン酸 ……………… 247	強酸 …………………… 13
一酸化窒素の製法 ……… 46	オレフィン ……………… 136	強酸の塩 ……………… 24
イル ……………………… 155		共有結合結晶 …………… 68
イレン …………………… 176	**カ行**	魚油 …………………… 250
陰イオンになりやすさ … 9	カーバイドの製法 ……… 81	希硫酸 ………………… 22
陰性 ……………………… 223	化学的性質 ……………… 165	黄リン ………………… 63
エーテル結合 …… 166, 206	化学反応式 ……………… 21	銀 ……………………… 106
エステル ………………… 218	鏡 ………………………… 172	銀アセチリド ………… 227
エステル化 ……… 217, 239	化合力 …………………… 9	銀鏡反応 ………… 222, 224
エステル結合 …………… 218	加水分解 …… 217, 239, 249	金属イオン …………… 113
エタノール … 133, 165, 199,	風がフク ………………… 53	金属元素 …………… 8, 102
203, 205, 206, 213	褐色 ……………………… 117	金属のイオン化傾向 … 95
エタン ………… 154, 199, 253	カップリング …………… 284	金属のイオン化系列 … 95
越後屋もあわせって …… 228	価標 ……………………… 131	クメン ………………… 265
エチルアルコール … 199, 231	下方置換 ………………… 51	クメンヒドロペルオキシド … 265
エチルベンゼン ………… 261	過マンガン酸カリウム … 260	クメン法 ……………… 266
エチルメチルケトン …… 230	ガラス …………………… 14	クラーク数 …………… 98
エチレン ………… 138, 176, 206	カリウム ………………… 74	グラファイト ………… 67
エチレン系炭化水素 …… 136	カルシウム ……………… 74	グリセリン …………… 251
エチレンの製法 ………… 48	カルシウムイオン ……… 17	グルコース …… 131, 205, 224
エテン …………………… 176	カルボキシ基	黒色 ……………… 104, 281
塩 ………… 23, 25, 75, 130	…………… 132, 168, 215, 291	クロム酸イオン ……… 118
エン ……………………… 176	カルボキシル基 ………… 132	クロリド ……………… 120
塩化アルミニウム ……… 89	カルボニル基 …………… 215	クロロ …… 120, 157, 176, 183
塩化アンモニウム ……… 50	カルボン酸 ………… 209, 215	クロロベンゼン ……… 269
塩化銀 …………………… 107	還元 …………… 111, 214, 279	軽金属 ………………… 102
塩化水素 ………………… 11	還元剤 …………………… 32	ケイ酸ナトリウム …… 70
塩化水素の製法 ………… 46	還元性 ………… 31, 34, 223	ケイ酸ナトリウムの生成 … 70
塩化鉄（Ⅲ）……………… 272	環状炭化水素 …………… 136	ケイ酸の生成 ………… 71
塩化ビニル ……………… 185	環状の化合物 …………… 135	ケイ素 ……………… 69, 98
塩化ベンゼンジアゾニウム	乾燥剤 …………………… 54	ケクレ ………………… 256
…………………… 270, 283	官能基 …………………… 132	結晶 …………………… 68
塩基 …………… 84, 89, 107	慣用名 …………………… 152	血赤色 ………………… 109
塩基性 …………………… 291	黄色 ………… 17, 118, 118, 227	ケトン基 ……………… 215
塩基性の乾燥剤 ………… 55	黄色結晶 ………………… 234	解熱剤 …………… 274, 283
塩酸 …………… 11, 13, 279	幾何異性体 … 133, 164, 167, 168	けん化 ………………… 249
炎色反応 ………… 76, 79, 114	ギ酸 …………… 47, 50, 215, 224	検出法 ………………… 49
塩素 …… 8, 11, 16, 20, 48, 183	ギ酸プロピル …………… 243	元素分析 …………… 192, 197
塩素酸カリウム ………… 50	ギ酸メチル ……………… 218	硬化 …………………… 250
塩素の製法 ……………… 45	気体が発生 ……………… 11	光学異性体 … 133, 164, 167, 171
塩基の素 ………………… 80	気体の乾燥剤 …………… 54	硬化油 ………………… 250
黄褐色 …………… 12, 76, 109	気体の性質 ……………… 55	高級 …………………… 202
王水 ……………………… 96	気体の発生装置 ………… 49	高級脂肪酸 …………… 247
オール …………………… 203	気体の捕集 ……………… 51	構造異性体 … 133, 164, 165, 167
オクタ …………… 123, 153	揮発性の酸 ……………… 25	構造式 ………………… 131
オクタン ………………… 154	黄緑 ……………………… 76	鋼鉄 …………………… 112
オストワルト法 …… 60, 103	黄緑色 ………………… 8, 48	コークス ……………… 111
オゾンの製法 …………… 44	吸湿作用 ……………… 22, 27	黒鉛 …………………… 67

307

国際名 …………………… 152	ジアンミン銀（Ⅰ）イオン	水酸化銅（Ⅱ） …………… 104
黒紫色 ………………… 8, 11	……………… 17, 107, 120	水酸化ナトリウム … 109, 209
五酸化二リン ………… 55, 63	紫外線 …………………… 259	水酸化ナトリウム水溶液
ゴム状硫黄 ………………… 22	脂環式炭化水素 ………… 135	……………………… 107, 266
	シクロ …………………… 139	水酸化物 …………………… 83
サ行	シクロアルカン ………… 139	水上置換 …………………… 51
錯イオン ………………… 119	シクロブタン …………… 181	水素 ……………………… 16
酢酸 ……………… 132, 186, 209	シクロヘキサン ………… 260	水素が発生 ………………… 11
酢酸エチル …………… 218, 233	シス ……………………… 133	水素結合 ………… 13, 20, 207
酢酸ビニル ……………… 186	シス-1, 2-ジクロロエチレン	水素の製法 ………………… 44
酢酸分子 ………………… 275	…………………………… 176	スクロース ………………… 27
鎖式 ……………………… 136	シス-2-ブテン ………… 180	スコップ …………………… 22
鎖式炭化水素 …………… 135	シス-トランス異性体 … 167	スズ ……………………… 279
鎖状の化合物 …………… 135	シス形 …………………… 168	スチレン ………………… 261
殺菌作用 …………………… 11	示性式 …………………… 214	ステアリン酸 …………… 247
さらし粉 ……………… 46, 81	実験式 …………………… 131	ストロンチウム …………… 74
サリチル酸 ……………… 272	シップ薬 ………………… 273	スルホ基 …………… 258, 292
サリチル酸ナトリウム … 272	質量モル濃度 …………… 238	スルホン化 ……………… 258
サリチル酸メチル … 218, 273	磁鉄鉱 …………………… 100	正四面体形 ……………… 121
サリチル酸 ……………… 263	四フッ化ケイ素 …………… 14	正四面体構造 ……………… 69
酸 ………………………… 122	脂肪族 ……………… 199, 255	生石灰 ……………………… 79
酸化 ……………………… 214	ジメチル ………………… 162	青白色 …………… 104, 116
酸化カルシウム …………… 79	ジメチルエーテル	正八面体形 ……………… 122
酸化銅（Ⅰ） ……………… 226	……………… 133, 165, 206	正方形 …………………… 121
酸化ナトリウム …………… 74	弱酸 ……………………… 13	正六角形 …………………… 67
酸化バナジウム（Ⅴ） ……… 28	弱酸性 ……………………… 31	赤褐色 … 8, 10, 48, 109, 118, 183
酸化反応 ………………… 212	弱酸の塩 ……………… 24, 269	赤褐色沈殿 ……………… 117
酸化マンガン（Ⅳ） ………… 50	斜方硫黄 …………………… 22	赤鉄鉱 …………………… 100
酸化力 ……………………… 9	臭化水素酸 ………………… 13	石油 …………………… 63, 74
酸化力を持つ酸 …………… 22	重金属 …………………… 125	赤リン ……………………… 63
サンケイ新聞歩いて借りない … 98	十酸化四リン ………… 55, 63	絶縁体 ……………………… 69
三酸化硫黄 ………………… 28	臭素 ……… 8, 12, 16, 20, 183	石灰水 ……………………… 80
三重結合 ……… 138, 141, 185	臭素水 ……………………… 12	石灰石 …………………… 111
酸性酸化物 ………………… 31	重曹 ……………………… 75	セッケン ………………… 250
酸性の乾燥剤 ……………… 55	縮合 ……………………… 211	石膏 ………………………… 23
酸素 …………………… 22, 98	主鎖 ……………………… 155	接触法 …………………… 27, 103
酸素が発生 ………………… 11	酒石酸ナトリウムカリウム … 226	遷移元素 ………………… 102
酸素の製法 ………………… 44	常温で反応 ………………… 96	銑鉄 ……………………… 112
ジ ………………… 120, 123, 153	硝酸の製法 ………………… 60	総称 ……………………… 215
次亜塩素酸 ………………… 11	消石灰 ……………… 46, 50	象にトラが踏まれて，まれに
次亜塩素酸イオン ……… 11, 81	上方置換 …………………… 51	死す …………………… 170
ジアクア銀（Ⅰ）イオン … 121	食塩 ……………… 23, 50, 75	ソーダ石灰 ………………… 55
ジアゾ化 ………………… 283	触媒 ……………………… 60	側鎖 ……………………… 154
ジアゾカップリング ……… 285	ショ糖 …………………… 27	組成式 ……………… 131, 193
ジアゾ基 ………………… 284	シリカゲル …………… 70, 71	粗銅 ……………………… 105
シアニド ………………… 120	深紅 ……………………… 76	ソルベー法 ………………… 83
シアノ …………………… 120	深青色 …………………… 121	
シアン化カリウム ………… 17	水酸化カルシウム ………… 80	
シアン化水素 …………… 184	水酸化鉄（Ⅲ） …………… 109	

タ行

第一級アルコール	201
ダイヤモンド	67
大理石	47
脱水	27
脱水作用	22
脱水反応	209
脱離	211
淡黄色	118, 122
炭化	27
炭化カルシウム	81
炭化カルシウムの製法	81
炭化水素	52, 133
炭化水素基	200, 260
淡黄色	8, 17
淡紅色	118
炭酸イオン	118
炭酸塩	130
炭酸カルシウム	47, 80
炭酸水素イオン	80
炭酸水素ナトリウム	75
炭酸ナトリウム	83
単斜硫黄	22
淡青色	104
炭素	22, 67
淡緑色	109
チオシアン酸カリウム	109
チオ硫酸ナトリウム	17
置換	143, 258
窒素	280
窒素の製法	44
チマーゼ	205
中性の乾燥剤	55
中和	266
沈殿	17
沈殿する塩	116
強い酸化力	11
低級	202
デカ	123, 153
デカン	154
鉄	60, 108
鉄鉱石	100
鉄触媒	103
鉄の精錬	100
テトラ	121, 123, 153
テトラアンミン亜鉛(Ⅱ)イオン	121
テトラアンミン銅(Ⅱ)イオン	121, 105
テトラヒドロキシドアルミン酸ナトリウム	89, 90, 92
テトラヒドロキシド亜鉛(Ⅱ)酸ナトリウム	91
テトラヒドロキソアルミン酸ナトリウム	89, 92
電気陰性度	207
デンプン	12
銅	50, 104
橙赤	76
橙赤色	285
同素体	22
銅の精錬	105
トランス	133
トランス-1,2-ジクロロエチレン	176
トランス-2-ブテン	180
トランス形	168
トリ	123, 153
トリグリセリド	246
トルエン	140, 261

ナ行

ナトリウム	74
ナトリウムエトキシド	208
ナトリウム塩	250
ナトリウムフェノキシド	267, 269, 285
ナトリウムメトキシド	208
名前の順番	157
ニクロム酸カリウム	240, 281
二酸化硫黄	31
二酸化硫黄の製法	46
二酸化ケイ素	14, 69
二酸化炭素	78
二酸化炭素の製法	47
二酸化窒素	48
二酸化窒素の製法	46
ニッケル	250
日光	259
ニトロ化	259
ニトロ基	258
ニトロベンゼン	259, 279
熱水と反応	96
熱濃硫酸	22, 26
燃焼	192
農工水産	52
濃青色沈殿	109
濃赤色	109
濃硫酸	22, 25, 50
ノナ	123, 153
ノナン	154

ハ行

ハーバー・ボッシュ法	60
ハーバー法	60, 103
配位結合	119
配位子	119, 120
配位数	120
鋼	112
白色	17, 104, 118
白色沈殿	109, 117, 227
発煙硫酸	29
白金	103
白金線	76
発熱反応	60
バナジウム	103
パラクレゾール	264
バリウム	74
春ステージ オレはリズムに乗る	247
パルミチン酸	247
ハロゲン	154, 157, 183
ハロゲン化カルシウム	17
ハロゲン化銀	17
ハロゲン化水素	13
ハロゲン化物イオン	16
ハロゲン元素	8
半導体	69
反応式の矢印	11
万有引力	9
非金属元素	8
ビス[チオスルファト]銀(I)酸イオン	17
ヒドロキシ基	132, 166, 199, 291
ヒドロキシド	120
ヒドロキソ	120
ビニルアルコール	187, 222
ビニル基	185
氷晶石	93
漂白作用	11, 31, 49
ファラデー	256
ファンデルワールス力	8, 67
フェーリング液	226
フェーリング反応	222, 225
フェノール	209, 209
フェノール類	263

付加反応 …………………… 182
不揮発性 ……………………… 22
不揮発性の酸 ………………… 25
複塩 …………………………… 99
腐食 …………………………… 14
不斉炭素原子 ………… 133, 172
ブタン
　…… 146, 154, 154, 158, 164
フッ化水素 …………………… 18
フッ化水素酸 …………… 13, 14
フッ素 ……………… 8, 11, 16, 20
沸点 ……………………… 8, 13
物理的性質 ………………… 165
ブテン ……………………… 179
不動態 ……………………… 97
ブドウ糖 ……………… 131, 205
不飽和 ……………………… 141
フマル酸 …………………… 168
腐卵臭 …………………… 34, 49
フルオロ …………………… 157
プロパノール ……………… 203
プロパン ……………… 145, 154
プロピオン酸 ……………… 253
プロピルアルコール … 204, 243
プロピレン ………………… 265
プロペン ……………… 180, 265
ブロモ ………… 157, 176, 183
分液ロート ………………… 289
分子間力 …………………… 8, 67
分子式 ……………………… 131
ヘキサ ……………… 122, 123, 153
ヘキサクロロシクロヘキサン
　………………………… 260
ヘキサシアニド鉄(Ⅱ)酸イオン
　………………………… 122
ヘキサシアニド鉄(Ⅱ)酸カリウム
　………………………… 109
ヘキサシアニド鉄(Ⅲ)酸カリウム
　………………………… 109
ヘキサシアノ鉄(Ⅱ)酸イオン　122
ヘキサシアノ鉄(Ⅱ)酸カリウム
　………………………… 109
ヘキサシアノ鉄(Ⅲ)酸カリウム
　………………………… 109
ヘキサン …………… 154, 161
ヘプタ ……………… 123, 153
ヘプタン …………………… 154
偏光面 …………… 171, 173
ベンジルアルコール …… 261

ベンゼン …………… 140, 279
ベンゼン環 ………… 140, 255
ベンゼンスルホン酸
　…………… 258, 266, 292
ペンタ ……………… 123, 153
ペンタン ……… 150, 154, 157
芳香族 ……………………… 255
芳香族アミン ……………… 278
芳香族化合物 ……………… 255
芳香族炭化水素 …… 135, 140
芳香族を分離 ……………… 291
飽和 ………………… 141, 203
飽和脂肪酸 ………………… 253
ボーキサイト ………………… 92
ホタル石 …………………… 17
ホルムアルデヒド ………… 215
ホルムアルデヒドの製法 ‥ 48

マ行

マーガリン ………………… 250
マレイン酸 ………………… 168
水ガラス …………………… 71
無機 ………………………… 7
無極性分子 ………………… 295
無色 ………………… 17, 183
無水酢酸 …………………… 274
紫 …………………………… 76
命名法 …………………… 150
目が散るアルコール …… 231
メタクレゾール …………… 264
メタノール
　………… 132, 199, 215, 231
メタン ……………… 154, 199
メタン系炭化水素 ………… 136
メチルアルコール … 199, 203
メチル基 …………… 132, 156
メチルシクロプロパン …… 181
最も長い炭素鎖 ………… 155
モノ ………………… 123, 153
モル凝固点降下 …………… 238

ヤ行

融解 ………………………… 70
融解塩電解 ………………… 93
融解状態 …………………… 267
有機化合物 ………………… 130
融点 ………………………… 8
融点降下 …………………… 93
油脂 ………………………… 246

ヨウ化カリウム ……… 12, 20
ヨウ化水素酸 ……………… 13
陽極泥 ……………………… 105
陽性 ……………………… 223
ヨウ素 ……………… 8, 12, 16, 20
ヨウ素デンプン反応 ……… 12
ヨウ素ヨウ化カリウム水溶液　36
ヨードホルム反応 … 227, 234
弱い酸性 ………………… 31, 34

ラ行・ワ行

リチウム …………………… 74
立体異性体 ……… 133, 164, 167
立体図 …………………… 172
リノール酸 ………………… 247
リノレン酸 ………………… 247
硫化水素 ……… 32, 34, 49, 118
硫化水素の製法 …………… 46
硫化銅(Ⅱ) ………………… 104
硫酸 …………………… 22, 25
硫酸アルミニウム ………… 99
硫酸イオン ………………… 118
硫酸塩 ……………………… 83
硫酸カリウム ……………… 99
硫酸カルシウム …………… 23
硫酸水素ナトリウム ……… 23
硫酸銅(Ⅱ) ………………… 104
硫酸の製法 ………………… 27
硫ちゃんはバカなやつ … 118
両性元素 …………… 78, 89, 117
両性酸化物 ………………… 90
両性水酸化物 ……………… 90
良導体 ……………………… 69
緑白色 …………………… 109
リン ………………… 22, 63
リン灰石 …………………… 64
リン鉱石 …………………… 64
リン酸 ……………………… 64
リン酸カルシウム ………… 64
ろ液 ……………………… 114
輪っか ……………………… 139

岡野雅司先生からの役立つアドバイス

化学は計算と暗記をバランスよく勉強しよう！

　化学は計算する分野と，理解して覚える分野とで，バランスよく成り立っています。覚えることが苦手な人は，計算分野でカバーし，逆に「覚えるのは得意だけど計算は苦手だ」という人は暗記で点を稼ぐということができます。

　「理論化学」「無機化学」「有機化学」のうち，理論化学が，いわゆる計算分野です。理論化学では，計算の対象となるものの量的な関係をつかむことがポイントになります。

　一方，無機化学，有機化学は比較的覚える内容が多い分野ですから，勉強した分だけ得点につながっていきます。

　これら3分野をバランスよく学習していくことが，化学で高得点をとるための秘訣といえるでしょう。

　私の授業では，化学が苦手な人でも充分理解できるように，基本を大切に，ていねいに説明しています。化学が得意な人は予習中心で（どんどん進んでも）いいのですが，初歩の人や苦手な人は，復習中心で学習していきましょう。

　無理のない理解で，最終的には入試化学の合格点以上のものを目指していきます。

無機化学，有機化学は岡野流を役立てよう！

　無機化学，有機化学は，覚える内容を絞って，体系立てて，納得しながら覚えるようにします。覚える量をできるだけ少なくしたい人は，ぜひ岡野流を役立ててください。

　理論化学は計算分野ですので，気を抜くと，すぐに力が落ちてしまいます。継続的に練習しておくことが大切です。どれだけ正確に解けるかは，復習量がモノをいいます。量的な関係を理解し，化学の本質をつかむようにしましょう。

　復習で問題を解くときは，ノートを見ながらではなく，自分の力だけで解くことが大切です。ノートを見て，何となくわかった気になっているだけではダメ。自分の力でスラスラできるくらいまでやりこみましょう。

　まんべんなく，好き嫌いなく復習をして自信をつけたら，過去問に取り組みます。その際，本番のつもりで時間を計りながら解いてください。間違ったところが自分の弱点ですから，今まで自分がやってきたもの（ノート，テキスト，参考書など）で再復習をするといいでしょう。

　入試では，とれて当たり前の問題を，確実にとれることが大切です。私といっしょに，最後までがんばっていきましょう！

カバー	●	一瀬錠二（アートオブノイズ）
カバー写真	●	有限会社写真館ウサミ
本文制作	●	株式会社リブロ
本文デザイン	●	ワイワイ・デザインスタジオ
イラスト	●	山下直子（ワイワイ・デザインスタジオ）
編集協力	●	岡野絵里

岡野の化学が
初歩からしっかり身につく
「無機化学＋有機化学①」

2013年 7月10日　初版　第1刷発行
2014年 8月25日　初版　第2刷発行

著 者　　岡野雅司
発行者　　片岡 巌
発行所　　株式会社技術評論社
　　　　　東京都新宿区市谷左内町 21-13
　　　　　電話　03-3513-6150　販売促進部
　　　　　　　　03-3267-2270　書籍編集部
印刷・製本　昭和情報プロセス株式会社

定価はカバーに表示してあります。

本書の一部または全部を著作権法の定める範囲を超え、無断で
複写、複製、転載、テープ化、ファイル化することを禁じます。

©2013　岡野雅司

造本には細心の注意を払っておりますが、万一、乱丁（ページの乱れ）や落丁（ページの抜け）がございましたら、小社販売促進部までお送りください。送料小社負担にてお取り替えいたします。

ISBN978-4-7741-5767-2 C7043
Printed in Japan

●本書に関する最新情報は、技術評論社ホームページ (http://gihyo.jp/) をご覧ください。
●本書へのご意見、ご感想は、技術評論社ホームページ (http://gihyo.jp/) または以下の宛先へ書面にてお受けしております。電話でのお問い合わせにはお答えいたしかねますので、あらかじめご了承ください。

〒162-0846
東京都新宿区市谷左内町21-13
株式会社技術評論社書籍編集部
『岡野の化学が
初歩からしっかり身につく
「無機化学＋有機化学①」』係
FAX：03-3267-2271

最重要化学公式一覧

公式1 質量数＝陽子数＋中性子数　　（陽子数＝原子番号）

公式2 $n = \dfrac{w}{M}$ 　$\begin{pmatrix} n：原子または分子の物質量(mol)　　w：質量(g) \\ M：原子量または分子量(原子量を用いるときは単原子分子扱 \\ 　　いのもの，あるいは原子の物質量(mol)を求めたいとき) \end{pmatrix}$

$n = \dfrac{V}{22.4}$ 　$\begin{pmatrix} n：気体の物質量(mol) \\ V：標準状態における気体のL数 \end{pmatrix}$

$n = \dfrac{a}{6.02 \times 10^{23}}$ 　$\begin{pmatrix} n：原子または分子の物質量(mol) \\ a：原子または分子の個数 \end{pmatrix}$

公式3 質量パーセント濃度(%) $= \dfrac{溶質のg数}{溶液のg数} \times 100$

公式4 モル濃度(mol/L) $= \dfrac{溶質の物質量(mol)}{溶液のL数}$

質量モル濃度(mol/kg) $= \dfrac{溶質の物質量(mol)}{溶媒のkg数}$

公式5 物質量(mol)×価数＝グラム当量数

価数	酸または塩基の価数	酸または塩基1molが電離したとき生じるH^+またはOH^-の物質量(mol)をいう。
	酸化剤または還元剤の価数	酸化剤または還元剤1molが受け取ったり，放出したりする電子の物質量(mol)をいう。

化学反応は，それぞれの反応物質の等しいグラム当量数が結びついて過不足なく起こる(中和滴定，酸化還元滴定などに利用できる)。

公式6 $pH = -\log[H^+]$
$[H^+]$は，水素イオン濃度を表し，単位はmol/Lである。

公式7 $[H^+] \times [OH^-] = 10^{-14}\,(mol/L)^2$

公式8 $pOH = -\log[OH^-]$
$[OH^-]$は，水酸化物イオン濃度を表し，単位はmol/Lである。

公式9 $pH + pOH = 14$

公式10 $[H^+]$または$[OH^-] = CZ\alpha$ 　$\begin{pmatrix} C：酸または塩基のモル濃度 \\ Z：酸または塩基の価数 \\ \alpha：電離度 \end{pmatrix}$

公式11 溶質の物質量(mol) $= \dfrac{CV}{1000}$ (mol) 　$\begin{pmatrix} C：モル濃度 \\ V：溶液のmL数 \end{pmatrix}$

公式12 電気量$= i \times t$ クーロン(C) 　（i：電流　アンペア　t：秒）

1ファラデー(F) $= 96500$(C)

電気量$= \dfrac{i \times t}{96500}$ ファラデー(F)

1(クーロン) $= 1$(アンペア)$\times 1$(秒)

公式13 $\dfrac{PV}{T} = \dfrac{P'V'}{T'}$ ……（ボイル・シャルルの法則）

P と V についてはそれぞれ両辺で同じ単位を用いなければいけない。

$$\begin{pmatrix} P,\ P' : \text{気体の圧力 Pa，hPa，kPa，mmHg} \\ V,\ V' : \text{気体の体積 L，mL，cm}^3 \\ T,\ T' : \text{絶対温度}(273 + t\text{℃})\text{K} \end{pmatrix}$$

公式14 $P_{(全)} = P_A + P_B + P_C$ ……（ドルトンの分圧の法則）

混合気体の全圧は，各成分気体の分圧の和に等しい。

全圧を $P_{(全)}$，成分気体A，B，C……の分圧を P_A，P_B，P_C ……とする。

公式15 $PV = nRT$ あるいは $PV = \dfrac{w}{M}RT$ （気体の状態方程式）

$$\begin{pmatrix} P : \text{気体の圧力}(\text{Pa})（単位は指定されている） \\ V : \text{気体の体積}(\text{L})（単位は指定されている） \\ n : \text{気体の物質量}(\text{mol}) \quad R : \text{気体定数}8.31 \times 10^3 \text{Pa·L}/(\text{K·mol}) \\ T : \text{絶対温度}(273 + t\text{℃})\text{K} \quad w : \text{気体の質量}(\text{g}) \\ M : \text{気体の原子量または分子量} \end{pmatrix}$$

公式16 モル分率 $= \dfrac{\text{成分気体の物質量}(\text{mol})}{\text{混合気体の全物質量}(\text{mol})} = \dfrac{\text{成分気体の体積}}{\text{混合気体の体積}}$ （ただし同温同圧のとき）

$\qquad\qquad\qquad\qquad\qquad\qquad\quad = \dfrac{\text{成分気体の分圧}}{\text{混合気体の全圧}}$ （ただし同温同体積のとき）

公式17 分圧 = 全圧 × モル分率

公式18 $\pi V = nRT$ あるいは $\pi V = \dfrac{w}{M}RT$ （浸透圧を表す式）

$$\begin{pmatrix} \pi : \text{浸透圧}(\text{Pa}) \quad （単位は指定されている） \\ V : \text{溶液の体積}(\text{L}) \quad （単位は指定されている） \\ n : \text{溶質の物質量}(\text{mol}) \quad T : \text{絶対温度}(273 + t\text{℃})\text{K} \\ R : \text{気体定数}8.31 \times 10^3 \text{Pa·L}/(\text{K·mol}) \\ M : \text{溶質の分子量} \quad\quad w : \text{溶質の質量}(\text{g}) \end{pmatrix}$$

公式19 質量作用の法則 $K_C = \dfrac{[C]^c[D]^d}{[A]^a[B]^b}$ 　[ ]はモル濃度〔mol/L〕を表す。

可逆反応 $aA + bB \rightleftarrows cC + dD$ (a，b，c，dは係数) が平衡状態にあるとき，上式が成り立つ。

K_C：濃度平衡定数。温度が一定ならば，濃度平衡定数も一定値を示す。

公式20 $K_P = \dfrac{(P_C)^c (P_D)^d}{(P_A)^a (P_B)^b}$

K_P：圧平衡定数。P_A，P_B，P_C，P_D は各成分気体の分圧を表す。温度が一定ならば，圧平衡定数も一定である。

イオンの価数の一覧表

イオン式と名称		価数	イオン式と名称		価数	イオン式と名称		価数
H^+	水素イオン	1	NH_4^+	アンモニウムイオン	1	CO_3^{2-}	炭酸イオン	2
Na^+	ナトリウムイオン	1	F^-	フッ化物イオン	1	$H_2PO_4^-$	リン酸二水素イオン	1
Ag^+	銀イオン	1	Cl^-	塩化物イオン	1	HPO_4^{2-}	リン酸一水素イオン	2
K^+	カリウムイオン	1	Br^-	臭化物イオン	1	PO_4^{3-}	リン酸イオン	3
Pb^{2+}	鉛イオン	2	I^-	ヨウ化物イオン	1	MnO_4^-	過マンガン酸イオン	1
Ba^{2+}	バリウムイオン	2	O^{2-}	酸化物イオン	2	CrO_4^{2-}	クロム酸イオン	2
Ca^{2+}	カルシウムイオン	2	S^{2-}	硫化物イオン	2	$Cr_2O_7^{2-}$	ニクロム酸イオン	2
Zn^{2+}	亜鉛イオン	2	CN^-	シアン化物イオン	1	ClO_4^-	過塩素酸イオン	1
Mg^{2+}	マグネシウムイオン	2	NO_3^-	硝酸イオン	1	ClO_3^-	塩素酸イオン	1
Al^{3+}	アルミニウムイオン	3	OH^-	水酸化物イオン	1	ClO_2^-	亜塩素酸イオン	1
Cu^+	銅(I)イオン	1	CH_3COO^-	酢酸イオン	1	ClO^-	次亜塩素酸イオン	1
Cu^{2+}	銅(II)イオン	2	HSO_4^-	硫酸水素イオン	1	SCN^-	チオシアン酸イオン	1
Fe^{2+}	鉄(II)イオン	2	SO_4^{2-}	硫酸イオン	2	$S_2O_3^{2-}$	チオ硫酸イオン	2
Fe^{3+}	鉄(III)イオン	3	HCO_3^-	炭酸水素イオン	1	$C_2O_4^{2-}$	シュウ酸イオン	2